高等学校遥感科学与技术系列教材

遥感传感器原理

张熠　编著

周颖　崔卫红　参编

武汉大学出版社

图书在版编目(CIP)数据

遥感传感器原理/张熠编著.—武汉:武汉大学出版社,2021.11
高等学校遥感科学与技术系列教材
ISBN 978-7-307-22633-3

Ⅰ.遥… Ⅱ.张… Ⅲ.光学遥感—传感器—高等学校—教材
Ⅳ.TP212

中国版本图书馆 CIP 数据核字(2021)第 208431 号

责任编辑:杨晓露　　　责任校对:汪欣怡　　　版式设计:马　佳

出版发行:**武汉大学出版社**　　(430072　武昌　珞珈山)
　　　　　(电子邮箱:cbs22@whu.edu.cn　网址:www.wdp.com.cn)
印刷:武汉中科兴业印务有限公司
开本:787×1092　　1/16　　印张:17.25　　字数:406 千字
版次:2021 年 11 月第 1 版　　　2021 年 11 月第 1 次印刷
ISBN 978-7-307-22633-3　　　　定价:53.00 元

序

  遥感科学与技术本科专业自 2002 年在武汉大学、长安大学首次开办以来，全国已有 40 多所高校开设了该专业。同时，2019 年，经教育部批准，武汉大学增设了遥感科学与技术交叉学科。在 2016—2018 年，武汉大学历经两年多时间，经过多轮讨论修改，重新修订了遥感科学与技术类专业 2018 版本科培养方案，形成了包括 8 门平台课程(普通测量学、数据结构与算法、遥感物理基础、数字图像处理、空间数据误差处理、遥感原理与方法、地理信息系统基础、计算机视觉与模式识别)、8 门平台实践课程(计算机原理及编程基础、面向对象的程序设计、数据结构与算法课程实习、数字测图与 GNSS 测量综合实习、数字图像处理课程设计、遥感原理与方法课程设计、地理信息系统基础课程实习、摄影测量学课程实习)，以及 6 个专业模块(遥感信息、摄影测量、地理信息工程、遥感仪器、地理国情监测、空间信息与数字技术)的专业方向核心课程的完整体系。

  为了适应武汉大学遥感科学与技术类本科专业新的培养方案，根据《武汉大学关于加强和改进新形势下教材建设的实施办法》，以及武汉大学"双万计划"一流本科专业建设规划要求，武汉大学专门成立了"高等学校遥感科学与技术系列教材编审委员会"，该委员会负责制定遥感科学与技术系列教材的出版规划、对教材出版进行审查等，确保按计划出版一批高水平遥感科学与技术类系列教材，不断提升遥感科学与技术类专业的教学质量和影响力。"高等学校遥感科学与技术系列教材编审委员会"主要由武汉大学的教师组成，后期将逐步吸纳兄弟院校的专家学者加入，逐步邀请兄弟院校的专家学者主持或者参与相关教材的编写。

  一流的专业建设需要一流的教材体系支撑，我们希望组织一批高水平的教材编写队伍和编审队伍，出版一批高水平的遥感科学与技术类系列教材，从而为培养遥感科学与技术类专业一流人才贡献力量。

龚健雅

2019 年 12 月

前　　言

"遥感传感器原理"是遥感科学与技术专业遥感信息工程方向的一门专业基础课，属于遥感物理基础体系的课程之一。开设该课程的目的是使同学们掌握遥感成像的物理基础，熟悉可见光/近红外、热红外、微波波段电磁波与固体地表的作用机理，熟悉航天光学遥感卫星系统的组成，掌握光学遥感器的光学系统、扫描系统、分光元件、探测器的工作原理，了解典型卫星平台遥感传感器系统组成。该课程的前序课程包括"遥感原理与方法""遥感物理基础"以及"信号处理与分析"，本书为该课程的教材用书。

本书共 8 章，主要面向航天平台被动式光学遥感对地观测系统。第 1 章为绪论，介绍光学遥感成像链路。第 2 章介绍电磁波与固体地表的相互作用。第 3 章介绍遥感卫星轨道以及卫星平台的基本组成原理。第 4 章至第 7 章为本书的重点，主要介绍光学遥感传感器的光学系统、扫描系统、分光元件和探测器的工作原理。作为观测实例，第 8 章介绍了几种典型的卫星遥感传感器，包括 Landsat 8 卫星、Terra 卫星、高光谱卫星 PRISMA，以及较具代表性的微小卫星系统等。

本书内容编排力图深入浅出，当涉及物理、光学、机械、材料学、电子学、通信等交叉学科知识时，努力做到从基本原理出发，站在遥感学科的角度进行阐述，从而体现遥感科学与技术交叉学科的特色。本书作为教材，以遥感科学与技术专业高年级本科生为对象，一期课程约 40 学时，包括课堂讲授、课堂讨论和新型遥感传感器专题报告等环节。本书也能供从事遥感科学与技术研究和应用的技术人员参考。

本书的编写和修改过程得到了武汉大学遥感信息工程学院的全力支持，潘励、秦昆、龚龑院长密切关注本书的进展情况，并从学院层面予以支持。遥感系方圣辉和巫兆聪老师对本书提出了宝贵意见，崔卫红、周颖老师对部分章节进行了修订。宇航科学与技术研究院的王宣老师作为审阅专家对全书进行了审阅，并提出了宝贵意见。非常感谢他们的付出！此外还要感谢巨阳、李一丁、耿维成、赵岱鑫、刘安龄、邓晚倩、刘慧臻等同学在文字和图表编辑上所做的工作。

本书自 2010 年开始规划至编写完成，已历时十余载，中间做过很多次大的内容调整，包括历次的遥感科学与技术培养方案中关于本课程的修改，多项关于本课程改革和教材编制的省级、校级教学研究项目的立项，多次与兄弟院校相关专业课程负责人相互交流和探讨等。尽管如此，因所考虑的内容范围，以及编者自身对学科知识理解和实践经验的限制，均使书中存在一些欠缺和不足之处，恳请广大专家、读者指正。假如可以，请把您的任何意见和建议发给作者(ivory2008@ whu. edu. cn)，万分感谢！

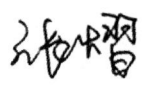

2021 年 5 月

目　　录

第1章 绪 论

1.1 遥感的概念

一般意义上讲，遥感是一种远离目标，通过非直接接触而判定、测量并分析目标性质的技术[1]。因此，广义上讲，人们利用视觉系统获取信息就属于遥感。

严格意义上讲，遥感是指利用位于地面载体(如车辆、舰船)、航空器(如飞机、气球、飞艇)或航天器(如卫星、飞船、航天飞机)上的探测仪器，在非直接接触的情况下获取地球表面(陆地和海洋)、大气以及宇宙中其他天体的信息的一门科学与技术[2]1。用于遥感的探测仪器被称作遥感器或遥感传感器，用于承载遥感器的工具或载体被称为遥感平台。

在非直接接触的情况下获取目标信息，就需要某种载体在目标与遥感器之间传递信息。在遥感中，目标反射、散射或辐射的电磁波为通常的信息载体，电磁波是能量的一种形式，它与目标相互作用后，就携带了目标信息，通过遥感器获取来自目标的电磁波，并经过一系列处理，可产生能够观察到的效应。除了电磁波，还有其他信息载体，如机械波(声波)、重力场、地磁场等。

在多数情况下，遥感是指利用航空和航天平台上的遥感器获取观测目标反射、散射或辐射的电磁辐射能量，通过处理和分析来获得观测目标信息的科学与技术。其基本工作流程是：位于航空和航天平台上的遥感器获取目标及其背景的电磁辐射能量，以遥感数据和图像的方式记录下来，然后通过无线传输或回收记录遥感数据和图像的介质把信息送达地面，再经过一定的处理和解译得到所需要的信息，最终提供给用户使用。遥感器之所以能够探测目标或者将目标与背景分开，是由于目标的不同部位或目标与背景在反射、散射或辐射电磁能量方面存在差异。因此，遥感技术常常与电磁技术相结合，这些技术涵盖了无线电波、微波、远红外、热红外、近红外、可见光和紫外线区域的整个电磁频谱(如图1.1所示)。

在各种遥感技术中，遥感卫星能够获取地球表面及其周围环境的详细信息，例如绕地球运行卫星上的传感器可提供有关云的全球分布、地表植被覆盖及其季节变化、地表形态结构、海洋表面温度和近地表风的信息等。卫星平台快速、大面积覆盖能力可用于监视迅速变化的现象，例如大气状态的变化，而遥感长时间持续观测和重复性观测的特点可用于观察季节、年度和长期的变化，例如极地冰盖消融、沙漠扩张和热带森林砍伐等。

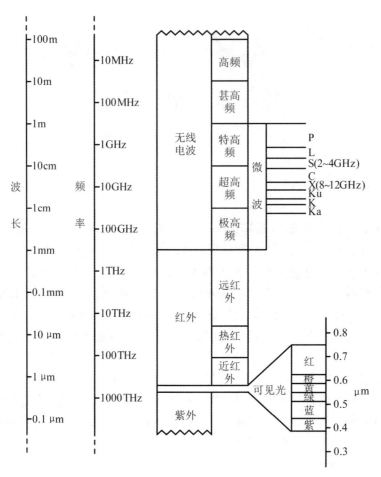

图 1.1 遥感技术使用的电磁波谱

1.2 遥感的分类

遥感的分类方法很多,可以按照遥感机理、观测频率或波长范围、仪器类型、平台类型、传感器类型和应用领域等进行分类[2]3-6。

1.2.1 主动遥感与被动遥感

根据遥感传感器机理不同,遥感可以分为主动式遥感和被动式遥感(如图1.2所示)。在主动式遥感中,遥感器要向感兴趣的目标发射电磁辐射(电磁波),并接收从目标返回的电磁辐射。激光雷达系统(LiDAR, Light Detection and Ranging)和雷达系统(RaDAR, Radio Detection and Ranging)是典型的主动遥感系统,激光雷达系统向目标发射激光,而雷达系统向目标发射微波辐射。对于被动式遥感,遥感器不向目标发射电磁辐射,而是探测目标反射的太阳辐射或目标自身发射的电磁辐射。

图 1.2　主动式遥感(图左)和被动式遥感(图右)

1. 主动式遥感传感器

典型的主动式遥感传感器包括雷达和激光雷达。雷达即无线电探测和测距仪器，它向目标发射微波脉冲辐射，接收目标后向散射的微波辐射。根据微波辐射从雷达传输到目标再从目标返回到雷达所需的时间，可以确定目标到雷达的距离。当雷达经过目标时，通过测量目标各部分到雷达的距离以及散射的微波辐射的强度，可以获取目标图像。由于雷达不需要太阳作为辐射源，因此可以昼夜工作，又由于微波电磁波可以穿透云和多数雨，因此雷达还可以全天候工作。雷达除了测高(如雷达高度计)、测距(如雷达测距仪)和成像外，还可用于测量海面风速和风向。常用的成像雷达为合成孔径雷达(SAR, Synthetic Aperture Radar)。散射计(Scatterometer)是一种高频微波雷达，它的主要用途是通过测量向后散射的微波辐射来测量海面风速和风向。

激光雷达为光探测和测距仪器，它向目标发射激光脉冲，接收目标后向散射或反射的激光，通过测量发出激光与接收到后向散射激光的时间间隔，可以确定目标到激光雷达的距离。激光雷达不仅可以用于测高(激光高度计)和测距(激光测距仪)，还可用于测量大气中气溶胶(悬浮于大气中的液体和固态颗粒)、云以及其他成分的分布。

2. 被动式遥感传感器

被动式遥感传感器的工作波段范围涵盖了紫外、可见光、红外和微波区域。被动式遥感传感器包括成像仪(Imager)、辐射计(Radiometer)和光谱仪(Spectrometer)。

成像仪是一种在选定波段获取目标空间信息(图像)的仪器，工作在光学波段(紫外、可见光和近红外光谱区)的成像仪常被称为相机。

辐射计是一种在选定波段定量获取电磁辐射强度信号的仪器。

光谱仪是一种用于探测和分析入射电磁辐射光谱成分或光谱信息的仪器。

对于被动式遥感传感器，还可以根据它们获取的信息分为多种类型。既获取空间信息又获取光谱信息的被动式遥感传感器被称为光谱成像仪或成像光谱仪；既获取空间信息又获取辐射强度信息的被动式遥感传感器被称为成像辐射计；既获取光谱信息又获取辐射强度信息的被动式遥感传感器被称为光谱辐射计；而能够同时获取空间信息、光谱信息和辐射强度信息的被动式遥感传感器被称为成像光谱辐射计。对于成像光谱仪，根据其谱段数目、谱段宽度以及谱段连续程度，可分为多光谱(Multispectral)成像仪、高

3

光谱(Hyperspectral)成像仪和超光谱(Ultraspectral)成像仪。同样,对于光谱辐射计和成像光谱辐射计,也可以这样分类。

1.2.2　光学遥感与微波遥感

按照波长由短到长,遥感技术中常用的电磁辐射大致可以分为五个波段范围,分别是紫外、可见光、红外、微波和无线电波,但是相邻波段之间的界线并不是很明确,不同文献的表述存在差异。对于上述一些波段,又可细分为若干个较窄的波段,如将红外波段分为近红外、热红外和远红外。此外,对于某些电磁辐射波段,还有一些其他叫法,如毫米波和太赫兹波等。太赫兹(THz)波是介于红外与毫米波之间的电磁辐射,其频率范围为 0.1~10THz,波长为 30~3000μm,也叫 T 射线、亚毫米波或远红外波。太赫兹波最早用于天文观测,原因是到达地球上的由天体辐射的电磁波大部分位于太赫兹波段,太赫兹波的辐射能量低,但穿透能力强。

根据观测频率或波长范围不同,遥感可以分为多种类型,如紫外遥感、可见光遥感、红外遥感和微波遥感。通常将紫外遥感、可见光遥感和红外遥感统称为光学遥感,这样根据观测频率或波长范围不同,可将遥感笼统地分为光学遥感和微波遥感两大类。在光学遥感中,目前主要的观测波长范围包括 0.3~0.4μm(近紫外)、0.4~0.7μm(可见光)、0.7~1.3μm(近红外)、1.3~3μm(短波红外)和 3~14μm(热红外)。

1.2.3　成像遥感和非成像遥感

在遥感中使用的仪器类型可以分为成像型遥感器和非成像型遥感器,这样遥感可分为成像遥感和非成像遥感,目前多数遥感为成像遥感。成像型遥感器主要包括成像仪、成像光谱仪和合成孔径雷达等。非成像型遥感器主要包括光谱仪、高度计以及探测大气温度廓线和成分的测深仪(Sounder)等。需要说明的是,对于成像光谱仪获取的遥感数据,也可以以"非成像"方式处理和显示其光谱数据。

对于光学成像遥感,可以分为单谱段成像、光谱(包括多谱段和高谱段)成像、偏振成像和多方位(多角度)成像等;对于微波成像遥感,可以分为单频段成像、多频段成像和极化成像等。

在光学遥感领域,最早以胶片作为信息载体的遥感成像系统被称为模拟摄影测量系统,而以探测器作为接收器的遥感成像系统被称为采样成像系统,前者以连续方式成像,后者以采样(离散)方式成像。采样成像系统有时被称为光电成像系统或电子成像系统。以探测器作为接收器的成像型光学遥感器被称为采样成像型光学遥感器。

1.2.4　地面遥感、航空遥感与航天遥感

根据遥感平台距离地面的高度,可把遥感分为地面遥感、航空遥感和航天遥感。主要的遥感平台类型包括车辆、舰船、气球、飞机(含无人机)、飞艇、卫星、飞船和航天飞机等。基于车辆、舰船等地面平台的遥感被称为地面遥感,相应的遥感系统称为地基系统。基于气球、飞机和飞艇等航天平台的遥感被称为航空遥感,相应的遥感系统称为空基系统。而基于卫星、飞船和航天飞机等航天平台的遥感被称为航天遥感,相应的遥感系统称为天基系统。

1.2.5 基于遥感应用的分类

除了上述遥感分类方法外，还有其他一些分类方法。比如，根据观测对象的不同，可分为陆地遥感、海洋遥感、大气遥感等。还可以根据应用领域对遥感进行分类，典型应用领域包括气象观测、资源探测、环境与灾害监测、测绘以及军事侦察等。例如，美国国家航空航天局(NASA, National Aeronautics and Space Administration)的地球观测系统(EOS, Earth Observation System)是目前最大的遥感观测系统，它由一系列相辅而行的极地轨道卫星组成，搭载有各种不同类型的遥感器，旨在通过长期的全球观测来监测和了解陆地和气候系统的关键组成及其相互作用。EOS的应用对象包括大气、海洋及陆地地表，主要观测气候学领域的大气辐射、云、水蒸气和降水，海洋，温室气体，地表水文和生态系统过程，冰川、海冰和冰盖，臭氧和平流层，以及天然和人为气溶胶等。

1.3 典型遥感传感器

对于一个具体的遥感系统，它会牵涉上述分类的各个方面。例如，2016年2月发射的欧洲委员会地球观测计划哥白尼哨兵-3A卫星(Sentinel-3A)，共搭载有四种类型的遥感传感器[4]：

(1)海洋和陆地颜色仪(OLCI, Ocean and Land Color Instrument)：中等分辨率的成像光谱仪，用于海洋颜色、海表面温度和陆地覆盖的观测。

(2)海陆温度辐射仪(SLSTR, Sea and Land Surface Temperature Radiometer)：工作于可见光、短波红外、中波红外和热红外波段的辐射计，用于海洋和陆地表面温度的观测。

(3)SAR雷达高度计(SRAL, SAR Radar Altimeter)：工作于双频段的雷达高度计，用于表面高度、海浪高度的测量。

(4)微波辐射计(MWR, Microwave Radiometer)：工作于微波波段的辐射计，用于测量地球的热辐射能量。

成像光谱仪、辐射计和雷达的相互配合和联合观测，可以对地球的海洋、陆地、冰和大气进行系统的监测以了解大规模的全球动态，并为海洋和天气预报提供重要信息。

表1.1给出了基于前面分类的典型遥感传感器类型。

表1.1   **典型遥感传感器类型**

主动/被动	被动			主动	
波段范围	可见光/近红外	热红外	微波/无线电	可见光/近红外	微波/无线电
非成像	光谱仪 辐射计	热红外辐射计	微波辐射计	激光高度计 LiDAR	测距仪 散射计
成像	相机 成像光谱仪 成像辐射计	热红外成像仪	微波辐射计		RaDAR

1.4 航天光学遥感系统与成像链路

在遥感数据获取过程中，遥感平台和遥感器起重要作用，但用户最终得到的遥感信息还与其他因素有关，如数据处理、显示和解译等。因此，从系统分析和优化设计角度出发，常把对用户最终得到的遥感信息有影响的各个环节作为一个整体来研究，把采用航天平台光学遥感器进行观测的遥感系统称为航天光学遥感系统。在光学遥感领域，有时把获取目标图像的遥感系统称为成像系统，并根据工作谱段不同将其分为光电系统（工作在可见和反射红外谱段）和红外系统（工作在热红外谱段）等。此外，在航天光学遥感成像领域，常常把整个成像过程的各个环节称为成像链或成像链路[2]7。

在成像链路中，除了遥感传感器本身之外，还存在其他因素影响成像，包括大气、成像几何以及其他因素等。大气影响包括由传输损失造成的能量衰减，大气湍流、气溶胶散射引起的图像模糊以及几何畸变等。成像几何的影响包括距离和角度，对于给定的可见光/红外成像系统，增加目标到成像仪的距离会明显降低信息提取能力，传感器观测角度也将影响获取电磁辐射的能量大小以及引起影像的几何畸变。其他因素在这里用来描述除大气以外的那些能够影响目标与背景能量关系的因素。比如，太阳高度角影响获取可见光电磁波能量的大小，对于红外系统，气象演变和风的作用等因素会影响图像的热对比度等[2]8-9。

1.4.1 成像链路组成

对于不同的航天光学成像遥感，它们的成像链路组成不尽相同。下面以典型对地观测卫星光学成像遥感为例，介绍航天光学遥感成像链路的组成和成像遥感过程[2]40-48。

典型对地观测卫星光学成像遥感的成像链路通常由照明源、大气、目标、卫星平台、光学遥感器、星上数据处理与传输、地面接收与处理、显示和用户等部分组成。以太阳作为照明源的典型对地观测光学遥感卫星的成像链路组成框图如图1.3所示。

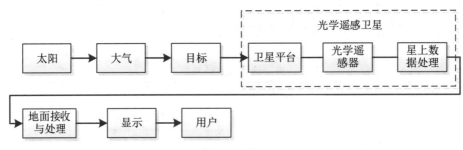

图 1.3 典型对地观测光学卫星成像链路组成框图[2]40

在很多卫星光学成像遥感中，太阳被用作照明源，当太阳辐射穿过地球大气到达目标时，大气对太阳辐射进行了吸收和散射，入射到目标上的太阳辐射有一部分被反射，当目标反射的太阳辐射通过大气到达卫星前，大气再次对太阳辐射进行吸收和散射。

搭载在卫星平台上的光学遥感器用于探测来自目标的电磁辐射，该电磁辐射中不仅包含目标直接反射的太阳辐射，还包含大气散射的太阳辐射。光学遥感器的光学系统将收集到的电磁辐射聚焦到探测器上，探测器将其转换成电信号，电信号由信号处理电路进行放大、滤波和数字化，当光学遥感卫星位于地面接收站的接收范围内时，获取的遥感数据实时发送到地面接收站。当光学遥感卫星不在地面接收站的接收范围内时，获取的遥感数据可以存储在星上的存储器中，待光学遥感卫星进入地面站的接收范围内时再发送。对有些光学遥感卫星，获取的遥感数据可以通过位于地球同步轨道上的数据中继卫星实时转发给地面接收站。

地面接收站接收到的遥感数据被记录到存储介质上，并进行格式化以便与计算机兼容，遥感数据被标上经度、纬度、日期以及获取时间等参数。接下来对遥感数据进行预处理(如辐射校正等)，经过预处理的遥感数据通常被显示到显示器上，做成胶片或打印出来，以供用户判读。

1.4.2 照明源

光学遥感使用电磁波把来自目标的信息传递到光学遥感器。光学遥感中使用的电磁波来源于照明源或者能量源。因此，照明源的功能是提供用于把来自目标的信息传递到光学遥感器的电磁辐射能量。对于某一具体的光学遥感任务，使用的照明源与观测波长范围和探测机理等有关。对于对地观测被动式航天光学遥感，照明源为太阳或目标自身，来自太阳的辐射照射地球及大气，从而提供被动式航天光学遥感所需的电磁能量来源。

1. 太阳

太阳通常被认为是由气体构成的球体，通过位于其中心的核反应来辐射电磁波。太阳的表观层称为光球，其直径为 1.3914×10^6 km。太阳到地球的平均距离为 1.496×10^8 km，该距离被称为一个天文单位(1AU)。在近日点(大约在 1 月 3 日)，太阳到地球的距离约为 0.983AU，在远日点(大约在 7 月 5 日)，太阳到地球的距离约为 1.0167AU。从地球上看太阳，太阳的平均张角为 9.3mrad 或 0.5329°。

由于沿太阳半径方向温度变化很大，而且在不同波长太阳大气的某些区域不透明，因此，太阳发出的辐射通量很复杂。换句话说，太阳的有效温度与波长有关，在地球大气层外，太阳的辐亮度与温度为 5900K 的黑体辐射源的辐亮度相当，它的平均辐亮度为 2.01×10^7 Wm^{-2} · sr^{-1}，平均光亮度为 1.95×10^9 cd · m^{-2}。

在全球热平衡研究中用到的一个很重要的量为太阳常数，它定义为在太阳到地球平均距离以及在垂直太阳入射方向上，单位面积接收到的来自太阳的总辐照度(即对所有波长积分)。1971 年，美国航空与航天局提出作为设计标准的太阳常数值为 1353 ± 21 W · m^{-2}。

2. 地球

绝对温度高于零度的任何物体都会不断向外发射电磁辐射。地球自身的电磁辐射在某些红外光谱区较强，可用于被动式光学遥感，这相当于目标自身为照明源。地球表面的温度为 300K 左右，其发射的电磁辐射的光谱分布近似于温度为 300K 的黑体的辐射分布，最大光谱辐射对应的波长约为 9.7μm。

一般来讲，对于被动光学遥感，波长小于 2.5μm 的电磁辐射为反射的太阳辐射，而波长大于 6μm 的辐射为目标自身的热辐射。原因在于，波长小于 2.5μm 的辐射中，太阳辐射占绝对优势，而在波长大于 6μm 的辐射中，目标自身的辐射占绝对优势，其他辐射所占的量可以忽略。对于波长位于 2.5~6μm 的被动光学遥感，辐射能量包含反射的太阳辐射和目标自身的辐射，每一部分所占的量取决于目标的反射率、发射率和温度等。

3. 照明源对遥感图像的影响

由于太阳在地球表面的辐照度以及目标自身的出射辐照度随着季节和每天的不同时刻在不断变化，与太阳辐射或者目标自身辐射有关的遥感图像也随这些因素变化，特别是遥感图像的信噪比会随这些因素变化，因此，在进行被动光学遥感成像系统设计时，要结合具体应用选择合适的光照条件。对于主动光学遥感，照明源为人造光源，通常为激光。获取的遥感数据与人造光源的特性密切相关，因此，要根据具体应用确定人造光源的特性。

1.4.3 大气

来自照明源的辐射能量通常要穿过大气才能到达光学遥感器，地球大气由很多气体和气溶胶构成，当太阳光线经过大气到达地面上时，其中一部分辐射能量被大气分子和颗粒物吸收和散射，其余部分传输到地面。分子吸收把辐射能量转换成分子的激发能量，散射则把入射能量重新分布到各个方向，吸收和散射产生的总影响是损失掉了一部分入射能量，称为消光效应。当来自地面目标的辐射通过大气传输到达光学遥感器上时，类似的情况还会发生。

1. 吸收

吸收为辐射能到热能的热力学转换，每一种大气分子都有其吸收带。大气中吸收辐射能的主要成分包括水蒸气、二氧化碳和臭氧。

太阳的紫外辐射对人体有害，大气中的臭氧对来自太阳的波长为 300nm 以下的紫外辐射进行强烈的吸收。此外，在波长为 9~10μm 的范围，还有一个强烈的臭氧吸收带。从可见光到热红外谱段，有很多水汽吸收带，这些水汽吸收带包括波长 0.57~0.7μm 间的弱吸收带，波长 0.94μm、1.1μm、1.38μm 和 1.87μm 处的吸收带，波长 2.7μm 处的强吸收带，波长 3.2μm 处的弱吸收带以及在波长 5.5~7.5μm 范围的强吸收带。

二氧化碳的吸收带也比较多，包括在波长 1.4μm、1.6μm 和 2.0μm 处的弱吸收带，在波长 2.7μm 和 4.3μm 处的强吸收带以及在波长 13.5~16.5μm 范围的强吸收带。

由于分子吸收，在一些光谱区域大气变得不透明，只有大气主要吸收谱段外的区域相对透明。这些相对透明的光谱区域称为"大气窗口"，它们是对地观测卫星光学遥感使用的主要谱段。在可见光、近红外、短波红外、中波红外和长波红外光谱区域都存在"大气窗口"。用于对地观测卫星光学遥感的主要大气窗口的波长范围如表 1.2 所示。大多数对地观测的星载光学遥感器的工作谱段为这些窗口中的一个或几个。但是，有些光学遥感器特别是某些气象卫星上的光学遥感器则通过测量大气吸收现象来进行遥感，比如测量与

CO_2以及其他气体分子有关的吸收现象。

表 1.2　　　　　　对地观测卫星光学遥感的主要大气窗口的波长范围[2]44

序号	波长范围(μm)	波段名称
1	0.3~1.3	可见光/近红外
2	1.5~1.8	短波红外
3	2.0~2.6	短波红外
4	3.4~4.2	中波红外
5	4.6~5.0	中波红外
6	8.0~14.0	热红外

2. 散射

散射源于电磁波与大气的相互作用。散射的强弱及分布与电磁波的波长、大气成分以及电磁波穿过大气的距离等有关。大气散射通常分为三种类型，即瑞利散射、米散射和无选择性散射。

（1）瑞利散射：当大气中粒子的尺寸远小于电磁辐射的波长时，会产生瑞利散射。大气中气体分子为这种粒子，因此，瑞利散射也被称为分子散射。瑞利散射可由瑞利散射系数来描述，在近紫外和可见光谱段，分子散射比较强，当波长超过 $1\mu m$ 时，分子散射可以忽略不计。

瑞利散射使得波长较短的电磁辐射比波长较长的电磁辐射的散射强烈。对于高空大气，瑞利散射占主导地位。大气分子散射的波长依赖性解释了天空为什么是蓝色的以及当穿过比较长的大气路径看太阳时太阳为什么是红色的。

（2）米散射：当大气中粒子的尺寸与入射电磁波的波长相近或较大时，会产生米散射。大气中的灰尘、烟尘和水蒸气是产生米散射的主要物质，多数情况下米散射出现在大气的低层部分，这里大尺寸的粒子比较多。

（3）无选择性散射：当大气中粒子的尺寸远大于入射电磁辐射的波长时，会产生无选择性散射。水滴和大的灰尘颗粒会产生这种散射。之所以叫无选择性散射，是由于它对所有波长的散射近乎相等。无选择性散射使得雾和云呈白色（当散射粒子为 5~100μm 大小的水滴时），原因是它们对红、绿和蓝光的散射近乎相等。

大气散射衰减了直射到地球表面上的太阳辐射，与此同时增加了半球或漫射照射分量，即增加了背景辐射分量，这一漫射分量降低了地面景物的对比度。大气向下散射的辐射叫作天空辐射（在可见光谱区叫作天空光）。大气向上散射的辐射叫作大气向上辐射或大气通路辐射，它可以直接进入光学遥感器。大气散射对遥感数据的主要影响是在地面景物辐亮度之上增加了大气通路辐亮度。大气通路辐亮度的大小与大气条件、太阳天顶角、光学遥感器的工作谱段、观测角度、相对于太阳的方位角以及偏振等因素有关。事实上，太阳的位置对天空辐射、地面辐照度以及大气通路辐亮度均有影响。

气溶胶的小角度散射特别是多次散射会把来自景物的光子漫射到多个方向，从而使景物的细节变得模糊。

3. 折射、偏振和湍流

除了吸收和散射，大气对电磁辐射的影响还包括折射、偏振和湍流。大气折射会影响图像的几何精度。当星载光学遥感器的视场角大且几何测量精度要求高时，需要对大气折射进行校正。大气偏振影响辐射测量精度。大气压力和温度的随机变化引起大气折射率的随机变化，大气折射率随机起伏导致湍流效应，湍流会引起图像几何畸变和模糊。从图像质量的角度考虑，大气湍流会对空间分辨率很高的星载光学遥感器的成像质量产生影响。

1.4.4　探测目标

当电磁辐射照射到目标上时，会与目标发生相互作用，这些作用包括：

（1）透射，即一部分辐射会穿过特定目标，例如水。

（2）吸收，即一部分辐射会由于所遇到的介质中电子或分子的作用而被吸收，吸收的部分辐射能量会被重新发射出来。

（3）反射，即一部分能量会以不同的角度被反射或散射出去。

哪种作用占主导地位主要取决于入射辐射的波长以及目标的特性。对于以太阳作为照明源的卫星光学遥感，探测的是目标反射的太阳辐射，目标界面的反射可以分成三类，即镜面反射、漫反射和混合反射（包含镜面反射和漫反射），如图 1.4 所示。目标反射类型取决于目标表面相对于入射电磁辐射波长的粗糙程度。如果目标表面的微小几何起伏远小于入射电磁波辐射波长，则可认为是光滑表面，目标会对入射电磁辐射产生镜面反射。如果目标表面相对于入射电磁辐射波长来说比较粗糙，则目标会对入射电磁辐射产生漫反射，入射电磁辐射被反射到所有方向。多数实际目标的反射呈现混合反射。目标表面粗糙或光滑是相对的，比如，一个对长波红外辐射来讲是光滑的表面，对可见光辐射来讲可能显得比较粗糙。

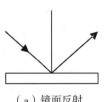
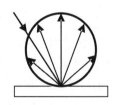
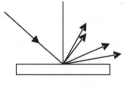

（a）镜面反射　　　　　　　（b）漫反射　　　　　　　（c）混合反射

图 1.4　目标反射类型[2]46

不同物质在不同谱段的反射和吸收行为不一样，物质的反射光谱是其反射的辐射能量与波长的关系曲线。图 1.5 给出了一些典型地物的反射率光谱曲线，从图中看出，不同地物目标具有不同的光谱特性，例如，植被因叶绿素的吸收作用在可见光波段（0.4 ~

0.7μm)具有较低的反射率，而在近红外波段(0.7～1.3μm)反射率较高。土壤由于混合了多种矿物和有机成分，导致其在可见光波段反射率较低，并随着波长的增加而增加。非光合植被，如灰草(草凋落物)，由于其叶绿素被分解，红色反射率增加，产生黄色衰老外观。清洁水体在可见光和近红外波段都具有较低的反射率，而雪在可见光波段具有较高的反射率，但随着波长的增加迅速下降。因此理论上讲，如果有测量光谱差异的合适方法，各种类型的地物可以通过它们的光谱反射率的差异来识别和区分，这为多光谱和高光谱光学遥感提供了理论基础。

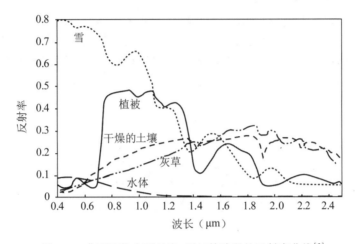

图 1.5 典型地物在可见光/近红外波段的反射率曲线[3]

除了反射，物质还将辐射电磁波，目标自身辐射能量的大小及光谱分布与其温度和发射率有关。对于同一目标，它辐射的能量大小主要与温度有关，目标的温度越高，电子振动越快，辐射能量越大，并且其辐射的电磁能量的峰值波长越短。

1.4.5 遥感平台

光学遥感卫星由卫星平台和有效载荷(即光学遥感器)构成。平台是卫星的通用部分，也就是说，实际应用的各种卫星都需要一个平台，使得卫星能够在太空中生存和正常工作。卫星平台通常由一些分系统组成，以实现不同的保障功能和支持特定有效载荷工作。主要分系统包括遥测、跟踪和控制分系统、星上数据管理分系统、姿态和轨道控制分系统和电源分系统等。

对于多数光学遥感卫星而言，卫星平台不仅要为光学遥感器提供服务，还常用于实现遥感数据获取的一些功能。就是说，对于有些遥感卫星，遥感的功能不单是靠有效载荷来实现，还要通过卫星平台来实现。例如，对于采用线阵 CCD(Charge-Coupled Device)相机获取遥感图像的光学遥感卫星，通常借助卫星运动来实现侧摆成像功能。

卫星平台通常运行在一定的卫星轨道上。光学遥感卫星的运行轨道通常为圆形或椭圆形。卫星轨道由一系列轨道参数来描述，这些参数包括高度(或长半轴)、倾角、偏心率、轨道周期、重复周期、经过赤道的时间等，它们与遥感数据获取关系密切。比如，轨道高度对空间分辨率、幅宽(覆盖区域)等有影响，轨道周期、重复周期和倾角对重访周期(或时间分辨率)有影响。在卫星光学遥感领域，太阳同步轨道和地球静止轨道用得比较普遍[2]49。

卫星平台对遥感成像产生影响，这些影响主要包括：卫星平台相对于目标的线性运动导致图像模糊；卫星平台的颤振或者高频随机运动导致成像质量下降；卫星姿态定位误差会影响光轴指向精度，从而影响遥感图像的定位精度。下面重点描述卫星平台运动对成像的影响。

(1)平台线性运动对成像的影响

对于一些光学遥感卫星，特别是低轨对地观测光学遥感卫星，卫星平台与目标之间存在快速相对运动，导致在相机曝光时间内目标与光学遥感器之间产生较大位移，从而造成图像模糊。线性运动是一种方向性模糊，根据相对运动的方向对图像产生不同的影响，而运动方向上的线和边缘不会模糊，如图 1.6 所示。

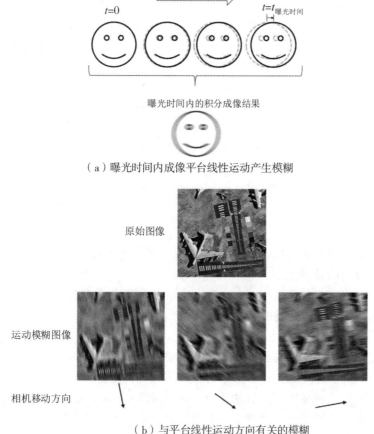

(a)曝光时间内成像平台线性运动产生模糊

(b)与平台线性运动方向有关的模糊

图 1.6　成像平台线性运动引起的影像模糊[5]100-101

（2）平台高频随机震颤对成像的影响

当传感器和场景之间存在随机抖动时，将会发生高频随机震颤，在曝光时间内，传感器在所有方向上都以非常快的速率随机改变方向，这种高频随机运动将使遥感图像产生模糊，如图1.7所示。实际中常常使用高斯模糊函数对高频震颤进行模拟。

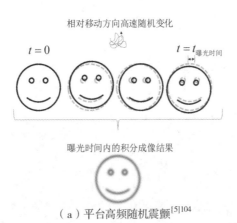

（a）平台高频随机震颤[5]104

（b）用5×5高斯模糊函数模拟的高频随机震颤图像（左：原始图像，中：方差为1时的模糊图像，右：方差为2时的模糊图像）

图1.7 平台高频随机震颤对成像的影响

（3）平台振荡对成像的影响

当传感器和场景之间存在相对运动，且相对于曝光时间而言是周期性、缓慢的相对运动，则在使用线性传感器阵列探测到的图像中将会看到振荡模式，如图1.8所示。传感器运动方向相对于扫描方向的关系决定了最终图像的效果，交叉扫描方向(沿 x 轴)上的振荡会在扫描过程中发生从一侧到另一侧的移动，从而在图像中产生波浪形图案。沿扫描方向(沿 y 轴)的振荡将在扫描过程中使相机前后振动，从而交替压缩和扩展场景中采样点之间的沿扫描线间距，该效果产生的图像在沿扫描方向上交替拉伸和压缩场景。垂直于传感器平面(沿 z 轴)的振荡将产生一个沿扫描方向上聚焦清晰和不清晰交替出现的图像。

平台振荡运动也会引起图像中涂抹式的模糊，且随着振荡方向的变化而变化。需注意的是，尽管二维面阵相机所成图像不会显示出振荡模式，但在曝光时间内发生的振荡运动仍可能导致图像中的运动模糊。

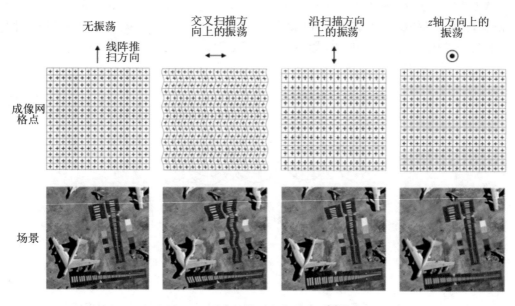

图 1.8　平台振荡对成像的影响[5]107

1.4.6　光学遥感器

　　光学遥感器是光学遥感卫星的重要组成部分之一。对于采样成像型光学遥感器，它采用探测器对电磁辐射能量进行探测。采样成像型光学遥感器主要包括光学系统、探测器、电子学系统等，对于获取多波段光谱信息的遥感器，还包括分光组件。光学遥感器对遥感图像质量的影响较大，而且比较复杂，具体影响将在后面章节中予以描述。

1.4.7　星上数据处理

　　遥感卫星执行预定义的观测任务，在数据采集时间段内扫描地表，除了地面影像数据，遥感器还以一定的速率采集辅助数据，如 GPS（Global Positioning System）数据、IMU（Inertial Measurement Unit）数据、星敏感器数据、各种仪器的电压和温度等，影像数据和辅助数据交织在一起，由星上数据处理系统进行处理和管理，然后再被传输至地面。

　　当卫星飞行至地面站上空，星上数据处理系统将获取的遥感数据进行格式化编排、调制，再通过无线传输方式传送至地面。对于有些光学遥感器，由于获取的数据量很大而不能完成实时传输，在这种情况下，需要对数据进行压缩和存储。数据压缩、存储和传输都可能会造成数据错误或失真，从而降低遥感数据质量[2]51。

　　遥感图像数据通常包含大量冗余信息，遥感数据压缩技术利用了遥感数据固有的冗余特性，其目的是缩短图像传输时间和降低存储要求，但以付出压缩和解压时间为代价。遥感数据压缩算法分为无损压缩和有损压缩两种，无损压缩算法去掉的仅仅是冗余信息，因此在解压缩后可以精确地恢复原图像。而对于利用有损压缩算法得到的压缩数据，在解压缩后只能对原图像进行近似重构，而不能精确恢复。例如，Rice 算法为星载图像无损压缩领域常用的算法，目前有超过 25 颗卫星采用了该算法，其中包括 Landsat 8 搭载的陆地成像仪（OLI，Operational Land Imager）。

1.4.8　地面接收与处理

遥感数据到达地面后由地面站进行接收，并由地面数据处理系统进行处理。地面站根据轨道预报来跟踪卫星和接收遥感数据，首先将接收到的遥感数据进行解调，以数字形式记录到存储介质上，然后再由地面数据处理系统进行科学数据产品的生产、面向用户的数据产品的发布等。除了接收遥感数据，地面站的功能还包括卫星的规划和调度、卫星健康和安全的监测、命令和控制等。而遥感数据处理涉及的内容很广，如辐射校正、大气校正、几何校正、图像复原、图像增强和图像融合等，这些内容将不在本书中进行详细阐述。

1.4.9　显示与用户

处理后的遥感数据或图像通常显示在显示器上，或做成硬拷贝供用户解译。显示器提供了遥感数据与人的视觉系统之间的接口，它将电信号或数字信号转换成人眼看得见的光信号。尽管显示器本身不会改变原始数据，但会改变显示图像的质量。用户通常可以通过控制适当的照明和校准来改善观察到的影像质量。例如，对数字影像的放大使细节在显示器上更可见时，需要对图像进行重采样，在原始影像像素位置之间的新位置创建像素值，而此插值过程将会给影像带来锯齿和模糊[2]53。

与显示器有关的影像质量因素有分辨率、对比度和亮度。由于显示亮度与像素灰度值呈线性关系，因此，显示系统需要校正任何非线性。例如，阴极射线管显示器的电子枪电压和输出亮度之间具有幂律关系，因此常常采用伽马校正曲线来校正非线性。

处理和显示后的影像被观察者（用户）解译，这是成像链路的最后阶段，这里重点考虑用户对遥感影像的视觉解译，但解译也可以由计算机来自动执行。人类视觉系统（HVS，Human Visual System）可以视为另一条成像链路，把显示器看作辐射源，人眼看作相机，大脑看作图像处理器，大脑对图像的认知看作显示，可以将人眼建模为取决于瞳孔大小的光学传递函数。此外，视网膜中的神经元还通过来自"马赫带效应"的侧向抑制来抵消人眼光学传递引起的成像模糊，该效应表明人类视觉系统有增强边缘对比度的机制，即人眼在观察明暗交界处时，感到亮处更亮，暗处更暗。尽管其他因素如视网膜响应、眼球震颤也影响整体传递函数，但 HVS 的整体传递函数主要受光学和侧向抑制的传递函数支配。由于 HVS 涉及物理、生物学、生理学和心理学知识，因此建立精确的 HVS 模型并用于成像链路影像质量的分析常常较为困难。

1.5　本书研究内容

本书面向航天平台被动式光学遥感对地观测系统，主要介绍面向陆地地表的遥感系统及传感器原理，大气和海洋遥感系统将不在本书中详细讨论。

遥感传感器能够获取地表物质发出的电磁波，由于电磁波在与物质相互作用过程中携带了地表的物理特性，所以可以通过测量电磁波来获取地表特性信息用于地表观测。可见光和近红外波段是遥感探测地表最常用的波段，通过对比反射波和入射波的光强度就可以得到地表反射率。地表物质化学组成、固体结构、地表粗糙程度、光源及其与传感器之间的几何关系都将影响地表反射率。在热红外波段，观测到的电磁波以物质自身辐射电磁波为主，辐射的强弱主要受自身温度的影响，而由于太阳对地表周期性的加热，地表温度成为周期变化的物理量，这种特性用热惯量来描述，因此，对地表物质热惯量的测量使我们可以研究物质的热性能，从而提供关于地表成分的信息。以上遥感观测物理构成了遥感传感器原理、遥感传感器设计的基础，本书将在第2章进行详细讨论。

遥感传感器原理研究的核心部分是传感器，而搭载传感器的航天卫星平台提供重要的成像条件，不同高度、不同速度、不同轨道、不同倾角及不同运动方式的卫星平台对遥感成像具有重要的影响，因此本书第3章主要介绍遥感卫星轨道以及卫星平台的基本原理。

搭载在卫星平台上的光学遥感传感器是遥感探测的核心器件。不同类型的遥感传感器差异较大，但它们都包含几个基本的组成部分，如光学系统、扫描系统、探测器、电子学系统等，对于获取多谱段光谱信息的遥感器，还包括分光组件。光学系统和扫描系统为电磁波能量收集装置，用于收集地物辐射出来经过大气传输的电磁波能量，分光组件用于把收集到的电磁波能量分成多个谱段，探测器将收集到的辐射能转化为电能，并由电子学系统最终转化为数字信号进行存储、传输，最后由地面数据处理系统对遥感图像进行显示、解译及应用，对以上内容的详细讨论见本书第4~7章。

遥感对地观测任务通过遥感平台和遥感传感器来完成，作为观测实例，本书第8章介绍了几种典型的遥感传感器系统。其中，NASA的Landsat系列是史上最长的连续地球观测计划，本书以Landsat 8为例，主要介绍了卫星平台组成、可见光/近红外多光谱相机OLI、热红外多光谱相机TIRS(Thermal Infrared Sensor)，以及在轨数据收集过程和地面系统。此外，第8章还介绍了搭载有多光谱相机、辐射计、成像光谱仪等遥感器的Terra卫星观测系统，还有高光谱成像光谱仪卫星PRISMA。最后，随着微小卫星技术的发展，本章还介绍了目前较具代表性的微小卫星和纳米卫星平台上的遥感传感器技术。

参考文献

[1]日本遥感研究会. 遥感精解(修订版)[M]. 刘勇卫，译. 北京：测绘出版社，2011.

[2]马文坡. 航天光学遥感技术[M]. 北京：中国科学技术出版社，2010.

[3]HUETE A R. 11-Remote sensing for environmental monitoring[M]//ARTIOLA J F, PEPPER I L, BRUSSEAU M L. Environmental monitoring and characterization. Burlington: Academic Press, 2004: 183-206.

[4]EOPORTAL. Copernicus: Sentinel-3[EB/OL]. [2020-06-23]. https://directory. eoportal. org/web/eoportal/ satellite-missions/c-missions/copernicus-sentinel-3#sensors.

[5]FIETE R D. Modeling the imaging chain of digital cameras[M]. Bellingham, Washington: SPIE Press, 2010.

第 2 章　遥感物理基础

遥感之所以能够根据收集到的电磁波来判断地物目标和自然现象，是因为地面物体由于其种类、特征和所处环境条件不同，具有完全不同的电磁波反射和辐射特性。因此，遥感探测技术是建立在物体反射和辐射电磁波的原理之上的。要深入学习遥感传感器原理，首先要掌握电磁波与地表的相互作用原理[1]1。

2.1　可见光/近红外电磁波与地表的作用

由于地物在可见光（0.3~0.7μm）、近红外（0.7~1.3μm）和短波红外（1.3~3μm）波段以反射电磁波为主，因此本书将 0.3~3μm 统称为可见光/近红外波段。可见光/近红外波段是遥感探测地球表面时最为常用的波段，部分原因是因为在这些波段，太阳光可以达到最强照度，大多数广泛使用的探测器也有最强的响应。传感器探测到地球表面反射的电磁波，然后测量其在不同波段的强度，通过对比反射波与入射波的辐射和光谱特性可以得到地表反射率，用于分析地表的化学和物理特性。地球表面物质的化学组成和晶体结构对反射率有一定影响，因为其分子和电子的运动过程控制着电磁波与物质之间的相互作用，此外，地表的物理特性如粗糙度和倾角也影响着反射率，这主要受太阳、地表及传感器之间相对几何因素的影响。

2.1.1　辐射源及其特性

最广泛的可见光/近红外波段的光源是太阳，简单来说，太阳像 6000K 温度的黑体一样发射能量，到达地球表面的太阳光谱辐照度如图 2.1 所示，太阳在地球大气层顶总的辐照度约为 $1370W \cdot m^{-2}$[2]51。

太阳光发射的电磁波穿过地球大气层，与大气组成成分相互作用，导致特定的波段被吸收，吸收波段取决于大气的化学组成成分，例如在近红外范围内，特别是在 1.9μm、1.4μm、1.12μm、0.95μm 和 0.76μm 左右存在大气强吸收波段，这主要是由于水汽（H_2O）、二氧化碳（CO_2）和较小程度上氧气（O_2）的存在。散射和吸收还导致了光谱上整体的衰减。此外，在可见光/近红外遥感中，影响到达地表辐射能量大小的一个重要因素是太阳、被观测地表和传感器的相对位置，由于地球旋转轴与黄道面的倾斜角，太阳在地球天空中的位置与季节和被照亮地区的纬度呈函数关系，这种观测几何关系的变化也影响到达地表的太阳辐射。

除了太阳，高功率的激光也是主动遥感中常被使用的光源，甚至是使用在卫星轨道高度。这一光源有很多优点，包括可控的光照角度、可控的光照时间和高功率、窄波段等。

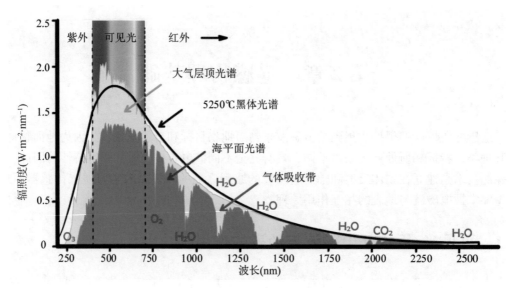

图 2.1 地球表面太阳辐照度曲线

但其缺点是缺乏瞬时高光谱覆盖,轨道运行激光源所需的重量和功率消耗较大等,因此在实际应用中这些优点和缺点需要进行权衡。

2.1.2 电磁波与地表的作用机制

当电磁波到达两种介质交界面时,将会发生反射、散射和透射现象,当电磁波透射进入非均匀介质内部,还将发生介质体散射和体吸收,当电磁波被物质吸收,则会引起物质分子共振和电子跃迁,从而形成吸收特征谱线。

电磁波与固体物质相互作用,有许多机制会影响返回的电磁波[2]54-68,有些机制作用在光谱区的窄波长范围上,而有些则作用在宽波段从而影响到整个 $0.3 \sim 2.5 \mu m$ 的光谱。窄波段的相互作用机制通常伴随着分子共振作用和电子作用,从而产生特征谱线,以及谱线位移、谱线变宽等现象,这些机制主要受晶体结构的影响。发生在宽谱段的作用机制通常与影响材料折射率的非共振电子作用相关联,这些相互作用机制如表 2.1 所示,并将在本节进行详细介绍。

表 2.1 固体地表与电磁波的作用机制[2]55

一般物理机制	特定机制	举 例
几何和物理光学	含色散的折射	彩虹,棱镜
	散射	蓝色的天空,粗糙的地表
	反射,折射和干涉	镜子,光亮的表面,水面的浊膜,镜头的涂层
	衍射	光栅

一般物理机制	特定机制	举 例
分子振动作用	分子振动	H_2O，铝氧键化合物，硅氧键化合物
	离子振动	羟基离子(—OH)
电子作用	晶体场效应	色素，荧光材料，红宝石，红砂岩
	电荷转移	磁铁矿，蓝宝石
	共轭键	有机染料，植物
	能隙带跃迁	金属，半导体材料(硅，朱砂矿，钻石)

2.1.2.1 反射、散射和透射

当电磁波入射到两种介质的交界面时(在遥感中，通常其中一个介质是大气)，一些能量会沿着镜面方向被反射，一些会被散射到入射介质的各个方向，另一些则可以穿过交界面进入介质内部(如图 2.2 所示)，透过的电磁波能量会被疏松的物质吸收，或者通过电子或者分子热运动再次被辐射或散射。

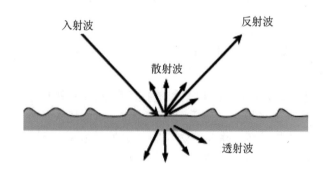

图 2.2 地表电磁波的反射、散射和透射[2]55

1. 光滑交界面上的镜面反射[3]43-46

当交界面相对于入射波波长 λ 是光滑的($\lambda \gg$ 交界面的粗糙度)，由斯涅耳定理，会发生镜面反射。设入射角和反射角为 θ_1，折射角为 θ_2(如图 2.3 所示)，则满足

$$n_1\sin\theta_1 = n_2\sin\theta_2 \tag{2.1}$$

其中 n_1，n_2 为介质 1 和介质 2 的折射率，一般情况下折射率为复数，即 $n = m - i\kappa$，m，κ 分别为折射率的实部与虚部。

定义反射系数 r 为反射波电场强度矢量振幅与入射波电场强度矢量振幅之比，透射系数 t 为透射波电场强度矢量振幅与入射波电场强度矢量振幅之比。r，t 往往受入射电磁波极化的影响，为考察它们的值，分别求取平行极化 ∥ 和垂直极化 ⊥ 入射电磁波下的反射

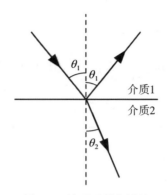

图 2.3　镜面反射和折射

系数和透射系数，而其他极化入射电磁波的反射系数和透射系数可通过正交分量的线性叠加得到，如图 2.4 所示。

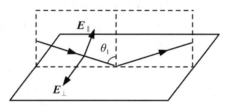

图 2.4　两种介质平面边界上的平行和垂直(又称为垂直和水平)极化电磁辐射入射和反射[3]44

　　垂直极化 $E_\perp$ 指电场矢量方向与入射平面垂直，在遥感应用中，此时的电场矢量方向与大地平行，因此又称为水平极化 E_H；而平行极化 $E_\parallel$ 指电场矢量方向与入射面平行，在遥感应用中又被称为垂直极化 E_V(除非特殊说明，本教材采用物理学中的称呼)。假设介质 1 和介质 2 材料同质，则平行极化电磁波入射将得到平行极化的反射和透射电磁波，垂直极化波也是如此。假设介质的本征阻抗为 $Z = \sqrt{\dfrac{\mu_0 \mu_r}{\varepsilon_0 \varepsilon_r}} = Z_0 \sqrt{\dfrac{\mu_r}{\varepsilon_r}}$，$\mu_0$，$\varepsilon_0$ 分别为真空磁导率和真空电容率常数，μ_r，ε_r 分别为介质的相对磁导率和相对电容率，相对电容率 ε_r 又称为介电常数，它一般为复数，即 $\varepsilon_r = \varepsilon' - \mathrm{i}\varepsilon''$，它与介质的折射率满足关系 $n = \sqrt{\mu_r \varepsilon_r}$。根据电磁场与电磁波理论，通过求解麦克斯韦方程组，可得到两种极化波的反射系数和透射系数[3]44：

$$r_\perp = \frac{Z_2 \cos\theta_1 - Z_1 \cos\theta_2}{Z_2 \cos\theta_1 + Z_1 \cos\theta_2}, \quad t_\perp = \frac{2Z_2 \cos\theta_1}{Z_2 \cos\theta_1 + Z_1 \cos\theta_2} \tag{2.2}$$

$$r_\parallel = \frac{Z_2 \cos\theta_2 - Z_1 \cos\theta_1}{Z_2 \cos\theta_2 + Z_1 \cos\theta_1}, \quad t_\parallel = \frac{2Z_2 \cos\theta_1}{Z_2 \cos\theta_2 + Z_1 \cos\theta_1} \tag{2.3}$$

　　假设介质 1、2 为非磁性物质，$\mu_{r1} = \mu_{r2} = 1$，介质 1 为空气且接近真空，有 $\varepsilon_{r1} = 1$，此时 $Z_1 = Z_0/n_1$，$Z_2 = Z_0/n_2$，利用公式(2.1)，计算得到用折射率 $n_1(=1)$，n_2 和入射角 θ_1 表达的菲涅尔反射系数：

$$r_\perp = \frac{n_1\cos\theta_1 - n_2\cos\theta_2}{n_1\cos\theta_1 + n_2\cos\theta_2} = \frac{\cos\theta_1 - \sqrt{n_2^2 - \sin^2\theta_1}}{\cos\theta_1 + \sqrt{n_2^2 - \sin^2\theta_1}} \qquad (2.4)$$

$$r_\parallel = \frac{n_1\cos\theta_2 - n_2\cos\theta_1}{n_1\cos\theta_2 + n_2\cos\theta_1} = \frac{\sqrt{n_2^2 - \sin^2\theta_1} - n_2^2\cos\theta_1}{\sqrt{n_2^2 - \sin^2\theta_1} + n_2^2\cos\theta_1} \qquad (2.5)$$

从式(2.5)看出，当 $\sin\theta_1 = n_2\cos\theta_1$ 时，分子为0，$r_\parallel = 0$，此时 $\tan\theta_B = n_2$，入射角 θ_B 称为布儒斯特角，此时平行极化电磁波的反射系数为0，光线进行全透射传输。

当光线垂直入射时，$\theta_1 = \theta_2 = 0$，此时的反射系数为

$$r_\perp = r_\parallel = \frac{n_1 - n_2}{n_1 + n_2} = \frac{1 - n_2}{1 + n_2} \qquad (2.6)$$

该值往往为复数。假如定义反射率 R 和透射率 T 分别为反射光强、透射光强与入射光强的比值，则根据电磁波强度与振幅的平方成正比，因此强度比为振幅比的平方：

$$R = |r|^2, \quad T = |t|^2 \qquad (2.7)$$

平行极化和垂直极化电磁波在介质1(空气，$n_1 = 1$)和介质2($n_2 = 3$ 和 $n_2 = 8$)交界面的反射率变化曲线如图2.5所示，从图中看出，从空气进入介质时表面反射率与介质的折射率、电磁波的极化类型以及入射角有关。垂直极化波的反射率随入射角的增加而增大，且介质折射率越大，反射率越大，而平行极化波的反射率在光线垂直入射时最大，且随着入射角的增加而减小，当入射角增大至布儒斯特角时，反射率为0，平行极化波的反射率也和介质折射率有关，介质折射率越大，反射率越大。而当光线垂直入射介质时，平行极化波和垂直极化波反射率相等，且随介质折射率的增大而增大。

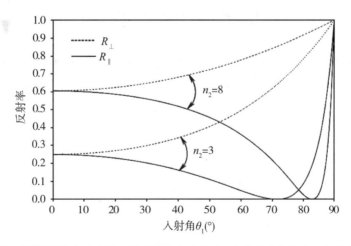

图2.5 电磁波在不同折射率介质交界面的反射率变化曲线(虚线为垂直极化，实线为平行极化)[2]56

2. 粗糙交界面的散射[3]46-49

事实上，大多数自然地表与空气的交界面相对波长来说是粗糙的，因此，界面散射起

着主要作用。如图 2.6 所示，一束准直的辐射光线入射界面，辐射通量密度为 F（W·m^{-2}），入射天顶角为 θ_0，界面对一定比例的入射光进行了散射，散射张开的立体角为 $\mathrm{d}\Omega_1$，散射光的天顶角为 θ_1，另外入射和散射的方位角分别为 ϕ_0，ϕ_1（为简化示意图，方位角未在图中标出），则入射辐射的辐照度为 $E = F\cos\theta_0$（W·m^{-2}），设散射辐亮度为 $L_1(\theta_1, \phi_1)$（W·m^{-2}·sr^{-1}），可定义二向反射率分布函数（BRDF，Bidirectional Reflectance Distribution Function）来表达某方向 (θ_1, ϕ_1) 上的散射辐亮度 L_1 与某方向 (θ_0, ϕ_0) 上的入射辐照度 E 的比值：

$$R_{\text{BRDF}}(\theta_0, \phi_0, \theta_1, \phi_1) = \frac{L_1}{E} \quad (\text{sr}^{-1}) \tag{2.8}$$

R_{BRDF} 无量纲，其单位为 sr^{-1}。有时 R_{BRDF} 也可用 ρ 表示，它是入射角 θ_0 和散射角 θ_1 的函数。

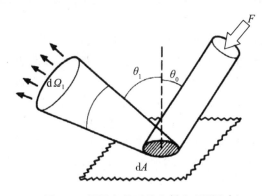

图 2.6　粗糙交界面的入射和观测几何

发生界面散射时，反射率（Reflectivity）$r(\theta_0, \phi_0)$ 定义为半球上总的出射辐照度与某方向 (θ_0, ϕ_0) 入射辐照度的比值（无量纲）：

$$r(\theta_0, \phi_0) = \frac{M}{E} \tag{2.9}$$

又因为出射辐照度 M 与辐亮度 L_1 的关系为[3]48

$$M = \int_{\theta_1=0}^{\pi/2} \int_{\phi_1=0}^{2\pi} L_1(\theta_1, \phi_1)\cos\theta_1\sin\theta_1\mathrm{d}\theta_1\mathrm{d}\phi_1 \tag{2.10}$$

则有

$$r(\theta_0, \phi_0) = \int_{\theta_1=0}^{\pi/2} \int_{\phi_1=0}^{2\pi} R_{\text{BRDF}}(\theta_0, \phi_0, \theta_1, \phi_1)\cos\theta_1\sin\theta_1\mathrm{d}\theta_1\mathrm{d}\phi_1 \tag{2.11}$$

因此，反射率是入射方向的函数，它定义了散射的半球辐射通量与某方向上的入射辐射通量之比。定义半球反照率 r_d 为 r 在入射方向的半球上的平均值，它表示总体散射的辐射通量与各向同性分布的总入射辐射通量之比：

$$r_d = \frac{1}{\pi} \int_{\theta_0=0}^{\pi/2} \int_{\phi_0=0}^{2\pi} r(\theta_0, \ \phi_0) \cos\theta_0 \sin\theta_0 \mathrm{d}\theta_0 \mathrm{d}\phi_0 \tag{2.12}$$

镜面反射可看作表面散射的一种极端情况，在表面非常光滑时出现，另一个重要的极端情况是理想的粗糙表面，此时产生朗伯散射，表面称为朗伯体。朗伯体对于垂直入射的均匀辐射，散射的辐射通量是各向同性的，因此 BRDF 具有恒定的值，对式(2.11)进行计算得到反射率：

$$r(\theta_0, \ \phi_0) = \pi R_{\mathrm{BRDF}} = r_d \tag{2.13}$$

对于通常情况下的自然表面，R_{BRDF} 由经验公式得到，Minnaert 模型就是这样一个经验公式：

$$R_{\mathrm{BRDF}} \propto (\cos\theta_0 \cos\theta_1)^{k-1} \tag{2.14}$$

其中 k 为参量，表示散射发生在法线方向上的程度。

3. 地表粗糙度的 Rayleigh 准则[3]51

完全光滑的地表用镜面反射来描述，而理想中完全粗糙的地表对入射电磁波向各个方向均匀散射，由朗伯体散射描述，那么如何表达二者之间的地表粗糙度？本节给出地表粗糙度的 Rayleigh 准则。

图 2.7 给出了当电磁波以 θ_0 入射在不规则表面上，并且以相同角度 θ_0 从其镜面方向散射时的情况，考虑两条射线，一条是从参考平面(图中横实线)上射出的，另一条是在该参考平面上方高度为 Δh 的平面射出。散射后这两条光线之间的路程差为 $2\Delta h\cos\theta_0$，因此它们之间的相位差为[3]52

$$\Delta p = \frac{2\pi}{\lambda} \cdot 2\Delta h\cos\theta_0 = \frac{4\pi\Delta h\cos\theta_0}{\lambda} \tag{2.15}$$

其中 λ 为波长，假如 Δh 代表地表高度变化的均方差，则 Δp 表示散射电磁波相位变化的均方差，Rayleigh 准则认为当 $\Delta p < \dfrac{\pi}{2}$ 时，地表是光滑的，满足镜面反射条件，此时

$$\Delta h < \frac{\lambda}{8\cos\theta_0} \tag{2.16}$$

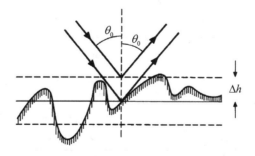

图 2.7 地表粗糙度 Rayleigh 准则[3]51

式 (2.16) 表明，当光线垂直入射（$\theta_0 = 0°$），当不规则表面的平均起伏小于约 $\frac{\lambda}{8}$ 时，该表面可被认为是光滑镜面，因此，在光学波长 $\lambda = 0.5\mu m$ 能够产生镜面反射的表面，其 Δh 须小于约 $60nm$，这是仅在某些人造物体表面如玻璃板或金属板中才可能满足的光滑条件。如果使用超高频无线电波（$\lambda \approx 3m$）探测地表，则 Δh 仅需小于 $40cm$，此时许多自然表面都可以满足条件。式 (2.16) 还表明地表光滑与否依赖于观测角 θ_0，光滑度标准在较大 θ_0 值处比在垂直观测时（$\theta_0 = 0°$）更容易满足，这使得一般粗糙的表面在倾斜光照射和观测时可能表现出镜面反射的现象。比如，在普通路面上可观察到来自低太阳角度照射（如傍晚）的镜面反射强光，虽然在这种情况下的散射不能真正地描述为镜面反射，但是镜面反射方向上的 BRDF 分量会大大增强。

4. 非匀质介质内部的体散射[3]61

除了介质交界面上发生的反射和散射，当界面透过率不为 0 时，总有一些电磁波能量会从介质 1 进入介质 2 中，当介质 2 非匀质，此时在介质 2 中将发生体散射和体吸收。对体散射机制的详细描述需要麦克斯韦方程组的严密解，包括多次散射，这通常很复杂并且需要许多化简技巧和经验假设，这里仅进行初步的定性分析。

如图 2.8 所示，设辐射通量密度为 $F(\mathrm{W \cdot m^{-2}})$ 的电磁波沿 z 轴方向传输，假设介质由三个相邻的平行层组成，每层厚度为 Δz，用 F_+，F_- 表示在 $+z$ 和 $-z$ 两个方向上传输的辐射通量密度，当辐射能量到达某层介质中，其中，$\gamma_a \Delta z$ 部分被吸收，$\gamma_s \Delta z$ 部分被散射，γ_a，γ_s（m^{-1}）分别为吸收系数和散射系数，表示辐射通量在单位路径中被吸收和散射的比例，假设所有的散射都为后向散射，当忽略交界面上的反射，只考虑介质内部的体吸收和体散射时，有

$$\frac{\mathrm{d}F_+}{\mathrm{d}z} = -(\gamma_a + \gamma_s)F_+ + \gamma_s F_- \tag{2.17}$$

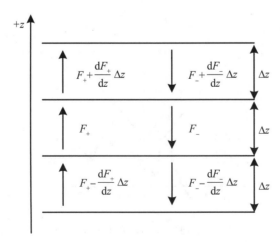

图 2.8　三个厚度为 Δz 的平行层介质内部电磁能量的传输图[3]65

$$\frac{\mathrm{d}F_-}{\mathrm{d}z} = (\gamma_a + \gamma_s)F_- - \gamma_s F_+ \tag{2.18}$$

式(2.17)表示沿 $+z$ 轴方向传输的辐射能量,一部分因为介质的吸收和散射而衰减,一部分因为反向传输辐射能量的后向散射而增加。前向传输辐射能量由于吸收和散射造成的辐射衰减,常用消隐系数来表达:$\gamma_e = \gamma_a + \gamma_s$,反向辐射传输式(2.18)与此类似。

为研究方程(2.17)和(2.18)所表达的体散射和体吸收的物理特性,考察一种特殊情况(如图2.9所示),假设一种无限厚度的介质1与空气交界,辐射传输方向沿介质法线方向,假设空气与介质交界面上的反射系数为零,只考虑介质内的体吸收和体散射,进一步假设微分方程的边界条件为 $F_-(0) = 1$,$F_-(-\infty) = F_+(-\infty) = 0$,即入射辐射为单位辐射通量,在介质1的无限厚度处辐射通量为0,此时,微分方程(2.17)、(2.18)的解为

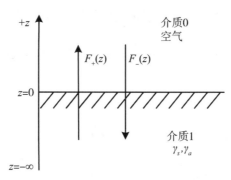

图 2.9 与空气交界的无限厚度介质中的体散射和体吸收

$$F_-(z) = \exp(\mu z) \tag{2.19}$$

$$F_+(z) = \frac{\gamma_a + \gamma_s - \mu}{\gamma_s} \exp(\mu z) \tag{2.20}$$

$$\mu = \sqrt{\gamma_a^2 + 2\gamma_a\gamma_s} \tag{2.21}$$

则介质1的能量反射率为

$$R = \frac{F_+(0)}{F_-(0)} = \frac{\gamma_a + \gamma_s - \sqrt{\gamma_a^2 + 2\gamma_a\gamma_s}}{\gamma_s} \tag{2.22}$$

该式表明体散射介质的反射率决定于 γ_s 与 γ_a 的比值。图2.10显示了反射率与 γ_s/γ_a 的关系。

从图2.10中看出,当辐射进入介质中发生体散射时,整体反射率和 γ_s/γ_a 相关,当介质散射系数远大于吸收系数时,反射率较大,反之当介质吸收系数占主导时,反射率较小。介质散射系数 γ_s 与组成介质的物质颗粒大小、介质折射率等因素相关,这可用于解释为何许多细碎的物质如雪、云和盐为白色。例如,1m厚的纯冰光学吸收和散射很小,因此光线透过使其总体呈透明,而碎成平均1mm截面的雪颗粒之后,其在可见光波段的体散射系数大大增强而吸收系数仍然很小,因此反射率增加,使得雪呈现白色。

图2.11为体散射物质的反射率光谱曲线,由于散射远强于吸收,大部分波段下的物

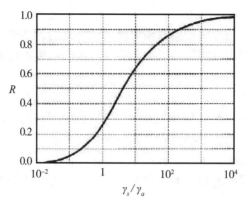

图 2.10　发生体散射时整体反射率变化曲线(一维模型)[3]66

质反射率都接近 1，而在吸收波段 λ_0 处，物质吸收能力占主导，形成了反射率减小的吸收特征谱段。

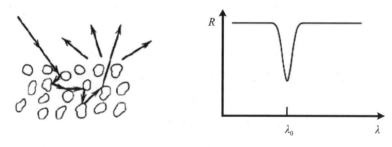

图 2.11　体散射物质的反射率光谱曲线

需要注意的是，方程(2.17)和(2.18)中假设散射为后向散射，因此可用 z 轴方向的一维微分方程来表示，而实际体散射发生在各个方向，此时需要建立辐射通量的三维微分方程来求解反射率，关于此内容本书不再做深入探讨。

2.1.2.2　分子振动

除了被反射和散射，电磁波还能被介质所吸收，当物质吸收电磁波，将会引起分子振动。分子的振动作用是指组成分子的原子在它们平衡位置发生的小位移，一个由 N 个原子组成的分子，有 $3N$ 种可能的运动方式，因为每个原子都有 3 个自由度。这些运动方式中，3 种构成整个分子的平移，3 构成整个分子的旋转，共有 $3N-6$ 种独立的运动模式。每种运动模式都可产生多个能量等级，能级由下式给出：[2]60

$$E = (n_1 + 1/2)h\nu_1 + \cdots + (n_i + 1/2)h\nu_i + \cdots + (n_{3N-6} + 1/2)h\nu_{3N-6} \quad (2.23)$$

其中，$(n_i + 1/2)h\nu_i$ 是第 i 种振动模式的能级，n_i 是振荡量子数($n_i = 0, 1, \cdots$)，h 为普朗克常量，ν_i 为第 i 种振动模式的频率。一个物质的能级数量和值取决于其分子结构，如组成原子的数量和类型、分子几何结构以及化学键的强度等。

从基态(所有的 $n_i = 0$)到只有一个 $n_i = 1$ 的状态的变换叫作基音，对应的频率为 ν_1，ν_2，…，ν_i，…，这通常在远到中红外($> 3\mu m$)发生。从基态到只有一个 $n_i = 2$(或者多个整数)的状态的变换叫作泛音，对应的频率为 $2\nu_1$，$2\nu_2$，…(或者更高阶的泛音)。其他的变换叫作合音，它结合了基音和泛音变换，对应的频率为 $l\nu_i + m\nu_j$，l 和 m 为整数，由泛音和合音产生的特征波长范围通常为 $1 \sim 5\mu m$。

以液态水分子(图 2.12)的情况作为例子，它由 3 个原子组成($N = 3$)并且具有 3 个基音频率 ν_1、ν_2、ν_3，对应着 3 种分子振动模式：对称伸缩、剪式振动和非对称伸缩，产生的吸收波长为 $\lambda_1 = 3.106\mu m$，$\lambda_2 = 6.08\mu m$，$\lambda_3 = 2.903\mu m$。最低阶的泛音对应频率 $2\nu_1$、$2\nu_2$ 和 $2\nu_3$，相应波长为 $\lambda_1/2$、$\lambda_2/2$ 和 $\lambda_3/2$($1.45\mu m$)。一个合音的例子是 $\nu = \nu_2 + \nu_3$，其波长由下式给出：

$$\frac{1}{\lambda} = \frac{1}{\lambda_2} + \frac{1}{\lambda_3} \Rightarrow \lambda = 1.87\mu m \tag{2.24}$$

另一个合音频率为 $\nu' = 2\nu_1 + \nu_3$，对应波长为 $\lambda' = 0.962\mu m$。

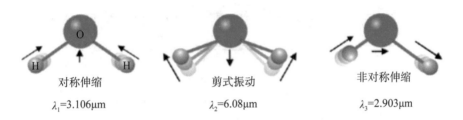

对称伸缩 $\lambda_1 = 3.106\mu m$　　　剪式振动 $\lambda_2 = 6.08\mu m$　　　非对称伸缩 $\lambda_3 = 2.903\mu m$

图 2.12　液态水分子的三种基本振动模式

因此，在矿物质和岩石的光谱中，只要有水分子存在，两个吸收波段就会显现：一个是 $1.45\mu m$ 附近(因为 $2\nu_3$)，另一个是 $1.9\mu m$ 附近(因为 $\nu_2 + \nu_3$)。这些波段可以很窄，表示水分子处于分子结构中有序的位置，或者这些波段很宽，表示水分子占据了无序的或者许多不平衡的位置。波谱段的具体位置和表现给出了水分子与各种无机物间结合方式的具体信息。图 2.13 通过展示各种含水物质的光谱曲线阐述了这种作用，$2\nu_3$ 和 $\nu_2 + \nu_3$ 被清楚地展示出来，变化的确切位置和光谱形状也可以清楚地看出。

硅氧、镁氧和铝氧化合物的基本振动模式都发生在 $10\mu m$ 附近或者更长的波长处，由于无法观测到 $5\mu m$ 附近的一阶泛音，则发生在近红外区域的高阶泛音更难被探测到。能够在近红外波段中观测到泛音特征频率的物质材料通常具有非常高的基音频率，只有少数几类材料满足这个条件，其中遥感中最常见的就是羟基离子的伸缩振动。

羟基离子(—OH)经常出现在无机固体中，它的基本伸缩模式发生在 $2.77\mu m$ 附近，确切位置依赖于羟基离子和它依附原子的位置。在某些情况下，光谱特征会加倍，表示 —OH 处于两个稍有不同的位置或者附着在两种不同的矿物质元素上。Al—OH 和 Mg—OH 的弯曲振动模式分别发生在波长 $2.2\mu m$ 和 $2.3\mu m$。—OH 的第一个泛音($1.4\mu m$ 附近的 2ν)是地表物质在近红外波段最常见的特征表现。图 2.14 给出了含羟基材料光谱的例子。

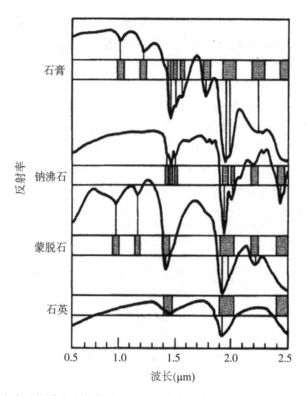

图 2.13　含水矿物质的光谱曲线显示了特定位置和形状的吸收谱段与 1.4μm 处
和 1.9μm 处的水分子振动频率有关[4]

2.1.2.3　电子作用

电磁波被物质吸收还将发生电子作用。根据量子力学知识，原子核外电子只能占据一定的量子化轨道和一定的能级，而电子作用与电子能级跃迁有关。与遥感相关最重要的电子作用包括晶体场效应、电荷转移、共轭键、能隙带物质的电子跃迁等[2]61。

1. 晶体场效应

物质分子内部相邻原子的结合使得价电子能级状态发生改变，在一个独立的原子中，往往为单数的价电子较易吸收能量发生能级跃迁从而形成物质颜色。在很多固体中，相邻原子的价电子形成电子对组成化学键从而使原子聚集在一起，由于相对稳定的共价键结构，价电子的吸收波段通常移动到高能量的紫外线区域。对于过渡金属元素，如铁、铬、铜、镍、钴和锰，原子内部存在仅部分电子填充的内壳层，这些未填充的内壳容纳未配对的电子，从而容易激发出可见光谱，这些状态受包围原子的电子场的强烈影响，而电子场由周围的晶体结构决定，晶体电子场的不同能级排布导致相同的离子出现不同的光谱。然而，所有可能的能级跃迁发生的强烈程度并不相同，允许发生的跃迁由选择规则决定，典型例子是红宝石和绿宝石。

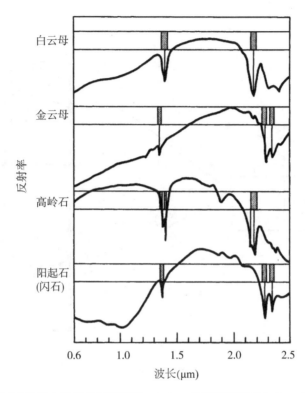

图 2.14 不同矿物质中羟基的特征光谱: 1.4μm 的泛音振动和 2.3μm 的合音振动[4]

构成红宝石的基本物质是金刚砂和铝氧化物(Al_2O_3), 其中百分之几的铝离子被杂质铬离子(Cr^{3+})取代。每个铬离子最外层有三个未配对电子, 它们的最小能级是称为 $4A_2$ 的基态和一系列激发态, 激发态的确切位置由离子所在的晶体电子场所决定, 场的对称性和强度是由铬离子和它们的自然属性决定的。处于可见光范围内有三个激发态($2E$、$4T_1$ 和 $4T_2$), 选择规则禁止从 $4A_2$ 到 $2E$ 的直接跃迁, 但是允许跃迁到 $4T_1$ 和 $4T_2$(见图 2.15), 与这些跃迁相关的能量对应于光谱中紫色和黄/绿色区域的波长, 因此, 当白光穿过红宝石, 呈现出深红色(紫色、黄/绿色被吸收)。又因为选择规则, 不稳定的高能级电子只能通过 $2E$ 能级由 $4T$ 回落到 $4A_2$ 基态, 从 $4T$ 到 $2E$ 的跃迁释放出红外波, 从 $2E$ 到 $4A_2$ 的跃迁发射出强烈的红光。

在绿宝石中, 杂质也是 Cr^{3+}, 但是由于特定的晶体结构, 铬离子周围的电场大小有所减少, 这导致 $4T$ 态的能量较低, 使得吸收波段变为黄红色, 因此绿宝石呈现绿色。

只要存在带有不成对电子的离子, 就会产生晶体场效应。海蓝宝石、玉和黄水晶有铁离子而不是铬离子。蓝色或绿色的蓝铜矿、绿松石和孔雀石的主要颜色特性物质是铜而不是杂质离子, 相同的情况是石榴石, 其主要化合物元素是铁。

遥感中一个非常重要的离子是亚铁离子(Fe^{2+}), 对于一个处于正八面体中的亚铁离子来说, 在近红外波段只有一个跃迁能级, 但是如果八面体结构发生形变, 或者亚铁离子处于不同的非平衡态, 产生的电子场可能导致多个跃迁能级, 从而产生多种特征谱线。因

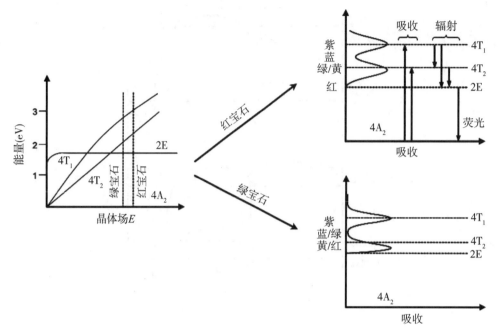

图 2.15 晶体场效应引起的物质颜色特性[2]63

此，矿物整体结构光谱信息可以利用亚铁离子的光谱特征来间接获得。图 2.16 展示了多种含亚铁离子矿物的反射光谱，垂直线是吸收带最小值，阴影区域显示带宽。不同物质中由于亚铁离子晶体场结构的不同，导致特征谱线的位置和宽度发生变化。

2. 电荷转移

在很多情况下，成对的电子不被限于特定的原子间的化学键中且可以移动很长的距离，它们甚至可以在分子或者宏观固体中走动，它们绑定得并不太紧，所需要到达激发态的能量也有所减少。一个影响可见光/近红外区域光谱特征的例子就是电子从一个铁离子转移到另一个，例如在既有 Fe^{2+} 又有 Fe^{3+} 的物质中这种作用就会发生，这种电荷转移导致了从深蓝到黑色的颜色，如黑色的铁矿石磁铁矿。相似的机制也发生在蓝宝石中，蓝宝石中的杂质元素是 Fe^{2+} 和 Ti^{4+}，当一个电子从铁转移到钛就形成激发态，这种电荷转移需要超过 2eV 的能量，产生一个从黄色到红色光谱的宽吸收带，使蓝宝石呈现出一种深蓝色。电荷转移产生的光谱特征很剧烈，通常比晶体场效应产生的更强烈。

3. 共轭键

单原子核外的电子运行在孤立原子轨道上，而当原子形成分子，相邻原子的电子将构成共价键，此时的轨道结构就称为分子轨道，原子轨道描述了单个原子周围可能会发现电子的空间区域，而分子轨道则描述了两个或两个以上原子周围发现电子的空间区域，这些

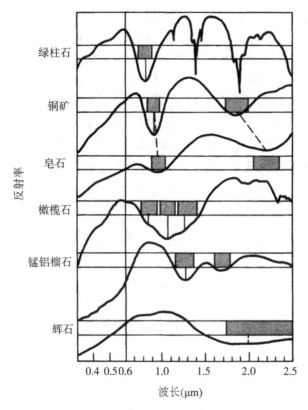

图 2.16　含有亚铁离子的不同矿物质的反射光谱[4]

电子不再属于某个单键或原子，而属于一组原子。

分子轨道中的能级跃迁在生物颜料和许多有机物质的光谱响应中起着重要作用。在一些生物色素和有机物质分子中，碳或氮原子由一些单键和双键交替连接，每个键代表一对共用电子对，从每个双键移动一对电子到相邻的单键会颠倒整个共价键的顺序，从而形成一个对等结构，这样的共价键系统称为共轭系统，其中的共价键称为共轭键。共轭体系具有独特的特性，可产生强烈的颜色。例如 β-胡萝卜素的长共轭烃链，其共轭键特性产生强烈的橙色。氮化合物以及酞菁化合物是广泛用于合成颜料和染料的共轭系统[5]。

一个特殊的共轭结构是所有原子单键连接，而剩余电子对双键连接并布满整个分子轨道，这种分子轨道称为 π 轨道。π 轨道在共轭双键系统中倾向于减少电子对的激发能，允许在可见光谱段产生吸收作用，许多生物颜料的光谱特性就是源自扩展的 π 轨道结构，包括植物中的叶绿素和血液中的血红蛋白。

4. 能隙带跃迁

在金属和半导体中，电子被彻底从它附属的特定原子或者离子中释放，甚至可以在宏观物质中自由运动。在金属中，所有价电子可以自由地被激发，形成一个连续体能级分布，因此，金属可以吸收任何波长，这可能会导致认为金属应该是黑色的，事实上，当金属中的电子吸收光子并跃迁到激发态时，它可以立即重新发射相同能量的光子并返回其原始状态，由于快速有效的再辐射，金属表面呈现反射性而不是吸收性，从而具有特定的金属光泽。金属表面颜色的变化是由不同能级电子数量的差异引起的，由于能级密度不均匀，因此某些波长电磁波比其他波长更有效地被吸收和再发射，使得金属呈现一定的颜色。

在半导体中，电子能级被分成很宽的、有禁止间隙的两个带(图 2.17)，下面的能带叫价带，即价电子所处的能带，为束缚电子所具有的最高能，上面的能带叫导带，即导电电子所处的能带，价带与导带之间的能带叫禁带或间隙带，当价带内的电子受到入射光子激发而获得大于禁带宽度的能量 E_g 时，就跃迁到导带，而在价带中留下带正电的空穴，电子和空穴使半导体材料的电导率增大，由光子入射而导致半导体材料的电导率增大的效应被称为光电导效应。

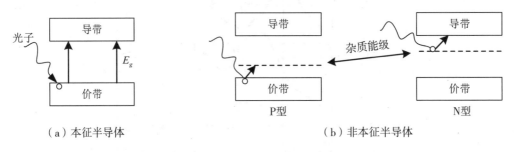

(a) 本征半导体 　　　　　　　　(b) 非本征半导体

图 2.17　半导体材料的能带示意图

在纯净的半导体材料中(纯净的半导体称为本征半导体)，电子被激发而在导带和价带中分别产生电子和空穴的过程称为本征激发，基于本征激发方式工作的探测器被称为本征探测器。要将电子从价带激发到导带，入射光子能量至少要达到禁带宽度，此时的波长称为截止波长。如果禁带很小，可见光波段内的电磁波都可以被吸收并被再发射，像硅有金属般光泽。如果禁带很大，没有可见光区域的光谱可以被吸收(光子能量小于隙能)。例如钻石的能隙是 $5.4eV$(即 $\lambda = 0.23\mu m$)，没有可见光能量被吸收和再发射，因此呈现透明。硫化水银(HgS)的带隙是 $2.1eV$(即 $\lambda = 0.59\mu m$)，所有高于这一能级的光子(例如蓝光和绿光)可以被吸收，只有最长的可见光波长可以透射，因此，硫化水银呈红色。

由于纯净半导体材料的禁带宽度比较宽，不能在波长较长的谱段工作，通过在纯净半导体中掺入少量杂质半导体(称为非本征半导体)，且杂质半导体的电子能级接近导带或价带，可减小禁带宽度，从而实现对长波辐射的探测。在杂质半导体材料中，电子激发称为非本征激发，基于非本征激发方式工作的探测器称为非本征探测器。通过选择合适的掺杂材料，可以得到特定的激发能级和响应波长，例如在硅中掺入砷杂质，产生的探测器敏感性可以很好地延伸到红外区域，远超出了正常纯硅的截止波长 $1.1\mu m$。

2.1.2.4　叶绿素荧光性

如前面红宝石的例子所阐述的，由于激发态的电子可以逐级跌落到基态，能量可以在一个波长被吸收并在另一个不同的波长被重发射，这叫做荧光性，是一种特殊的电子作用，这一作用可以被用来获取物质成分的额外信息，因为在太阳光照射的情况下，物体发射的荧光可从反射的光中分离出来。

地表遥感观测中最重要的一种荧光性是叶绿素荧光。在可见光/近红外波段，由于共轭键的作用，叶绿素分子吸收蓝光和红光由基态进入两种激发态（如图 2.18 所示），处于高激发态的部分电子由于热损失能级降低回到低激发态，而低激发态的电子能量能够在另一个不同的波长被重发射，由于能量较低，所以以长波红光方式发出，所以叶绿素溶液在透射光下呈绿色（吸收蓝光和红光），而在反射光下呈红色（重发射的荧光，但由于荧光很弱，通常肉眼无法观测）。

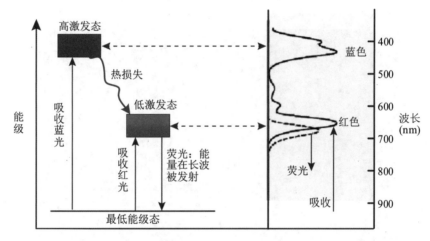

（a）叶绿素分子中的电子能级跃迁

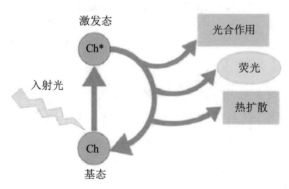

（b）叶绿素分子吸收光能量后的状态转化

图 2.18 叶绿素的荧光性

因此当被太阳光照亮时，绿色植物反射、透射和吸收光，但它们也以荧光的形式重新发射光。当叶子中的叶绿素分子吸收光子时，电子由基态被激发到激发态，这些激发态电子的命运取决于植物的生理状态，例如大约 82% 的吸收光能用于光合作用（$6CO_2 + 6H_2O \longrightarrow C_6H_{12}O_6$（葡萄糖）$+ 6O_2$），剩余的光一部分作为热量损失，其余一小部分（1% ~ 2%）

作为叶绿素荧光被发射消散。三者具有竞争关系,当忽略热发散时,荧光强则光合作用弱,荧光弱则光合作用强,因此,荧光是光合作用间接测量的指标,可作为植被健康状态的指标。

在一项欧空局(欧洲航天局)FLEX(Fluorescence Explorer)地球探测任务开发的实验中,HyPlant 仪器被搭载在飞机上以检测处于胁迫下的植被[6]。该实验观测两片草地,一处使用一种常见的除草剂,另一处未经处理,如图 2.19 所示。与右侧未经处理的草地相比,左侧施了除草剂的草地呈现红色,指示其发出了更多的荧光。一般而言,荧光是光合作用的指标,除草剂会中断植物动力系统,使吸收的太阳能不能用于光合作用,因此植物发出了更多的荧光,通过探测这些异常的荧光区域,可对植物胁迫进行早期预警。

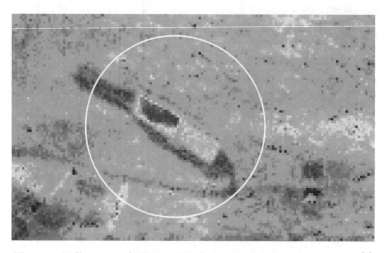

图 2.19 机载 HyPlant 仪器用于观测荧光以检测受除草剂胁迫的植被[6]

2.1.3 固体地表的遥感特性

固体表面物质可以被大致分为两类:地质材料和生物材料。地质材料对应岩石和土壤。生物材料对应植被覆盖(自然的和人类种植的),本书将雪覆盖和城市地区归为生物类[2]69。

1. 地质材料的光谱特征

地质材料在可见光和近红外区域的光谱特征主要源自电子作用和分子振动作用,具体组成成分的吸收波段受其周围晶体结构、组分在基质材料中的分布、其他组成成分的影响,多种地质材料的光谱特征如图 2.20 所示,该图基于 Hunt(1977)的工作得到[4]。在分子振动作用中,水分子和羟基(—OH)在决定很多地质材料的光谱特征中发挥着重要作用,在电子作用中,过渡金属的离子发挥着主要作用(像铁、镍、铬和钴),这些金属也存在经济重要性,含硫元素的矿物材料表现出基于能隙带作用的光谱吸收特征。

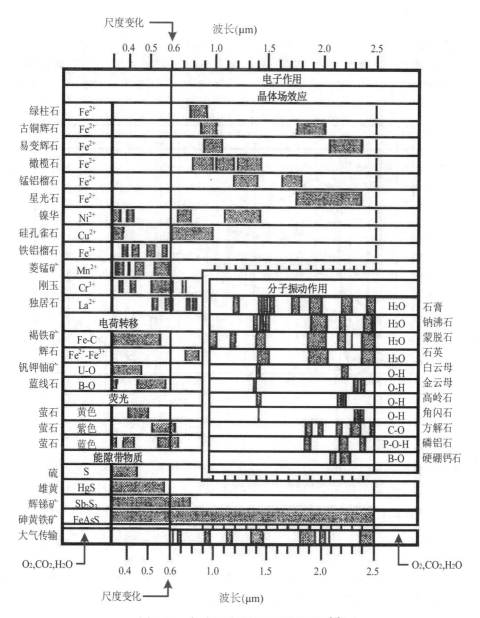

图 2.20 各种地质材料的光谱特征图[4]

尽管多种矿物质有其对应的光谱特征，但是地质材料的多样性以及它们复杂的组合方式使得试图通过测量光谱来识别元素的方法变得并不容易，仅仅依靠测量少数几个光谱段的地表反射率来识别材料，其结果往往是不准确的。如果能够获得一幅图像中每个像元从 0.35μm 到 3μm 全部波段的光谱特征，则能较为可信地识别出物质组成成分，但是这要求极大的数据处理能力。一个折中的例子是对特定波段的波谱进行分析以识别特定物质，例如 2.0μm 到 2.4μm 区域的详细光谱可以识别出—OH 物质。

2. 生物材料的光谱特征[2]71

图 2.21 所示为玉米、大豆、土壤的光谱反射率曲线。植被中叶绿素的存在导致在波长小于 $0.7\mu m$ 处的强烈吸收作用，在 $0.7\mu m$ 到 $1.3\mu m$ 区域，强反射是由于折射率在空气与叶细胞之间的不连续性，在 $1.3\mu m$ 到 $2.5\mu m$ 区域，叶子光谱反射率曲线和纯水相似。

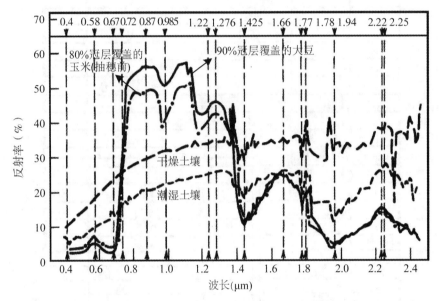

图 2.21　玉米、大豆、土壤的光谱反射率曲线[4]

遥感在生物材料中的一个主要目的就是研究它们在生长周期内的动态行为并监测它们的健康。因此，光谱特征作为它们健康状况的指示就尤为重要。如图 2.22 所示，叶片含水量可以通过对比近 $0.8\mu m$、$1.6\mu m$ 和 $2.2\mu m$ 的反射率得到(即使水的特征波段在 $1.4\mu m$ 和 $1.9\mu m$)，需要注意的是由于大气水汽影响，这些波段还存在着很强的大气吸收。

图 2.23 展示了山毛榉在其生长周期内光谱特征发生变化的例子，反过来也反映出其叶绿素浓度的变化。随着叶子从活跃的光合作用到完全衰老，$0.7\mu m$ 附近上升(叫作红边)的位置和角度发生了变化。

对红边进行高光谱分析可以探测到由于土壤营养成分的改变产生的地球化学胁迫作用。许多科学家指出了"蓝移"现象，即由于地球化学胁迫作用使得植被光谱中的"红边"或叶绿素肩向更短波长方向位移了大约 $0.01\mu m$(图 2.24 和图 2.25)，这种来自矿物质胁迫产生的位移，可能与细胞环境的微小变化有关。

在很多情况下，地质表面的一部分或者全部被植被覆盖，因此光谱特征包括覆盖物及其下面物质的特征的混合，它们各自的贡献依赖于植被覆盖百分比和被观察到的光谱特征的强度(如吸收波段)。

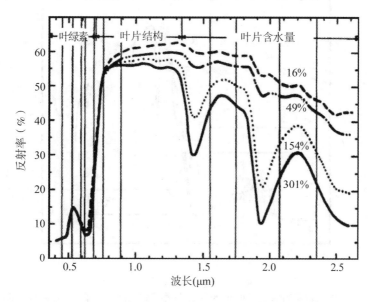

图 2.22　不同含水量下的无花果叶片光谱反射率曲线[7]

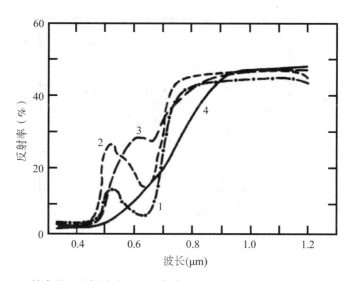

图 2.23　健康的山毛榉叶片 1 和逐渐衰老的山毛榉叶片 2~4 的反射率曲线[4]

3. 穿透深度[2]72

可见光和近红外区域的地表反射率完全由表面几微米的反射率决定。在荒漠中，风化的岩石通常呈现出离散的富铁表面层，这些表面层展现出与底部岩石组织不同的光谱特征，因此，确定遥感辐射的穿透深度是很重要的。Buckingham 和 Sommer 用逐渐增厚的样本做了一系列测量[9]，他们发现随着样本厚度的增加，吸收线变得更加明显，超过某一

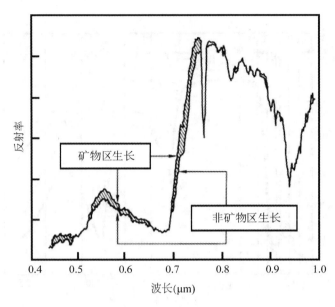

图 2.24　密歇根州科特盆地针叶树的反射光谱受矿化区域影响产生"蓝移"现象[8]

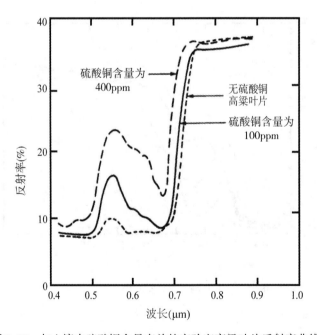

图 2.25　与土壤中硫酸铜含量有关的实验室高粱叶片反射率曲线[8]

关键厚度之后，增加样本的厚度不会影响吸收强度。

　　图 2.26 展示了样本厚度与吸收强度之间的关系。针铁矿在 $0.9\mu m$ 附近处的吸收强度随着针铁矿浓度的增加而增加，在一定针铁矿浓度下，吸收强度随样本厚度的增加而增

加，对于 25% 浓度的针铁矿，该穿透深度约为 30μm。

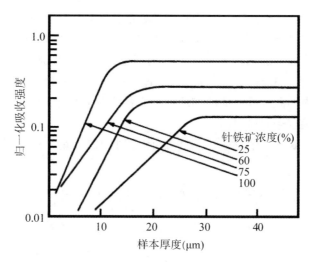

图 2.26 不同浓度针铁矿在 0.9μm 附近处的吸收强度随样本厚度的变化曲线[9]

2.2 热红外电磁波与地表的作用

任何处在非绝对零度下的物体都会辐射电磁波，因此作为遥感观测对象的植被、土壤、岩石、水，甚至人体都会在光谱 3.0~14μm 范围内发射热红外电磁辐射。尽管人眼对热红外能量不敏感，然而工程师们开发了对热红外辐射敏感的探测器，这些传感器使人们可以监测地物的热特征，从而感知人类看不见的信息世界。

热红外电磁辐射在数学上通过普朗克辐射定律来描述，普朗克的结论在 1900 年发表，之后 Rayleigh、Jeans、Wien、Stefan、Boltzmann 等人又对这个结论的不同方面进行了研究[2]125。普朗克辐射定律描述了物体辐射存在于所有波长中，且辐射波长的峰值与温度成反比。大多数自然体的热辐射峰值出现在红外波段，对于太阳、其他恒星以及各种高温辐射体来说，它们的辐射峰值出现在光谱的可见光和紫外波段。

对于地球表面的物质，由于白天和黑夜的变化以及一年中的季节交替，地球表面受到来自太阳的周期性变化的热量照射使得地物表面温度成为周期变化的物理量。表面温度周期变化的幅度取决于构成地表物质的热物理性质，称为热惯量。因此，对地球表面物质热惯量的测量使我们可以研究地表的热性能，从而提供关于地球表面成分的一些信息。

2.2.1 热辐射原理

普朗克辐射定律将黑体的光谱辐射分布描述为

$$S(\lambda, T) = \frac{2\pi hc^2}{\lambda^5} \frac{1}{e^{ch/\lambda kT} - 1} \tag{2.25}$$

这个公式通常也可以写为

$$S(\lambda, T) = \frac{c_1}{\lambda^5} \frac{1}{e^{c_2/\lambda T} - 1} \tag{2.26}$$

其中 $S(\lambda, T)$（$W \cdot m^{-2} \cdot \mu m^{-1}$）为某波长处单位波长的辐射通量密度，表示单位面积单位波长的光谱辐射功率，λ 为辐射波长，$T(K)$ 为辐射体绝对温度。$h = 6.626 \times 10^{-34}$ $W \cdot s^2$ 为普朗克常数。$c = 2.9979 \times 10^8 m \cdot s^{-1}$ 为真空光速。$k = 1.38 \times 10^{-23} W \cdot s \cdot K^{-1}$ 为玻尔兹曼常数。$c_1 = 2\pi hc^2 = 3.74 \times 10^{-16} W \cdot m^2$，$c_2 = ch/k = 0.0144 m \cdot K$，为常数。

注意到表达式中的温度是物体的物理温度或者动力学温度，该温度可以通过放置温度计与物体进行物理接触来测量。

$S(\lambda, T)$ 对波长的积分代表单位面积黑体辐射的总能量，这就是斯特藩-玻尔兹曼定律：

$$S = \int_0^\infty S(\lambda, T) \mathrm{d}\lambda = \frac{2\pi^5 k^4}{15c^2 h^3} T^4 = \sigma T^4 \tag{2.27}$$

其中，$\sigma = 5.669 \times 10^{-8} W \cdot m^{-3} \cdot K^{-4}$，该定理表明单位面积黑体辐射的总能量与热力学温度的四次方成正比。

$S(\lambda, T)$ 对波长进行微分并求极值可得到最大辐射时的波长，这就是维恩定律：

$$\lambda_m = \frac{a}{T} \tag{2.28}$$

其中，$a = 2898 \mu m \cdot K$。例如，太阳的温度是 6000K，在 $\lambda_m = 0.48 \mu m$ 时有最大辐射，而地球的表面温度是 300K，在红外波段 $\lambda_m = 9.66 \mu m$ 时有最大辐射。

另一个有用的表达式是峰值辐射量的值：

$$S(\lambda_m, T) = bT^5 \tag{2.29}$$

其中，$b = 1.29 \times 10^{-5} W \cdot m^{-3} \cdot K^{-5}$。如对于 300K 的地球表面，在 $\lambda_m = 9.66 \mu m$ 处 $0.1 \mu m$ 宽的光谱带中，其辐射能量约为 $3.3 W \cdot m^{-2}$。

辐射定律同样可以依据辐射出的光子数来描述，这种形式的描述对讨论光子探测器的性能很有帮助。将 $S(\lambda, T)$ 除以单个光子的能量 hc/λ，得到光谱辐射的光子度量（photon $\cdot s^{-1} \cdot m^{-2}$）：

$$Q(\lambda, T) = \frac{2\pi c}{\lambda^4} \frac{1}{e^{ch/\lambda kT} - 1} \tag{2.30}$$

所以斯特藩-玻尔兹曼定律变为

$$Q = \sigma' T^3 \tag{2.31}$$

其中，$\sigma' = 1.52 \times 10^{15} m^{-2} \cdot s^{-1} \cdot T^{-3}$。式（2.31）表明黑体辐射的光子量与其绝对温度的三次方成正比。例如对于 300K 的地球表面，普朗克辐射的总光子数为 $4 \times 10^{22} m^{-2} \cdot s^{-1}$。

2.2.1.1　自然地表的发射率[2]127

普朗克公式描述了理想黑体辐射的情况，黑体是将热能转化为电磁能效率最高的理想物体，相比之下，所有的自然地表都有着较低的辐射效率，该效率用发射率 $\varepsilon(\lambda)$ 来表达：

$$\varepsilon(\lambda) = \frac{S(\lambda, T)}{S_{\text{blackbody}}(\lambda, T)} \tag{2.32}$$

它是地表的辐射通量(密度)与相同温度下黑体辐射通量(密度)的比率。发射率是波长的函数,平均发射率 ε 如下式给出:

$$\varepsilon = \frac{\int_0^\infty \varepsilon(\lambda) S_{\text{blackbody}}(\lambda, T) \mathrm{d}\lambda}{\int_0^\infty S_{\text{blackbody}}(\lambda, T) \mathrm{d}\lambda} = \frac{1}{\sigma T^4} \int_0^\infty \varepsilon(\lambda) S_{\text{blackbody}}(\lambda, T) \mathrm{d}\lambda \tag{2.33}$$

三种典型辐射源的发射率如下(如图 2.27 所示):

黑体: $\varepsilon(\lambda) = \varepsilon = 1$;

灰体: $\varepsilon(\lambda) = \varepsilon$ 为小于 1 的常量;

选择性辐射体: $\varepsilon(\lambda)$ 是波长的函数。

当辐射通量入射到无限厚介质的表面时,在交界面上,用 ρ 表示反射的能量比率(又称为反射率或反照率), τ 表示透过的能量比率(又称为透过率),要满足能量守恒定律,则有

$$\rho + \tau = 1 \tag{2.34}$$

一个黑体可以吸收所有的入射辐射能量,这种情况下 $\tau = 1$ 并且 $\rho = 0$,也就是说,所有通过界面入射黑体的能量都最终被吸收。

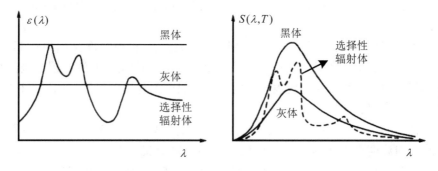

图 2.27　三种辐射源光谱发射率 ε 和辐射通量密度 $S(\lambda, T)$ 随波长变化曲线[2]128

根据基尔霍夫辐射定律,在辐射平衡条件下,一个物体的吸收率 α 与它同温度下的发射率相等,而物体吸收的能量等于透过界面的能量,所以有

$$\alpha = \varepsilon = \tau \tag{2.35}$$

由公式(2.34)得

$$\varepsilon = 1 - \rho \tag{2.36}$$

物体的发射率同样也是辐射方向的函数,方向发射率 $\varepsilon(\theta)$ 是处于角 θ (相对于表面法向方向)上的发射率, $\varepsilon(0)$ 为垂直发射率。在大多数情况下,自然表面发射率为 $\varepsilon(\lambda, \theta)$,这是一个观测角与波长的函数。

金属的发射率较低,只有几个百分点,尤其是当金属是光滑的(ρ 较高, ε 较低)。发

射率随温度的升高而升高，并且当金属表面形成氧化层时会急剧上升。对于非金属来说，发射率较高，通常大于 0.8，而且会随着温度的升高而降低。自然不透明地表发出的红外辐射来自其几分之一毫米厚度的表面材料，所以，表面层状态和材料情况对发射率有着很大影响。例如，一层很薄的雪或者植被会急剧改变土壤表面的发射率。

在遥感影像中，试图通过视觉经验来估计物体发射率的时候需要格外注意，雪就是一个很好的例子，在可见光区域，雪是极好的漫反射体，因此在记录反射特性的可见光影像上很亮很白，根据基尔霍夫辐射定律，反射率较高时它的发射率很低，根据该经验可能会认为雪在记录发射特性的热红外影像中很暗，但是，在 273K 时，物质的光谱辐射都出现在 $3 \sim 70 \mu m$（峰值出现在 $10.5 \mu m$），雪在红外波段发射率很高而反射率很低，所以，在热红外影像中雪和周围相近温度物质相比仍然较亮。

对于大多数自然体来说，光谱辐射曲线并不是一条简单变化的函数曲线，它包含很多因物体成分不同而不同的光谱特征线。在热红外光谱区域，有大量与分子振动频率相关联的吸收线，这些特征构成地表热红外波段的主要光谱特征。

2.2.1.2　辐射温度与热力学温度

现实世界中温度高于绝对零度的所有物体都表现出分子随机运动，物质分子随机运动中的能量称为热动力能量，简称热能，热能可以转化和传导，热能还可以用卡路里来度量（$1 \, cal = 4.18 \, J$）。物体的热动力能量使物体具有一定的热力学温度（T_{kin}），热力学温度又称为内部温度，可通过将温度计与植物、土壤、岩石或水体直接物理接触来进行热力学温度测量。

任何非绝对零度的物体同时还具有辐射温度（T_{rad}），辐射温度又称为外部温度、亮温或表观温度。物质粒子随机运动相互碰撞改变能级态从而辐射电磁波能量，辐射的电磁波能量用辐射通量（W）来衡量，代表该辐射通量的温度称为辐射温度，用辐射计来遥感测量。外部温度是内部温度的外在表现。

对于自然界的大部分物质来说，热力学温度和辐射温度正相关。热辐射遥感的目的就是探测地物辐射温度来表达地物物理特征和监测地物健康状况，就像人类发烧测体温一样，然而由热辐射计测得辐射通量计算得到的表观温度总会略低于用温度计接触物体测得的热力学温度，这种差异由地表发射率（ε）引起。

根据发射率的定义及式（2.27），温度为 T_{kin} 的物体辐射的电磁波通量密度为

$$S = \varepsilon \sigma T_{kin}^4 = \sigma T_{rad}^4 \tag{2.37}$$

因此有

$$T_{rad} = \varepsilon^{1/4} T_{kin} \tag{2.38}$$

$$\varepsilon = \left(\frac{T_{rad}}{T_{kin}}\right)^4 \tag{2.39}$$

热红外遥感观测系统收集地物的热辐射通量（S），可由式（2.37）计算得到地物的表观温度（T_{rad}），该温度往往低于物体的实际温度（T_{kin}），二者的差异由发射率（ε）引起，如式（2.38）。表 2.2 给出了一些地物的发射率、热力学温度、辐射温度的值。

表 2.2 一些地物的发射率、热力学温度和辐射温度[10]253

地物类别	发射率 (ε)	热力学温度 (T_{kin})		辐射温度 (T_{rad})	
		K	℃	K	℃
黑体	1.00	300	27.0	300.0	27.0
蒸馏水	0.99	300	27.0	299.2	26.2
粗糙的玄武岩	0.95	300	27.0	296.2	23.2
植被	0.98	300	27.0	298.5	25.5
干土壤	0.92	300	27.0	293.8	20.8

研究地表发射率具有重要意义，原因是在地面上彼此相邻的具有相同热力学温度的两个物体，当由遥感热辐射计测量时却可能具有不同的表观温度，使得它们在热辐射遥感影像中明暗不同，而这种差异来自它们的发射率不同，由此可以用热辐射遥感影像来区分地物。

物体的发射率与许多因素有关，如：

(1)颜色：深色物体往往比浅色物体具有更高的吸收率，在热平衡时从而有更大的发射率。

(2)表面粗糙程度：物体的表面粗糙度相对于入射波长越大，物体的表面积越大，能量的吸收和再发射的可能性越大。

(3)潮湿程度：物体含有的水分越多，吸收能力就越大，越成为良发射体。如湿土颗粒具有与水类似的高发射率。

(4)紧密度：相同成分的土壤，密实程度不同，发射率也不同。

(5)观测尺度：相同地物，使用不同空间分辨率观测时，其发射率不同。如植被，叶片的发射率和整个冠层的发射率不相同。

(6)波长：发射率和观测波长相关，一般地物在 $8\sim14\mu m$ 观测波段测得的发射率和 $3\sim5\mu m$ 测得的发射率不同。

(7)观测角：发射率是观测角的函数，不同传感器观测角下的地物发射率会有不同。

2.2.2 地物热传导属性

地球表面受到来自太阳的周期性热量照射，这种周期性的加热引起地表温度的周期性波动，表面温度波动的幅度取决于表面材料物理性质的组合。遥感仪器测量高于绝对零度的物体发射出的电磁波辐射，并记录该辐射的变化幅度，从而提供关于地球表面成分的一些信息，这就是热惯量遥感观测背后的思想，本节给出一个简单的模型说明该原理。

假设地球表面物质材料质地均匀且有无限深度，表面为 $z=0$，无限深度为 $z=+\infty$。热传导只在 z 轴方向上传播，那么地表物质的热变化规律用热传导方程和热容方程给出[3]153

$$\boldsymbol{F} = -K_c \nabla T \tag{2.40}$$

$$\nabla \cdot \boldsymbol{F} = -C\rho \frac{\partial T}{\partial t} \tag{2.41}$$

其中，$\boldsymbol{F}(\mathrm{cal} \cdot \mathrm{s}^{-1} \cdot \mathrm{m}^{-2})$ 为热通量密度，它是空间和时间的函数，通常为矢量，$K_c(\mathrm{cal} \cdot \mathrm{s}^{-1} \cdot \mathrm{m}^{-1} \cdot \mathrm{K}^{-1})$ 为地物材料的导热系数，$T(\mathrm{K})$ 为温度，它也是空间和时间的函数。$C(\mathrm{cal} \cdot \mathrm{kg}^{-1} \cdot \mathrm{K}^{-1})$ 为地物材料的热容，$\rho(\mathrm{kg} \cdot \mathrm{m}^{-3})$ 此时为物质密度。其中热量单位 cal 可与能量单位 J 互换，$1\mathrm{cal} = 4.186\mathrm{J}$。与物质热传导属性相关的还有一个物理量 $\kappa(\mathrm{m}^2 \cdot \mathrm{s}^{-1})$，称为热扩散率，其值由物质导热系数 K_c、密度 ρ 和热容 C 共同决定，$\kappa = \dfrac{K_c}{C\rho}$。

假设热通量仅在 z 轴方向上变化时，上面两个方程可简化为

$$F = -K_c \frac{\partial T}{\partial z} \tag{2.42}$$

$$\frac{\partial F}{\partial z} = -C\rho \frac{\partial T}{\partial t} \tag{2.43}$$

假设热通量密度和温度为时间和空间的正弦变化函数，且时间变化角频率为 ω，假设在 $z = 0$ 地表的热通量密度边界值为 $F(t, 0) = F_0 \cos(\omega t)$，则方程 (2.42) 和 (2.43) 的解为

$$F(t, z) = F_0 \cos\left(\omega t - z\sqrt{\frac{\omega C\rho}{2K_c}}\right) \exp\left(-z\sqrt{\frac{\omega C\rho}{2K_c}}\right) \tag{2.44}$$

$$T(t, z) = \frac{F_0}{P\sqrt{\omega}} \cos\left(\omega t - z\sqrt{\frac{\omega C\rho}{2K_c}} - \frac{\pi}{4}\right) \exp\left(-z\sqrt{\frac{\omega C\rho}{2K_c}}\right) \tag{2.45}$$

式中，$P = \sqrt{C\rho K_c}$ 称为热惯量 $(\mathrm{J} \cdot \mathrm{m}^{-2} \cdot \mathrm{s}^{-1/2} \cdot \mathrm{K}^{-1})$。由式 (2.44) 和式 (2.45) 看出，地表热通量密度和温度随时间和深度周期性变化，其幅值随厚度增加呈指数型衰减。热通量密度和温度波的空间波数为 $k = \sqrt{\dfrac{\omega C\rho}{2K_c}}$，波长为 $\lambda = \dfrac{2\pi}{k} = 2\pi\sqrt{\dfrac{2K_c}{\omega C\rho}} = 2\pi\sqrt{\dfrac{2\kappa}{\omega}}$。温度波在传播了 z_0 后，振幅以因子 e^{-1} 下降，z_0 称为地表热通量密度和温度波的传播深度：

$$z_0 = \sqrt{\frac{2K_c}{\omega C\rho}} = \sqrt{\frac{2\kappa}{\omega}} \tag{2.46}$$

对于热扩散率 $\kappa = 10^{-6}\mathrm{m}^2 \cdot \mathrm{s}^{-1}$ 的典型岩石材料，其温度波的空间波长 λ 对于时间频率为 1 周期／天来说是 1m，对于 1 周期／年来说是 19m。对于 $\kappa = 10^{-4}\mathrm{m}^2 \cdot \mathrm{s}^{-1}$ 的金属导体来说，其波长对于 1 周期／天来说是 10m，对于 1 周期／年来说是 190m。表 2.3 给出了一些常见地质材料的热性能参量，根据表中的 κ 值范围可知，这些地质材料因太阳日加热引起的表面温度变化只能大概影响到前几米，年加热能影响到前 10～20m。

式 (2.44) 和式 (2.45) 说明了温度波和热通量波具有相似的表达式，热能变化的幅值和温度变化幅值之间的关系由地物热惯量 P 决定。温度波和热通量波存在相位差，也就是说，地表热通量峰值和温度相应峰值出现的时间有滞后关系，例如对于地球上的土壤，

热能通量峰值出现在中午太阳正中时，而土壤温度的峰值则出现在下午，通常在下午 2 点左右。

表 2.3   地质材料的热性能参量[2]135

材料	$K_c(\text{cal} \cdot \text{m}^{-1} \cdot \text{s}^{-1} \cdot \text{°C}^{-1})$	$\rho(\text{kg} \cdot \text{m}^{-3})$	$C(\text{cal} \cdot \text{kg}^{-1} \cdot \text{°C}^{-1})$	$\kappa(\text{m}^2 \cdot \text{s}^{-1})$	$P(\text{cal} \cdot \text{m}^{-2} \cdot \text{s}^{-1/2} \cdot \text{°C}^{-1})$
水	0.13	1000	1010	1.3×10^{-7}	370
玄武岩	0.5	2800	200	9×10^{-7}	530
黏土(潮湿)	0.3	1700	350	5×10^{-7}	420
花岗岩	0.7	2600	160	16×10^{-7}	520
砾石	0.3	2000	180	8×10^{-7}	320
石灰石	0.48	2500	170	1.1×10^{-7}	450
白云岩	1.20	2600	180	26×10^{-7}	750
沙质土壤	0.14	1800	240	3×10^{-7}	240
砂砾石	0.60	2100	200	14×10^{-7}	500
页岩	0.35	2300	170	8×10^{-7}	340
凝灰岩	0.28	1800	200	8×10^{-7}	320
大理石	0.55	2700	210	10×10^{-7}	560
黑曜石	0.30	2400	170	7×10^{-7}	350
浮石，松散	0.06	1000	160	4×10^{-7}	90

2.2.3 地表热辐射的遥感特性

地表温度的周期变化是由太阳周期性辐射提供的周期性热通量造成的，地物温度与地物热辐射通量有对应关系，并且取决于地表的热惯量，而热惯量是地表材料的函数，代表了地表材料的特有属性，这使得通过测量表面热辐射来区分具有不同热惯量属性的地物成为可能。

2.2.3.1 周期性地表热辐射

式(2.44)和式(2.45)中的简单模型不能直接用于实际应用，因为实际热通量通常不会正弦变化，尽管可以通过使用傅里叶分析来克服这种限制，但热通量的形式通常较复杂，其组成包括来自天空的直接太阳辐射、地表对太阳辐射的反射、地表自身的热红外辐射以及地热热通量的贡献等。因此，实际热通量及地表温度与地理位置、一年中的时间、云层分布、地表朝向、地物反射率和发射率等因素都有关。尽管如此，该简单模型仍很好地表明热通量和温度的总体变化趋势[3]155。

图 2.28 显示了热惯量 P 为 400J·m^{-2}·s$^{-1/2}$·K^{-1} 和 2000J·m^{-2}·s$^{-1/2}$·K^{-1} 的两种材料的表观温度减去日平均温度后随本地太阳时的变化关系，如模型所预期的那样，具有较大热惯性的材料表现出较小的昼夜温度波动，但是也应注意到温度波并不是严格的正弦波。

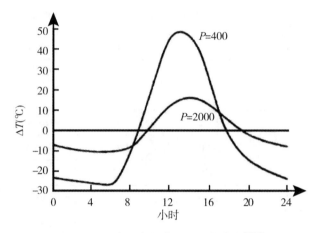

图 2.28　地表温度的典型日变化曲线[3]155

事实上，地物材料的热惯量 P、反射率 ρ 或发射率 ε 的差异以及变化的大气热辐射源是影响测得辐射温度的重要因素。图 2.29 展示了不同地表材料的典型热惯量 P 和扩散率 κ 的大小，还给出了不同时间周期下根据式(2.46)计算得到的传播深度。

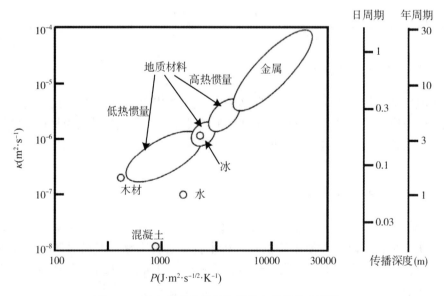

图 2.29　地表典型物质的热惯量和热扩散率[3]156

地质材料中，低密度低传导率材料如沙子、页岩和石灰石具有较小的热惯量（$P =$ 400J·m^{-2}·s$^{-1/2}$·K^{-1}），而高密度、高传导率矿物质如石英具有高达 4000J·m^{-2}·s$^{-1/2}$·K^{-1}的热惯量。由于金属的热传导率和密度较高，其热惯量比一般物质高出 10 倍，而木材的热惯量低 10 倍。水的热惯量与典型矿物的热惯量差别不大，然而由于蒸发的缘故，水体在白天通常比岩石表面冷，而在晚上则相对地面暖和，在潮湿的地面上也有类似的效果，用这种方法可以估算土壤湿度，其精度通常为 15%。在夜间，干燥的植被也可以与裸露的地面区分开，因为由于植被的隔热作用，植被及其下层的地面在物理上比裸露的地面温度更高，白天则有相反的效果。

2.2.3.2 表面覆盖厚度的影响

温度的变化随地表厚度的增加迅速减小，该厚度与扩散率 κ 的算术平方根成正比（式 2.46）。因此，如果表面被一层 κ 较低（例如 K_c 较小或者 $C\rho$ 较大）的材料薄层所覆盖，覆盖层以下的地表将几乎不会受表面温度变化的影响。

Watson 于 1973 年对这个问题进行了研究，一些结果在图 2.30 中给出[11]。这幅图显示了叠加在热惯量为 $P = 400$cal·m^{-2}·s$^{-1/2}$ 普通岩石之上的一层干燥土壤层（$\kappa = 2 \times 10^{-7}$ m^2·s^{-1}，$P = 150$cal·m^{-2}·s$^{-1/2}$）和一层干燥地衣苔藓层（$\kappa = 1.4 \times 10^{-7}$ m^2·s^{-1}，$P = 40$cal·m^{-2}·s$^{-1/2}$）的影响，显然厚度 $L = 10$cm 的覆盖层几乎完全可以将地下层与表面层的昼夜温度变化隔绝开来。

2.2.3.3 热红外遥感中云层的影响

热红外遥感中云层的影响存在于两个方面，首先，云层会减少很大一部分入射辐射，这就会导致地物表面温度的不同，造成热红外图像呈补丁状，部分暖、部分冷，其中较冷的区域通常为云层阴影。其次，由于存在地表和云层之间的再辐射，这种附加能量会导致背景的噪声信号从而减少图像的总体对比度。

图 2.31 展示了 Terra 卫星的 ASTER（Advanced Spaceborne Thermal Emission and Reflection Radiometer）传感器在美国内华达州死亡谷东北部所获得的可见光和热红外图像。在可见光图像右上侧的明亮云层旁可看到一些云的阴影，热红外图像在同一区域呈现出典型的冷热补丁状分布，这是由于云层下面的区域和没有被云层覆盖的区域之间存在热差异。

2.2.3.4 基于热惯量的地表探测

表 2.3 给出了不同材料的热惯量值，热惯量衡量物质对温度变化的抵抗性，不同材料的 P 值之间差别非常大。例如，松散浮石和沙砾石、玄武岩或者石灰岩之间的差别在 4 倍以上，因此如果可以用遥感手段测量和计算地物热惯量，就可用于识别地物。但是，由于地物材料的导热系数、密度和热容都须依赖现场测量，因此直接根据公式求取热惯量的方法不可行，为此，可以通过遥感技术计算每个像素的表观热惯量值，表观热惯量（ATI，Apparent Thermal Inertia）的表达式为[10]254

$$ATI = \frac{1 - A}{\Delta T}$$

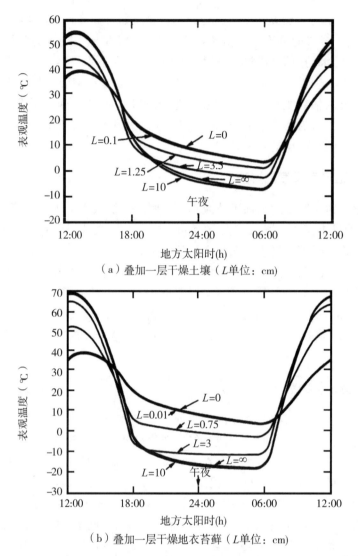

（a）叠加一层干燥土壤（L单位：cm）

（b）叠加一层干燥地衣苔藓（L单位：cm）

图2.30　普通岩石表面上两个厚度为 L 的叠加层对表观温度的影响[11]

　　其中，A 是影像像素对应的地物在白天可见光光谱中测量的反照率，ΔT 为昼夜表观温度差。分别获取夜间和清晨地表的热红外图像，对这两张图像进行几何和辐射校正，并得到表观温度图像，通过从白天表观温度中减去夜间表观温度来确定特定像素的温度变化 ΔT，再结合白天拍摄的可见光反照率影像，就可以得到表观热惯量图。表观热惯量一般与测量的温度变化相关，高 ΔT 通常对应低热惯量值的地表材料，相反，低 ΔT 通常对应高热惯量值的地表材料。

　　第一个热红外卫星遥感系统是 1978 年的 HCMM（Heat Capacity Mapping Mission），它收集当天（下午 1 点 30 分）和夜间（凌晨 2 点半）的 10.5~12.6μm 波段热红外影像，用于制作表观热惯量图，结果表明，热惯量图对地质构造的扰动和岩性边界的影响特别敏感，

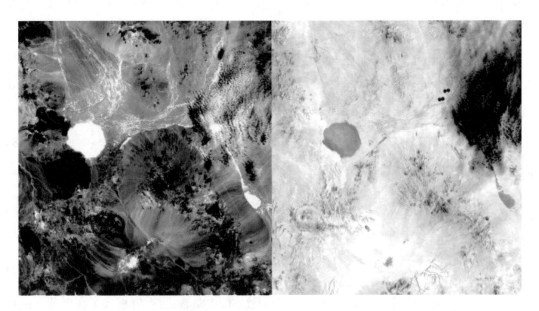

图 2.31 受云层影响的可见光(左)和热红外(右)图像[2]143

但用于区分特定的岩石类型仍然较为困难[3]156。

热惯量监测也用于考古测量,如果一种材料埋在另一种材料中,并且材料具有不同的热属性,则热流会发生改变并在表面产生温度异常,从而产生被埋物体性质的信息,此时需注意的是,热扩散方程必须在三维空间上求解,简单的一维模型方程不再适用。

2.3 固体地表的微波辐射

自然表面的热辐射通常发生在热红外区域,然而它会延伸到亚毫米波和微波波段,也就是说,可以在电磁波谱波长 1mm ~ 1m 之间(频率在 0.3 ~ 300GHz 之间)的微波区域检测热产生的辐射。与热红外发射一样,发射率是影响物体在给定温度下发射的辐射通量的物理参数,并且影响机制相同。然而,微波辐射的情况比热红外发射更复杂。首先,微波辐射观测波段的范围远宽于红外波段。典型的热红外观测波段在 3 ~ 5μm、8 ~ 12μm 之间,而微波观测通常在 0.3 ~ 300GHz 之间的多个频率上进行,谱段范围跨越较广,因此有必要考虑发射率随频率的变化。其次,微波观测通常在远离表面法线的方向进行,因此考虑发射率随观测角度的变化特性异常重要。最后,地物对不同极化微波的发射率通常显著不同,因此必须考虑极化的依赖性,这些因素极大地增加了提取典型地物的微波发射率的难度。

2.3.1 热辐射的 Rayleigh-Jeans 近似

理想黑体在微波波段辐射的电磁波能量满足普朗克定律,并且由于波长较长,微波波段的辐射量可由 Rayleigh-Jeans 近似表达。在式(2.25)中，设 $ch/\lambda \ll kT$，单位光谱辐射通量密度可近似为[2]165

$$S(\lambda) = \frac{2\pi ckT}{\lambda^4} \qquad (2.47)$$

其中 $S(\lambda)$ 的单位是 $W \cdot m^{-2} \cdot m^{-1}$，表示单位面积单位波长下的辐射功率，在微波辐射学中，$S(\lambda)$ 通常被解释为单位频率的辐射功率，频率 ν 和波长 λ 的关系如下式：

$$\nu = \frac{c}{\lambda} \Rightarrow d\nu = -\frac{c}{\lambda^2}d\lambda \qquad (2.48)$$

则有

$$\mid S(\nu)d\nu \mid = \mid S(\lambda)d\lambda \mid \Rightarrow S(\nu) = \frac{\lambda^2}{c}S(\lambda) \qquad (2.49)$$

因此

$$S(\nu) = \frac{2\pi kT}{\lambda^2} = \frac{2\pi kT}{c^2}\nu^2 \qquad (2.50)$$

其中 $S(\nu)$ 的单位是 $W \cdot m^{-2} \cdot Hz^{-1}$，辐照度 $S(\nu)$ 是辐亮度 $B(\theta, \nu)$ 在半球下的积分，因此辐照度 $S(\nu)$ 可写为

$$S(\nu) = \int_{\Omega} B(\theta, \nu)\cos\theta d\Omega' = \int_0^{2\pi}\int_0^{\pi/2} B(\theta, \nu)\cos\theta\sin\theta d\theta d\phi \qquad (2.51)$$

其中用到单位立体角 Ω 与观测天顶角 θ 和方位角 ϕ 的关系：

$$d\Omega = \sin\theta d\theta d\phi \qquad (2.52)$$

如果辐亮度 $B(\theta, \nu)$ 与 θ 无关，那么表面称为漫反射朗伯体，直接对式(2.51)求积分，则有

$$S(\nu) = \pi B(\nu) \qquad (2.53)$$

即在朗伯体表面假设下，地表辐亮度和辐照度仅相差系数 π。

此时，用频率表示的表面辐亮度($W \cdot m^{-2} \cdot sr^{-1} \cdot Hz^{-1}$) 表示为

$$B(\nu) = \frac{2kT}{\lambda^2} = \frac{2kT}{c^2}\nu^2 \qquad (2.54)$$

这就是微波辐射的 Rayleigh-Jeans 辐亮度表达式，它是普朗克定律在微波区域的简单近似，并且在 $\nu/T < 3.9 \times 10^8 Hz \cdot K^{-1}$ 的情况下与普朗克定律的差别小于1%。对于300K的黑体来说，Rayleigh-Jeans 近似在 $\nu < 117GHz$ 时都将适用。

2.3.2 微波辐射能量与温度的关系

假设实际地物是发射率为 $\varepsilon(\theta)$ 的灰体，根据式(2.54)，由单位面元 ds 在单位立体角 $d\Omega'$ 上发射的辐射功率为($W \cdot Hz^{-1}$)[2]166

$$P(\nu) = \frac{2kT}{\lambda^2}\varepsilon(\theta)dsd\Omega' \qquad (2.55)$$

一个有效面积为 A 的接收孔径在距离地表为 r 的位置，其张成的立体角为 $d\Omega' = A/r^2$，

因此，如果在距离 r 的有效区域内有一个线性极化天线以模式 $G(\theta, \phi)$ 来接收辐射，在光谱频段 $d\nu$ 中收集的功率为

$$P(\nu) = \frac{2kT}{\lambda^2}\varepsilon(\theta)\frac{G(\theta, \phi)}{2}ds\frac{A}{r^2}d\nu = \frac{AkT}{\lambda^2}\varepsilon(\theta)G(\theta, \phi)d\Omega d\nu \qquad (2.56)$$

其中 $d\Omega = ds/r^2$ 为从观测方向 (θ, ϕ) 看下去地表张成的立体角。天线模式 $G(\theta, \phi)$ 代表微波接收天线对辐射能量的接收效率，由于假设地物所发射的微波辐射是非极化波，而微波接收天线一般为极化天线，它只检测一半的总入射功率，因此天线模式中有参量为 $1/2$ 的系数。对地表立体角和光谱频带积分，得到光谱频带 $\Delta\nu$ 内的总接收能量可以被写为

$$P_r = AkT\int_{\Delta\nu}\int_\Omega \frac{\varepsilon(\theta)G(\theta, \phi)d\Omega d\nu}{\lambda^2} \qquad (2.57)$$

通常 $\Delta\nu \ll \nu$，对频带的积分可用乘积代替

$$P_r = \frac{AkT\Delta\nu}{\lambda^2}\int_\Omega \varepsilon(\theta)G(\theta, \phi)d\Omega \qquad (2.58)$$

也可被写为

$$P_r = kT_{eq}\Delta\nu \qquad (2.59)$$

T_{eq} 称为天线温度、微波温度或亮温，由如下等式给出

$$T_{eq} = \frac{AT}{\lambda^2}\int_\Omega \varepsilon(\theta)G(\theta, \phi)d\Omega \qquad (2.60)$$

因此，微波天线接收到的辐射功率可用亮温来表达，而亮温与地表实际温度 T、地表发射率 $\varepsilon(\theta)$、天线模式 $G(\theta, \phi)$ 有关。当地表发射率为常数时，微波亮温与地物温度和发射率呈线性关系 $T_{eq} \propto \varepsilon T$，线性系数由天线模式决定。

2.3.3 简易微波辐射模型

上一节中的微波辐射能量与温度的关系表明，接收能量与天线温度有对应关系，当接收天线模式一定时，天线温度与地表温度成正比。实际情况中，当考虑大气温度时，微波测得的亮温由反射部分和辐射部分两部分组成，如图 2.32 所示，温度为 T_g 的灰体向空中辐射，另外还有等效温度为 T_s 的大气辐射存在，因此辐射能量包括两个因素，一个是前一节所讨论的表面辐射能量，另一个是最初由天空辐射并随后被表面反射的能量，当不考虑天线模式时，测得的地表微波温度可简化为[2]167

$$T_i(\theta) = \rho_i(\theta)T_s + \varepsilon_i(\theta)T_g \qquad (2.61)$$

其中，i 表示极化方式，θ 为观测角，当考虑反射时，观测角等于入射角。该模型假设大气为干洁大气，忽略大气路径辐射及大气吸收和散射。地表发射率 ε_i 和反射率 ρ_i 满足 $\varepsilon_i = 1 - \rho_i$，因此

$$T_i(\theta) = T_g + \rho_i(\theta)(T_s - T_g) \qquad (2.62)$$

或

$$T_i(\theta) = T_s + \varepsilon_i(\theta)(T_g - T_s) \qquad (2.63)$$

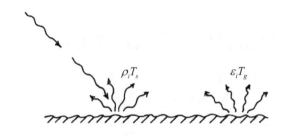

图 2.32　简易微波辐射模型[2]167

考虑介电常数为 3.2($n = \sqrt{3.2}$ ，n 为折射率)的沙地表面，图 2.33(a)显示了对应表面在水平极化和垂直极化情况下的表面反射率 ρ_i 和总辐射温度 T_i($i = V$，H，代表遥感垂直和水平极化)。反射率 ρ_V 在布儒斯特角 $\theta_b = 60.8°$ 时为零。(b)和(c)显示了大气等效温度 T_s 为常数和非常数情况下天空温度的影响，(d)和(e)显示了总辐射温度，显然 T_i 的测量值与地表温度 T_g、地表发射率 ε_i(或反射率 ρ_i，主要由折射率 n 决定)、观测角 θ、电磁波极化方式 i 以及大气温度 T_s 高度相关。

2.3.4　微波辐射的遥感特性

微波亮温是表面温度 T_g 和发射率 ε 的函数(式(2.63))，对于微波辐射遥感观测，地球表面温度 T_g 变化导致亮温变化通常是有限的，一个地区的温度变化是时间的函数而且通常很少超过 60K，其相对变化大概为 20%(60K 除以 300K)，而由发射率造成的亮温变化更大。假设在热力学温度 300K 条件下垂直观测三种类型的光滑材料(在微波波段，Rayleigh 光滑条件较易满足)：水(在低微波频段 $n = 9$)，岩石($n = 3$)，沙子($n = 1.8$)，当三种地表物质温度近似相同时，与水体相比，沙子的微波亮温翻了一倍(见表 2.4)。因此可用微波辐射计区分温度相近而微波发射率不同的地物。

表 2.4　　$T_g = 300K$ 和 $T_s = 40K$ 条件下三种代表性物质的微波亮温[2]172

物质类型	折射率 n	介电常数 ε_r	反射率 ρ	微波亮温(K)
水	9	81	0.64	134
坚硬的岩石	3	9	0.25	235
沙子	1.8	3.2	0.08	280

物体发射率与很多因素有关，图 2.34 给出了平静的海水表面发射率的变化曲线[3]82，假设海水为体散射效应可忽略的均匀介质，表面光滑为镜面反射，在温度 T_g 为 20℃，35GHz 频率下的海水介电常数为 $\varepsilon_r = 18.5 - 31.3j$，采用 2.1.2.1 节中的菲涅尔振幅反射

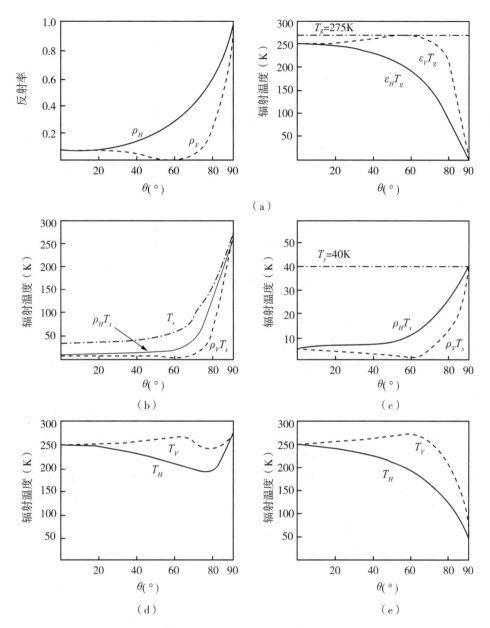

图 2.33 观测沙地表面(ε_r = 3.2, T_g = 275K)的微波亮温

图(b)、(d)和图(c)、(e)分别对应有大气和无大气影响的情况[2]169

系数公式计算 r ,然后计算出发射率 $\varepsilon = 1 - | \, r \, |^2$ 。

从图 2.34 中看出,在垂直入射和观测时,垂直极化波和水平极化波具有相同的发射率,当观测角逐渐增大时,垂直极化波发射率增加,当观测角达到 80° 时发射率接近 1,然后迅速下降,而水平极化波发射率则持续下降,当入射角和观测角接近 90° 时,两种极化波发射率接近 0。垂直极化波反射率为 0、发射率为 1 时的入射角为布儒斯特角,图中

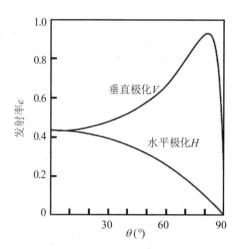

图 2.34　垂直和水平极化下海水表面发射率随入射角变化曲线[3]82

发射率未达到 1 值的原因是介电常数不是实数而是复数。此外，还应注意海水介电常数和由此计算得到的发射率 ε 将随水面温度的不同而变化。

再来看裸土表面的例子，裸土表面的微波发射率 ε 主要取决于表面粗糙度和土壤含水量，微波区域水的介电常数(典型值为 81)远高于土壤的介电常数(典型值为 3)，因此增加水分含量会增加反射率，从而降低发射率。土壤表面的典型发射率在 0.5~0.95 的范围内，植被冠层的微波发射率通常在 0.85~0.99 的范围内，深层干燥积雪的发射率约为 0.6。此外，如果介质层较薄，则测量的发射率将包括来自下层地物的贡献，例如来自植被冠层下方的土壤表面。对于干燥的积雪，垂直观测时光学厚度与每单位面积冰的总质量成比例，因此，该效应可用于估计雪的质量。对于湿雪，体散射效应不显著，因此反射率较低而发射率更高，发射率通常为 0.95[3]83。

2.3.4.1　极地海冰监测的应用

星载微波辐射测量的一个典型应用是极地冰盖的动态监测。冰和水的介电常数分别约为 3 和 80，介电常数的巨大差异造成了发射率的变化，导致了微波亮温的强烈反差，从而使之易于区分。微波成像辐射计相对于可见光或近红外成像仪的主要优点是，它可以全天获取数据，甚至在漫长的黑暗冬季、灰霾或云层覆盖期间都可以实现监测。

考虑法向入射反射的情况，根据式(2.62)，在热力学温度相同的 a 和 b 两个区域，它们的微波亮温差为[2]172

$$\Delta T = T_a - T_b = (\rho_a - \rho_b)(T_s - T_g) = \Delta\rho(T_s - T_g) \tag{2.64}$$

其中

$$\rho = \left(\frac{\sqrt{\varepsilon_r} - 1}{\sqrt{\varepsilon_r} + 1}\right)^2 = \left(\frac{n - 1}{n + 1}\right)^2 \tag{2.65}$$

在这种情况下，对于冰 $\varepsilon_{r\_ice} = 3$ 和水 $\varepsilon_{r\_water} = 80$，有

$$\rho(ice) = 0.07, \quad \rho(water) = 0.64 \Rightarrow \Delta\rho = -0.57 \quad (2.66)$$

通常天空温度 $T_s = 50K$，水冰的表面温度 $T_g = 272K$，则代入式(2.64)计算亮温差为 $\Delta T = 127K$。因此，在微波遥感影像中，相对于冰面，水面具有较高的反射率却有着较低的亮温，看起来会比冰面暗很多。

如果冰的性质发生变化(例如盐度等)，其介电常数 ε_r 也发生变化，这就会导致表面反射率的变化，这种变化可以表示为

$$\Delta\rho = \rho \frac{2\Delta\varepsilon_r}{\sqrt{\varepsilon_r}(\varepsilon_r - 1)} \quad (2.67)$$

因此，如果 $\varepsilon_r = 3$ 且 $\Delta\varepsilon = 0.6$(变化20%)，则

$$\Delta\rho/\rho = 0.34 \Rightarrow \Delta\rho = 0.34 \times 0.07 = 0.024 \text{ 和 } \Delta T = 5.4K$$

当微波辐射计的亮温探测灵敏度高于 ΔT，就能探测海冰的盐度分布。

图2.35显示了一年中不同时间北极微波辐射计影像。观察有颜色的部分，大图对应冬天冰盖范围，小图对应夏天冰盖范围，冰盖的变化很明显。在冰覆盖的区域，亮温的变化主要是由于冰的不同性质和成分造成的。

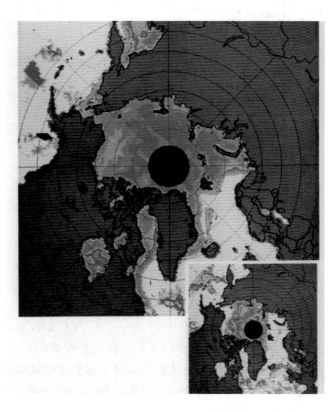

图2.35 北极地区微波辐射计影像[2]173

2.3.4.2　土壤湿度监测的应用

水具有较高的微波介电常数，因此相比于自然表面发射率较低，这一事实提供了土壤湿度监测的可能性。许多研究人员已经测量了不同土壤类型的表面介电常数随土壤湿度变化的规律，如图 2.36 所示，土壤表面微波亮温与电磁波极化方式、频率、观测角度以及土壤含水量有关。对于未结冰的土壤，表面的微波亮温在 L 波段（1.4GHz）从干燥土壤到潮湿土壤减小的幅度高达 70K 或更高（根据植被覆盖而定）。通过相反关系，在植被覆盖约每平方米 5kg 的地区（典型的成熟作物地或灌木带），土壤湿度的微波测量精度可达 0.04g·cm^{-3}。[2]177

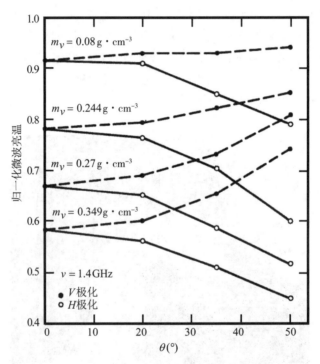

图 2.36　光滑土壤表面归一化微波亮温与观测角度、极化和土壤湿度的关系曲线（m_v 为土壤含水量）[12]

图 2.37 显示了 SMAP（Soil Moisture Active/Passive）主/被动微波遥感器获取得到的土壤湿度异常影像。SMAP 是第一个专门用于测量土壤含水量的 NASA 卫星，SMAP 的辐射计可以检测土壤表层 5cm 的含水量，用于分析是否有足够的水供植物正常生长并达到最佳产量。图中给出了 2018 年 7 月的澳大利亚土壤湿度相对于标准湿度的异常分布图，棕色为相对干燥，绿色为相对湿润，从图中可观察到新南威尔士洲的大面积土壤干旱现象。据新闻报道，2018 年 7 月是澳大利亚自 2002 年以来最干旱的月份，干旱已经破坏了大片

的牧场和耕地，其中新南威尔士州遭受的打击最为严重，这和遥感影像中所指示的干旱情况一致。

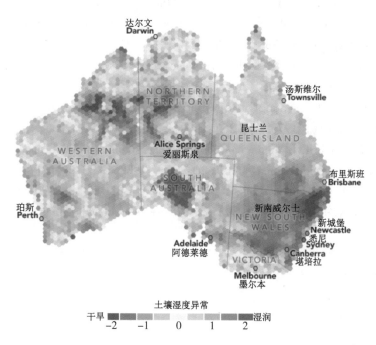

图 2.37　SMAP 遥感器获取的澳大利亚土壤湿度异常图[13]

参考文献

[1] 孙家抦. 遥感原理与应用 [M]. 武汉：武汉大学出版社，2013.

[2] ELACHI C，VAN ZYL J J. Introduction to the physics and techniques of remote sensing [M]. 2nd ed. Hoboken，New Jersey：John Wiley & Sons，Inc. ，2006.

[3] REES W G. Physical principles of remote sensing [M]. Cambridge，United Kingdom：Cambridge university press，2013.

[4] HUNT G R. Spectral signatures of particulate minerals in the visible and near infrared [J]. Geophysics，1977，42(3)：501-513.

[5] LIBRETEXTS. 1. 10：Pi conjugation [EB/OL]. [2021-03-17]. https：//chem. libretexts. org/ Courses/Purdue.

[6] EOPORTAL. Flex（fluorescence explorer）[EB/OL]. [2020-07-13]. https：//directory. eoportal. org/web/eoportal/satellite-missions/f/flex#75CdN1265Herb.

[7] SHORT N M. The landsat tutorial workbook：Basics of satellite remote sensing [R/OL]. Washington：National Aeronautics and Space Administration，1982. [2021-08-13]. https：//ntrs. nasa. gov/citations/19830002188.

［8］COLLINS W, CHANG S-H, RAINES G L, et al. Airborne biogeophysical mapping of hidden mineral deposits ［J］. Economic Geology, 1983, 78(4): 737-749.

［9］BUCKINGHAM W F, SOMMER S E J E G. Mineralogical characterization of rock surfaces formed by hydrothermal alteration and weathering: application to remote sensing ［J］. Economic Geology, 1983, 78(4): 664-674.

［10］JENSEN J R. Remote sensing of the environment: An earth resource perspective ［M］. New Jersey: Pearson Prentice Hall, 2007.

［11］WATSON K. Periodic heating of a layer over a semi-infinite solid ［J］. Journal of Geophysical research, 1973, 78(26): 5904-5910.

［12］NEWTON R, ROUSE J. Microwave radiometer measurements of soil moisture content ［J］. IEEE Transactions on Antennas and Propagation, 1980, AP-28: 680-686.

［13］HANSEN K. A mid-winter drought in Australia ［EB/OL］. ［2020-07-17］. https: // earthobservatory. nasa. gov/images/92583/a-mid-winter-drought-in-australia.

第3章 遥感卫星系统

航天是指进入、探索、开发和利用太空(即地球大气层以外的宇宙空间,又称外层空间)以及地球以外天体的各种活动的总称[1]。航天技术是航天器和航天运输系统的设计、制造、试验、发射、运行、返回、控制、管理和使用的综合性工程技术。航天器按是否环绕地球运行又分为人造地球卫星(简称为卫星)和空间探测器两大类,而搭载遥感传感器并从宇宙空间运行轨道上观测地球的人造地球卫星叫遥感卫星。

典型的遥感卫星由若干分系统组成[2]31,根据功能划分可分为有效载荷和保障系统两部分,有效载荷是指在卫星上直接完成特定观测任务的仪器、设备或系统,又被称为遥感器或遥感传感器,有效载荷是卫星的核心部分,不同用途卫星的重要区别在于装有不同的有效载荷。保障系统是为有效载荷提供支持和保障的各分系统的总称,因此,从组成结构上,卫星可分为载荷和由保障系统组成的卫星平台两大部分。

具体来说,遥感卫星保障系统是指为有效载荷正常工作提供支持、控制、指令和管理保障服务的各分系统的总称[1]9。按服务功能不同,卫星保障系统主要包括结构与机构、热控制、电源、姿态与轨道控制、推进、测控、数据管理、总体电路等分系统。其中结构与机构分系统用于支撑、固定卫星上各种仪器设备,传递和承受载荷。热控制分系统用于控制卫星内外热交换,使其平衡温度处于要求的范围内。电源分系统用于产生、存储、变换电能。姿态与轨道控制分系统进行卫星姿态和轨道的控制。推进分系统为姿态控制和轨道控制提供所需动力。测控分系统实施遥测、跟踪与遥控功能。数据管理分系统用于存储各种程序,采集、处理数据以及协调管理卫星各分系统工作。总体电路分系统用于整星供配电、信号转接、火工装置管理和设备间电连接等。有的卫星还有压力控制分系统和数据传输分系统等。本章首先介绍平台运行的卫星轨道,然后介绍卫星平台的结构与机构、电源、姿轨控制、测控等主要分系统。

3.1 卫星轨道

3.1.1 卫星轨道参数

遥感卫星在绕地球的轨道上运行,因此卫星在空间中的位置可以用椭圆轨道的空间形状、位置和某一时刻卫星在轨道中的位置来确定,而轨道的空间形状、位置和某一时刻卫星在轨道中的位置可用下列 6 个参数来描述,称为轨道参数。如图 3.1 所示,O 为地球的中心,也是椭圆轨道的焦点,XOY 为地球赤道平面,X 为春分点方向,A 为卫星近地点。

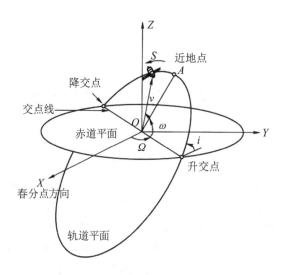

图 3.1　卫星空间轨道参数

1. 轨道半长轴 a

卫星椭圆轨道长轴的一半称为轨道半长轴 a，它确定了卫星距地面的高度。按照卫星轨道距离地面高度的不同可将卫星分为低轨卫星（<2000km）、中轨卫星（2000～35786km）、地球同步轨道卫星（35786km）和高轨卫星（>35786km）[3]。

2. 轨道偏心率 e

$$e = \frac{\sqrt{a^2 - b^2}}{a} \tag{3.1}$$

式中，a 为轨道半长轴，b 为轨道椭圆短轴半径。轨道半长轴 a 和偏心率 e 共同确定了卫星轨道的形状。

3. 轨道面倾角 i

轨道面倾角是指卫星轨道面与地球赤道面之间的夹角，如图 3.1 所示。它决定了轨道面与赤道面之间的关系。当 $i = 0°$ 时，轨道面与赤道面重合，这种卫星称为赤轨卫星。当 $0° < i < 90°$ 时，卫星运行方向与地球自转方向一致，这种卫星称为顺轨卫星。当 $i = 90°$ 时，轨道面与地轴重合，这种卫星称为极轨卫星。当 $90° < i < 180°$ 时，卫星运行方向与地球自转方向相反，这种卫星称为逆轨卫星。轨道面倾角 i 确定了卫星对地观测的范围，例如，当 $i < 90°$ 时，卫星对地观测范围为北纬 i 至南纬 i 之间的地区。由此可见，只有极轨卫星才能达到对全球观测的要求。

4. 升交点赤经 Ω

升交点赤经是指卫星轨道的升交点向径与春分点向径之间的夹角。所谓升交点是卫星由南向北运行时，与地球赤道面的交点。反之，轨道面与赤道面的另一个交点称为降交点。升交点赤经确定了轨道面与太阳光线之间的夹角，即决定了星下点在成像时刻的太阳高度角。一般情况下，星下点是指卫星在轨道上成像时，卫星与地心的连线在地表上的交点。

如图 3.2 所示，β_0 为秋分时的太阳光照角，β_1 为冬至时的太阳光照角。地球一年（365天）绕太阳转一周，光照角一年变化 360°，每天变化 0.98565°。因此，升交点赤经 Ω 由于太阳光照角变化引起的日变化量为 0.98565°。

实际上，除每天夹角 β 变化外，由于地球形状不规则，质量密度不均匀，大气、光照等条件变化，卫星轨道面会绕地轴旋转，轨道形状也会发生变化，因此升交点赤经 Ω 每天都会发生变化。事实上，当 $i < 90°$ 时，升交点西退，$i > 90°$ 时，升交点东进，因此，在设计卫星轨道时，应考虑轨道面每天的进动量，以便使卫星轨道面与太阳地球连线之间的夹角不变。

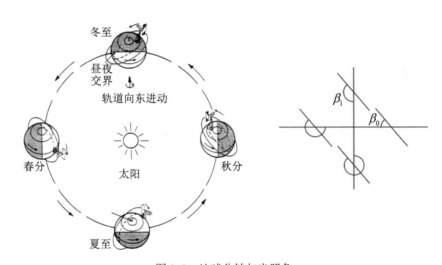

图 3.2　地球公转与光照角

5. 近地点幅角 ω

轨道平面内，近地点与升交点之间的地心角称为近地点幅角 ω。实际卫星位置与近地点之间的地心角称为真近点角 ν。i、Ω、ω 确定了轨道面与地球之间的相关位置。

6. 卫星过近地点时刻 t

卫星过近地点的时间称为过近地点时刻 t。卫星从升交点（或降交点）通过时刻到下一个升交点（或降交点）通过时刻之间的平均时间称为卫星轨道周期 T。轨道周期 T 与其他轨道参数的关系应满足开普勒第三定律。

上述 6 个轨道参数中，a、e 确定轨道的形状和大小，i、Ω 确定轨道面的方向，ω 确定轨道面中长轴的方向，T 确定任意时刻卫星在轨道中的位置。

卫星的位置数据在遥感影像几何校正等处理中是非常有用的，因此卫星位置的测量是航天遥感中的一项重要内容。卫星位置的测量方法主要有两种：一是通过测量卫星到地面测距站的距离和距离的变化率来确定卫星的位置；二是利用来自 GPS 卫星的信号确定卫星的位置。例如，在 Landsat 8 星体上设有 GPS 接收机和处理器，通过与 GPS 导航卫星的通信获取卫星的星历数据。

利用上述方法得到的卫星位置数据是空间离散或时间离散的，为了确定随时间序列而变化的卫星位置，必须以这些正确位置信息为基础，按照一些模型进行轨道传递。这些模型中最基本的是"二体问题"，在宇宙空间中可以考虑仅有两个天体存在，它们在相互引力下公转时，其轨道为以两个天体的重心为焦点的二次曲线，这就是基于开普勒第三定律的二体问题。在现实中，由于存在其他天体影响，造成对二次曲线运动的偏差，这种偏差称为扰动，所以应首先解出二体问题，然后考虑其他影响因素求出解的扰动偏差，这种方法叫作扰动法。以一定时间间隔求出卫星位置，在它们之间进行内插，就可以确定任意时间间隔的卫星位置数据。

3.1.2　几种常见的卫星轨道

1. 近圆形轨道

对于大部分对地观测卫星，其轨道的偏心率 e 接近于零，即为近圆形轨道。在近圆形轨道上，卫星近似于匀速运行，并且距地面的高度变化也不大，这有利于曝光时间和扫描时间的控制以及在全球范围内获取比例尺或空间分辨率基本一致的影像。

2. 太阳同步轨道

为了在成像时保持相应地面的光照度基本不变，即太阳光照角不变，必须对卫星轨道加以修正。太阳光照角每天变化 $0.98565°$，因此平均每天对升交点赤经修正量为 $0.98565°$，若卫星每天运行 n 圈，则每圈的修正量为

$$\Delta\Omega = \frac{0.98565°}{n} \tag{3.2}$$

这就实现了卫星轨道与太阳同步，即卫星轨道面与太阳地球连线之间的夹角不随地球绕太阳公转而变化，这种轨道称为太阳同步轨道。卫星与太阳同步，使卫星于同一纬度的地点，每天在同一地方时同一方向上通过，也能使卫星上的太阳电池得到稳定的太阳照度。

一般情况下，在光学遥感中为了实现对地面物体的变化监测和环境变化监测，正确反映地物变化时波谱特性的差异，需要在相同的成像时间保持相同的地面光照条件，因此，在成像时要保持地面太阳高度角不变，才可以较好地达到监测变化的目的，所以在众多类型的卫星轨道中，对地观测卫星常选择太阳同步轨道。

3. 回归轨道

星下点轨迹周期性重叠的轨道定义为回归轨道。在这种轨道上运行的卫星，每间隔相

同时间，会出现在相同地方的上空，这个时间间隔称为回归周期。对地观测卫星若选用这种轨道，可以实现对同一地区的目标进行多次观测，定期得到地物的变化信息。

设地球自转的角速度为 ω_e，卫星轨道周期为 T，卫星轨道面的进动角速率为 $\dot{\Omega}$，则卫星运行一圈后在赤道上的星下点地理经度差为

$$\Delta\text{LON} = T(\omega_e - \dot{\Omega}) \tag{3.3}$$

如果有 N、D 两个正整数使得回归条件成立，即

$$N\Delta\text{LON} = 2\pi D \tag{3.4}$$

则在 D 天以后，也就是卫星运行 N 圈以后，星下点轨迹重叠。D 为回归周期天数。

在轨道设计中，回归轨道仅限制卫星的轨道周期，若再选择其他参数，可设计出太阳同步回归轨道。这样的轨道兼有太阳同步轨道和回归轨道的特性。选择合适的发射时间，可使卫星在经过某些地区时这些地区有较好的光照条件。获取地面图像为目的卫星，如侦察卫星、气象卫星、地球资源卫星大多选择这种轨道。回归轨道要求轨道周期在较长时间内保持不变，因此，卫星必须具备轨道修正能力，以便能够克服入轨时的倾角偏差、周期偏差和补偿大气阻力引起的周期衰减。

4. 地球同步轨道

轨道周期等于地球的自转周期，且方向亦与之一致的轨道称为地球同步轨道。要实现地球同步轨道，需满足下列条件：

（1）卫星运行方向与地球自转方向相同；

（2）轨道偏心率为 0，即轨道是圆形的；

（3）轨道周期等于地球自转周期，为 1 恒星日（23 小时 56 分 4 秒）。

5. 静止轨道

地球静止轨道特别指位于地球赤道上方的地球同步轨道，属于地球同步轨道的一种。在这个轨道上进行地球环绕运动的卫星始终位于地球表面上空的同一位置，它的轨道离心率和轨道倾角均为零，运动周期为 23 小时 56 分 04 秒，与地球自转周期吻合。由于在静止轨道运动的卫星的星下点轨迹是一个点，所以地表上的观察者在任意时辰始终可以在天空的同一个位置观察到卫星，会发现卫星在天空中静止不动。通信卫星多采用地球静止轨道。

实际上，理想的静止轨道是不存在的，由于卫星轨道半长轴、偏心率等轨道参数误差，以及地球非球形等因素影响，卫星的视运动会发生漂移，通常从实际应用的角度，只能将漂移控制在一个小范围之内。

6. 极轨道

轨道面与连接南北极的线接近的轨道叫极轨道，因此极轨道的轨道面倾角为 90°或接近 90°，在极轨道上运行的卫星，每圈都可以经过任何纬度和地球两极的上空，该轨道与赤道基本垂直，且每圈穿过赤道上空时的经度都不相同。选用极轨道的卫星能飞经全球范

围的上空，气象卫星、地球资源卫星、侦察卫星常采用这种轨道，以便观测包括两极在内的整个地球表面。

若一卫星轨道是太阳同步极轨道，则该卫星先后经过同一纬度、不同经度的若干地面点上空时，各地面点的地方时大致相同，因此，该卫星对各地区所成的图像就是在大致相同的太阳高度角和太阳方位角的情况下获取的，这便于对同一纬度、不同经度地区的卫星图像进行比较分析。

3.2　卫星的结构与机构

3.2.1　功能和组成

卫星的结构与机构是卫星平台的主要分系统之一[1]9。卫星结构是支承卫星有效载荷以及其他各分系统的骨架，卫星机构是卫星上产生动作的部件，如使太阳电池和天线展开的联结部件等。

卫星结构的主要功能是承受和传递卫星上所有负荷，为卫星有效载荷和其他分系统提供所需的安装空间、安装位置和安装方式，并提供有效的环境保护，同时可为某些特殊的载荷和分系统提供刚性支承条件。卫星结构还提供物理性能，如导热绝热、导电绝缘性能等。卫星结构一般由主结构和次结构组成。主结构是卫星的"脊梁"，是所有卫星部件的支撑，其形式主要有中心承力筒式、构架式和舱体式。次结构是由主结构上分支出来的其余各种结构，如卫星外壳结构、太阳电池阵列结构和天线结构等。

卫星机构的功能是形成星上部件的连接或紧固状态，实现星上部件的分离，使部件展开到所需位置或展开成所需形状，或者使部件保持指向特定目标等。目前卫星上的主要机构类型包括卫星与运载火箭之间或卫星各舱段之间的连接分离机构、展开太阳电池阵列或天线的压紧释放机构、展开太阳电池阵和天线的展开机构、对日定向和功率传输的太阳电池驱动机构和转动天线的定向机构等。

卫星的制造常由主结构和次结构组成[4]1047。主结构通常由中心管和平板组合制成，中心管是发射器和航天器部件之间连接的主要通道。次结构包括安装平台、太阳能电池板和其他可展开部件，次结构还用作卫星的包围面板。更小的结构还用于装载电子设备和支持电缆等。图 3.3 所示为欧空局 ESA（European Space Agency）发射的彗星探测器 Rosetta 的主结构和次结构示意图。Rosetta 于 2004 年 3 月发射，在 2014 年到达彗星，它是第一个围绕彗星旋转并向其表面提供着陆器的飞行器[5]。

3.2.2　结构与机构材料

卫星结构与机构材料是指卫星结构与机构所采用的各种原材料。太空环境下对卫星结构和机构材料的性能要求是多样的，如质量轻，机械性能如强度、模量（材料在受力状态下应力与应变之比）、韧性好，热电等物理性能高，能够耐空间轨道环境，有限的材料真空出气要求，以及制造工艺性能要求等。

适合于卫星结构和机构的材料主要包括金属材料和复合材料。卫星上常用的金属材料

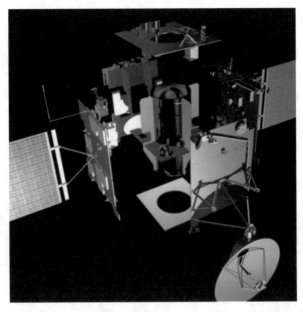

图 3.3　Rosetta 深空航天器的主结构和次结构示意图[5]

是铝合金和钛合金。由于铝合金密度低，具有适宜的强度和模量、良好的加工工艺、成熟的设计和制造技术、齐全的材料品种和较低的成本等优势，一直是卫星的主要结构和机构材料。特别是铝蜂窝夹层结构(如图 3.4 所示)的应用，大大提高了铝合金构件的刚度和减小了质量，使铝合金在卫星结构上得到了广泛应用。钛合金与铝合金相比有很高的强度，并且在高温和低温下都能保持优良性能，因此常用于需承受较大负荷和应力的零部件中，如各种机构、机械紧固件和连接接头等。但是，由于钛合金模量不高，制造工艺较复杂，因此很少作为主要结构材料。

卫星中应用最广泛的复合材料是碳/环氧复合材料，碳/环氧复合材料(主要指石墨/环氧复合材料)具有一系列优异性能，如密度低、模量高、强度高，以及优良的抗腐蚀、抗疲劳、耐磨性等。其综合性能在各种复合材料中有较大优势，可制成各种杆件、构架、板壳等主要或次要承力构架，在卫星结构中得到日益广泛的应用，并已成为一种逐步替代金属材料的主要卫星结构材料。复合材料均采用环氧树脂作为基体材料，环氧树脂具有良好的力学性能和成熟的制造工艺，因而广泛用于卫星结构。但环氧树脂韧性低、抗冲击、耐热耐湿性差，这些缺点成为影响复合材料进一步扩大应用范围的主要因素。

3.3　卫星电源

所有卫星都需要相当大的功率才能运行，因此提供可靠、长寿命的电源对完成观测任务至关重要。

卫星电源系统包括发电装置、电能储存装置和电源控制装置。发电装置将化学能、核

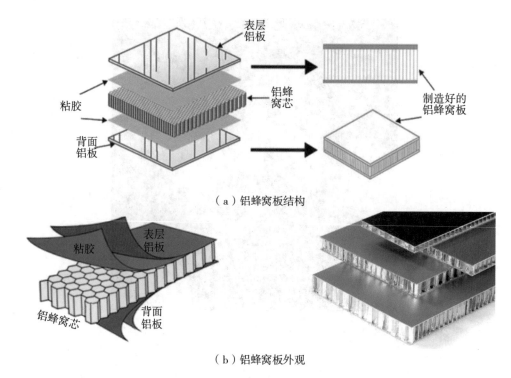

（a）铝蜂窝板结构

（b）铝蜂窝板外观

图 3.4　铝蜂窝夹层结构

能或光能转变为电能。化学能发电装置有锌银蓄电池组、锂电池组和氢氧燃料电池组等。核能发电装置主要有放射性同位素温差发电器和核反应堆热离子发电器等。

　　光能发电装置由光电器件所构成，主要是太阳能电池阵列，它把太阳光能转化为电能，主要有硅太阳能电池、砷化镓（GaAs）太阳能电池和磷化铟（InP）太阳能电池等[4]1053。太阳能电池阵中，采用光伏效应来产生电能，入射光子改变半导体材料中的导电特性，在半导体材料两端产生电压，连接一系列半导体单元形成面板，该面板将产生足够的总电压以获得有效功率并产生所需的电流。早期太阳能电池基于硅材料，然后随着生产技术的提高，有着更高能量转换效率的砷化镓电池允许被大量生产，并能迅速地装配到电池阵的基板上，未来 2~3 年内，砷化镓太阳能电池的生产效率将更高，成本更低。太阳能电池电力系统的另一个目标是开发更先进的太阳能电池阵列部署系统。最新的设计可以在薄的塑料基板卷轴上推出太阳能电池，该卷轴是柔性的而不是刚性的。另一种新的设计方案是充气式太阳能阵列，这种阵列质量非常低，并为柔性阵列创建有效的部署系统。采用低质量薄膜太阳能电池的柔性太阳能电池阵列使太阳能电池系统的总质量更小，更可靠，这些柔性太阳能电池阵列中的现有技术水平为 $150 \sim 200 \mathrm{W \cdot kg^{-1}}$。

　　图 3.5 所示为美国国际空间站上太阳能电池阵列的外观图。NASA 及其合作者开发了一种将太阳能电池板安装在"毯子"上的方法，毯子可以像手风琴一样折叠起来被运送到太空中，进入轨道后，地面控制站发送命令将毯子展开并部署到最大尺寸，使用万向云台旋转阵列使它们面对太阳，从而为空间站提供最大的功率。该阵列总共包含 262400 个太

阳能电池单元，占地面积约 $2500m^2$，是足球场面积的一半以上，一个太阳能电池阵列的翼展为73m，比一架波音777的翼展(65m)更长，整个电力系统通过12.9km的电线连接[6]。

（a）外观图

（b）一个太阳能电池阵列的翼展

图3.5　美国国际空间站上的太阳能电池阵列[6]

　　虽然卫星在完全照明时可以依靠太阳能阵列提供电源以运行，但当卫星运行在轨道地影区(地球正好位于卫星和太阳中间，将太阳光完全遮挡，形成"地影")时，以光电转换器件组成的太阳能电池阵列无法接收太阳光，因此无法发电，必须由电能存储装置或电池为卫星的用电负载供电。对于中低轨道卫星来说，对电池的调节和对何时以及如何使用电池供电的考虑非常关键，而对于地球静止轨道卫星，每年将会出现两次较长的地影期，较长的一次将会持续1个小时，此时必须由电池维持卫星的工作。

　　早期电能存储装置为镍镉电池，随着时间的推移，更高能量密度的镍氢电池在越来越多的航天器上开发并配置，最近锂电池组被用于航天器电能存储，这种类型的电池广泛用于手机、笔记本电脑等，具有最高的能量存储密度，能够多次充电，并且已经证明在卫星长寿命期间的可靠性。

再生性燃料电池是能量存储的一种新技术。燃料电池通常吸收氢气和氧气，并通过催化剂触发电化学系统将它们结合，从而产生电和水，可以将水再次电解以再次产生氢气和氧气并重复这一过程。研究人员还尝试了其他可能的再生性化学作用，例如研究发现，过氧化氢(H_2O_2)和硼氢化钠($NaBH_4$)可以产生长寿命的再生反应，可用作再生性燃料电池。然而，再生性燃料电池的催化剂通常涉及相当昂贵的材料，因此开发低成本催化剂，完善具有更长寿命和更低重量的电池是卫星应用再生燃料电池技术的希望。

关于能量存储的另一个研究领域是飞轮储能系统。飞轮储能系统是一种机电能量转换的储能装置，在储能时，电能驱动电机运行，电机带动飞轮加速转动，飞轮以动能的形式把能量储存起来，释能时，高速旋转的飞轮拖动电机发电，经电力转换器输出适用于负载的电流与电压。飞轮储能系统不需要进行电化学过程，也不需要传统蓄电池的运行管理和维护工作，在卫星应用中不仅存储能量，而且还可以作为反作用轮用于平台稳定和定向。

除了能量存储电池组外，各类电源系统均设置电源控制装置对系统在轨运行实施控制，如对太阳电池组/蓄电池组，控制装置负责太阳电池阵的功率调节、蓄电池组的充放电功率调节及充电控制，同时提供与各分系统的电接口。

不同寿命的卫星对电源的种类要求不同，一般来说，对于仅有几天到十几天寿命的航天器选择锌银蓄电池或锂电池，对于执行短期飞行任务的大功率飞行器，尤其是载人飞船，氢氧燃料电池组是最好的选择，化学反应排出的水分还可供航天员使用。核电源适用于在恶劣空间环境条件下工作的卫星，多用于行星际探测卫星。而对于寿命为几个月至十几年，功率为几百瓦到上万瓦的遥感卫星来说，往往选择太阳能电池阵列。

3.4 姿态和轨道控制

3.4.1 轨道控制和卫星位置测量

对卫星的质心施加外力以改变质心运动轨迹的技术称为轨道控制。卫星轨道控制包括变轨控制、轨道保持和轨道交会。变轨控制是使卫星从一个飞行段轨道转移到另一个飞行段轨道的控制。如地球静止卫星发射过程中，在大椭圆轨道的远地点附近进行的进入准同步轨道的变轨机动。轨道保持是使航天器克服各种摄动的影响，保持卫星轨道的某些参数不变的控制。轨道交会是使一个卫星与另一个卫星在同一时间、以相同的速度到达同一位置的过程。

轨道控制要求地面站实时获取卫星的位置，测量卫星位置的方法可分为两种[7]：一种是从地面进行测距，另一种是接收来自 GPS 卫星的信号进行测量。从地面进行测距通过测量地面测距站到卫星的距离及距离的变化率来确定卫星的位置。测距站通过发射机把测距用的无线电波信号调制到载波上向卫星发送，在卫星上预先搭载接收此信号并进行转发的装置(称为脉冲转发器)，通过测量信号的往返时间得到卫星到测距站的距离，通过测量载波的多普勒频率，可以测出距离的变化率。地面测距除采用电波的方法外，也可以采用光的方法，这时要在卫星上搭载角反射器，从地面站向卫星发射激光，通过光的往返测量距离，这种方法与采用电波的方法相比，能够以更高的精度确定轨道。

3.4.2 姿态控制和姿态测量

对卫星绕其质心施加外力矩，以保持或按要求改变卫星上一条或多条轴线在空间定向的技术，称为姿态控制。卫星姿态控制由姿态传感器测量当前的方向或姿态，由控制系统计算当前姿态与目标姿态的偏差并确定将偏差减小到零所需的力，最后由执行机构施加力将卫星重新定向到目标姿态。执行机构可以是气体推进器或动量轮。卫星姿态控制包括姿态稳定和姿态机动两方面，前者是保持已有姿态的过程，后者是把卫星从一种姿态转变为另一种姿态的再定向过程。卫星姿态稳定方式分为两大类：自旋稳定和三轴稳定(如图3.6所示)。

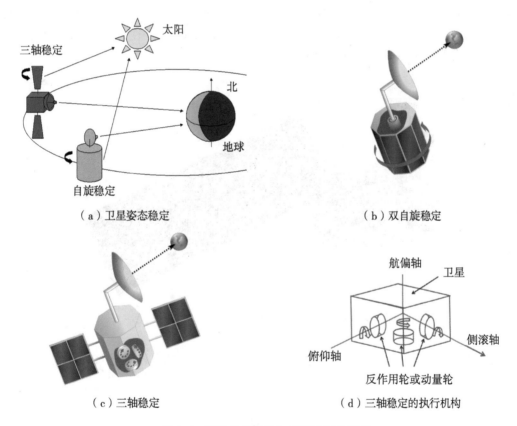

图 3.6　卫星自旋稳定和三轴稳定示意图

自旋稳定卫星呈圆柱形，通过围绕其长轴旋转进行稳定，根据角动量守恒理论，旋转的航天器有抗拒方向改变的趋向，如同陀螺一样[8]。早期的卫星使用自旋稳定，这些卫星通常具有圆柱形状并且每秒旋转一圈。自旋稳定的一个缺点是卫星不能使用大型太阳能电池阵列从太阳获得电能，因此它需要大量的电池电量。双自旋卫星外观如图3.6(b)所示，这种类型的卫星有两个部分：安装太阳能电池阵列的旋转部分和安装通信天线的去旋部分。旋转部分提供基本的稳定性，去旋部分也会旋转，用于保持天线指向地球。美国 NASA 的 Pioneer 10/11 航天器、月球探测器和伽利略木星轨道器采用自旋稳定方式维持卫星姿态。

三轴稳定的卫星在三个方向轴上使用小的旋转轮，称为反作用轮或动量轮（如图 3.6（c）、（d）所示），通过其旋转使卫星指向目标方向。如果卫星姿态传感器检测到卫星正在远离正确的方向，控制系统计算与其所需方向的偏差并确定将偏差减小到零所需的力，则旋转轮加速或减速以施加力使卫星返回到其正确位置。一些航天器也可以使用小型推进系统来不断地来回推动航天器，以使其保持在允许的姿态范围内。

我国于 1999 年发射的实践-5 号卫星，其实验目标之一就是比较两种姿态控制模式，可实现 10~15r/min 的自旋稳定和三轴稳定的姿态控制。此外，我国资源卫星系列、风云卫星系列（如图 3.7 所示）也采用三轴稳定姿态控制。美国 Landsat 卫星系列、美国国家海洋和大气管理局（NOAA，National Oceanic and Atmospheric Administration）的地球静止环境卫星系列 GOES（Geostationary Operational Environmental Satellite）采用三轴稳定控制姿态。另外，大部分微小卫星采用三轴稳定来保持姿态。

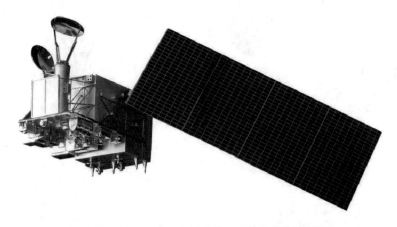

图 3.7 我国风云 FY-3 卫星采用三轴稳定姿态控制

为确定卫星姿态及变化，需要用到姿态测量传感器，遥感卫星平台常用的姿态测量传感器如表 3.1 所示。

表 3.1 典型的姿态测量传感器[9]

传感器类别	典型指标	重量（kg）	功率（W）
惯性测量单元 IMU（陀螺仪和加速计）	陀螺漂移率：0.003°/h~1°/h	1~15	10~200
太阳敏感器	精度：0.005°~3°	0.1~2	0~3

续表

传感器类别	典型指标	重量(kg)	功率(W)
恒星跟踪器	姿态精度：0.0003°~0.25°	2~5	5~20
红外地球敏感器	姿态精度：0.1°~1°(LEO)	1~4 0.5~3.5	5~10 0.3~5
磁强计	姿态精度：0.5°~3°	0.3~1.2	<1

太阳敏感器是使用最广泛的一类传感器。在太阳敏感器中，矩形腔室顶部的细缝允许太阳光射入，在腔室底部衬有一组感光单元阵列，通过测量细线图像距中心线的距离确定太阳照射的角度，当两个传感器相互垂直放置时，就可以计算相对于航天器固定坐标系的太阳矢量方位，从而确定卫星的姿态。由于太阳光强度大，信噪比大，比较容易检测，因此对大多数应用而言，可以把太阳看作参考源，这样就简化了敏感器设计和姿态确定算法[10]。太阳敏感器除了用于测定以太阳为参考源时的卫星姿态，还有许多其他用途。例如，太阳敏感器可以用来保护灵敏度很高的仪器如星敏感器免受太阳的直接照射，还可用来进行太阳帆板定向，使其朝向太阳获得较多的能量。太阳敏感器还可与其他类型的传感器结合使用，产生综合姿态测定和控制能力。太阳敏感器的缺点是当航天器位于地球阴影区时无法使用。

恒星跟踪器又称为星敏感器，它根据摄像头拍摄到的参考恒星(例如北极星)图像来测量姿态。当卫星姿态正确时，摄像机的光轴与参考恒星对齐，如果卫星的方向发生变化，参考恒星在图像上将偏离中心位置，由此产生的误差信号用于校正航天器的方向，使得参考恒星再次在恒星跟踪器的光轴上居中。通常恒星跟踪器是最精确的姿态传感器，可实现弧秒范围的精度。然而恒星跟踪器很重，价格昂贵，并且比大多数其他姿态传感器需要更多功率，此外它们还需要板载计算能力来扫描图像并执行模式识别算法以识别参考恒星，然后计算角度误差并实现重新定向的控制动作[11]。

红外地球敏感器又称作红外地平仪，主要用于具有中等指向精度的地球观测任务，它对地平线进行扫描，通过测量地球与天空红外辐射的差别来确定地平圆，然后通过地平圆来确定星下点矢量，该矢量与航天器固定坐标系 z 轴的夹角对应于航天器相对于地球的俯仰角和滚动角，而偏航角，即绕星下点矢量的旋转则无法测量[12]3。传统红外地球敏感器可以按照是否含有机械扫描部件分成扫描式和静态两类。图3.8所示为扫描式红外地球敏感器姿态测量原理，当地球进入扫描瞬时视场时，红外探测器件开始工作，得到扫描信号。不难看出，扫描信号开始和信号结束的时间间隔可衡量航天器的滚动角，而扫描中心点到扫描器参考垂直坐标轴的角度可衡量俯仰角。

磁强计是测量地球磁场磁感应强度的仪器，它根据小磁针在地球磁场作用下能产生偏转或振动的原理制成。磁强计可测量卫星姿态，但它的准确性不如恒星跟踪器或地平线传感器，因为地球磁场本身是随时间和空间变化的，因此为了提高准确性，经常将磁强计与

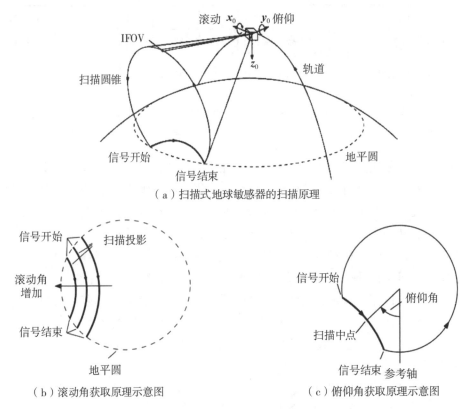

（a）扫描式地球敏感器的扫描原理

（b）滚动角获取原理示意图　　　　　　（c）俯仰角获取原理示意图

图 3.8　扫描式红外地球敏感器姿态测量示意图[12]

恒星跟踪器和地平线传感器的数据相结合来测量卫星姿态。图 3.9 显示了三种姿态测量传感器在运行轨道中的工作视场。

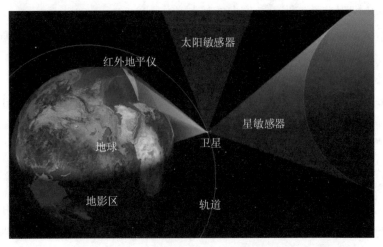

图 3.9　太阳敏感器、星敏感器及红外地平仪的观测视场示意图[13]

3.5 温度控制

所有卫星都将在非常恶劣的空间环境中运行，其中一个主要环境问题就是热环境，因为许多电子设备必须保持在适中的温度范围才能可靠工作。表3.2为星上典型部件的工作温度和生存温度范围[9][14]。此外，还有一些特殊条件，如当卫星从地影区移动到完全太阳照射的时候发生尖锐的热变化，卫星外部可能在几分钟内快速升温，再如某些遥感仪器必须保持在低温条件下才能获取准确的信息。

表3.2　　　　星上典型部件的工作温度和生存温度[9][14]

组件/系统	温度(℃)	
	工作温度	生存温度
数字电路	0~50	-20~70
模拟电路	0~40	-20~70
电池	10~20	0~35
红外探测器	-269~-173	-269~35
固态电子探测器	-35~0	-35~35
动量轮	0~50	-20~70
太阳能电池板	-100~125	-100~125
陀螺仪/惯性测量单元 IMU	0~40	-10~50
恒星跟踪器	0~30	-10~40
天线	-100~100	-120~120

卫星温度控制系统又称为热控制系统，其目的是保证星体各个部位及星上仪器设备在整个任务期间都处于正常工作的温度范围。卫星热控制技术可分为被动热控制技术和主动热控制技术。被动热控制技术主要使用不同热物理性能的涂层或材料，使卫星仪器设备能够保持在允许的温度范围内。理想情况下，仅使用被动技术(例如表面涂层)就可以实现卫星或部件的热控制。然而随着环境和组件发热率随轨道和季节变化，表面光洁度随时间退化，使得温度变化超出某些组件可承受的范围，并且被动热控制材料本身不能克服卫星内外热流变化带来的温度影响，而主动热控制技术可以自动调节温度，大大减小了热源变化引起的仪器设备温度波动。典型的卫星主、被动热控制技术及控制原理见表3.3。

表 3.3　　　　　　　　　　　　　　　卫星典型热控制技术

类型	热控装置	热控制原理及特点
被动	材料和涂层	在卫星壳体内、外表面及仪器设备表面涂覆热控涂层，改变表面反射率（或发射率），获得设备的热稳定性
被动	太空散热器	卫星部件的废热通过散热器的热辐射排放到外太空
被动	相变装置	相变材料在相变过程中吸收或释放潜热，而其温度基本保持不变。如固体相变材料在融化过程中吸收能量，而温度基本不变
被动	热管	将热量从一个区域传递到另一个区域。在热管的一端，热量蒸发管内的工作流体吸收热量，被蒸发流体流向冷端凝结，释放热量。热管两端即使温差很小，也能提供高传热率
主动	电加热器	用于保护元件免受寒冷环境条件的影响，加热器还可以与恒温器或控制器一起使用，以提供对特定部件的精确温度控制
主动	百叶窗	利用叶片不同程度遮挡散热器表面来控制热流向外空间的散发
主动/被动	低温冷却系统（又称制冷器）	提供红外探测器所需的低温。被动冷却系统使用低温液体（如液态氦或液态氮）来冷却仪器设备，主动冷却系统使用 Stirling 或 Brayton 循环泵，通过"定容回热循环"过程，利用气体等温膨胀吸热的原理从被保护元件吸热从而保持元件的工作低温

外太空温度较低，但是太阳的照射会使太空中的物体变暖，因此航天器必须能吸收一定程度的热量，但也能反射一些热量以保持不会太冷或太热。此外，由于卫星电力系统产生电和热，需要有机制能够将内部热量传递到外面避免热量累积损坏部件，实现该机制最常用的装置就是热管。热管是一种被动式热控装置，传统热管结构如图 3.10 所示。热管由管壳、吸液芯和端盖组成，热管内部被抽成负压状态，充入适当的液体，这种液体沸点低，容易挥发。管壁有吸液芯，由毛细多孔材料构成。热管一端为蒸发端（热端），另外一端为冷凝端，当热管蒸发端受热时，毛细管中的液体迅速汽化，蒸气在热扩散的动力下流向另外一端，并在冷端冷凝释放出热量，液体再沿吸液芯多孔材料靠毛细作用流回蒸发端，如此循环不止，直到热管两端温度相等，这种循环是快速进行的，热量可以被源源不断地传导出去。

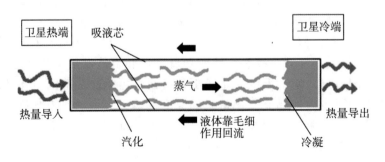

图 3.10　传统热管结构示意图

热管无移动部件,工作可靠性较高,且质量和体积消耗较小,因此成为航天器热控制的标准部件。最新版本的热管是环形热管(LHP,Loop Heat Pipe),它是在 20 世纪 70 年代末由俄罗斯发明的,工作原理类似于传统热管。除被动工作外,LHP 还可抵抗重力影响,能够实现 0.1K 温度范围的控制。LHP 输送管线还可采用柔性管,这样可以轻松集成且可设计为可展开结构。波音 702 是第一个采用基于 LHP 的展开式散热器系统的美国商用卫星。新型 LHP 的研究重点在设计多蒸发器和多冷凝器系统,在更高的热环境下工作,并且实现小型化。图 3.11 显示了一个小型 LHP 单元,由于该技术的重要性,该领域的研究仍在继续[4]1061。

图 3.11 用于航天器热控制的小型 LHP 装置(229mm×127mm)(图片来自美国 NASA)

3.6 遥测、跟踪和遥控

卫星和地面站之间的连接由测控系统完成,测控系统是遥测、跟踪和遥控分系统的总称。遥测分系统用于采集星上各种仪器设备的工作参数以及其他有关参数,并实时或延时发送给地面测控站,实现地面对卫星工作的监视[15]。跟踪分系统用于协同地面测控站,测定卫星运行的轨道参数,以保持地面对卫星的联系与控制。遥控分系统用于接收地面遥控指令,直接或经数据管理分系统传送给星上有关仪器设备并加以执行,实现地面对卫星的控制。

3.6.1 遥测

地面控制中心向卫星发送控制指令前,必须知道在任何给定时间卫星的状态,遥测系统是用于推断卫星上所有子系统健康状况和状态所需的测量和仪器读数的集合。与卫星健康状态有关的测量包括:

(1)资源状态:如推进剂供应、电池的健康和充电状态。

(2)卫星姿态:如太阳和恒星跟踪器系统的读数。

(3)子系统的操作模式:如电加热器的开关状态。

(4)子系统的健康状况:如太阳能电池板的输出值等。

所有这些测量通过各种传感器收集,例如温度计、加速度计和电子转换器,测量结果以电阻、电容、电流或电压等形式输出。使用这些传感器收集测量结果只是遥测的第一步，第二步是遥测数据处理，该处理包括将模拟测量值转换为数值并进行数据格式化以便有效地传输到地球。遥测数据处理涉及两个关键功能：自动化能力和数据存储功能。自动化指卫星在不与地面站交互的情况下解释和响应遥测测量值的能力。自动化能力允许卫星直接向子系统发出命令，而不是从地面接收和处理命令。例如对于某些子系统中的可预测或常见故障进行待机响应就是一种自动化能力。自动化能力对遥测软件系统提出了三个特殊要求：

(1)星上遥测软件系统应能够识别出那些指示子系统工作不正确的遥测数据和工作正确的遥测数据。

(2)遥测软件系统应能使遥测和遥控组件之间即时通信。

(3)遥测软件应有诊断功能，能够确定异常数据是来自自身错误还是由另一子系统引起。

遥测数据存储功能也同样重要，因为并不是在任何给定时刻都能把遥测数据传输至地面。为部署在低地球轨道的全球卫星系统建立足够的地面设施是非常昂贵的，因此星载计算机及软件必须能够处理和存储来自星上传感器的数据，同时等待可行的对地通信窗口打开。数据存储的替代方案是使用中继卫星，一个例子是美国宇航局的跟踪和数据中继卫星系统(TDRSS, Tracking and Data Relay Satellite System)，它由 9 颗在轨卫星组成，这些卫星将来自任何其他低轨道卫星的通信转发到地面站，欧洲和日本也有类似的中继卫星系统。

遥测的最后一步就是将遥测数据传输到地面站。用于遥测下行链路的通信系统可以是与传送有效载荷数据相同的系统，或者是取决于卫星应用的独立遥测系统，其工作原理如图 3.12 所示。星上传感器对状态物理量进行探测，收集到的测量信号通过调制器被调制到特定频率的载波上，由发射机通过发射天线辐射载有测量信号的无线电波，地面接收机通过天线接收无线电磁波，通过解调器把有用信号从载波上提取出来，然后进行处理和显示。遥测系统的典型载波频率包括：S 波段(2.2~2.3GHz)，C 波段(3.7~4.2GHz)和 Ku 波段(11.7~12.2GHz)。遥测通信往往具有大约 10^{-5} 的误码率。

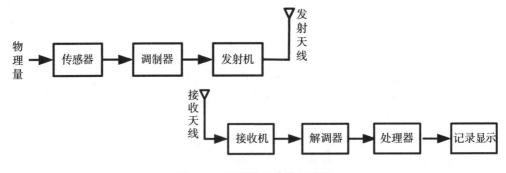

图 3.12　遥测数据传输原理图

3.6.2　跟踪

　　无论是接收遥测信息还是发送控制命令，地面站首先必须能够准确地锁定、定位和跟踪卫星。一旦卫星被锁定，跟踪系统测量卫星相对于地面站的瞬时距离、瞬时角度和瞬时速度，从而使地面站能够知道任一时刻卫星的位置。

　　从地面站定位和锁定卫星的过程称为载波跟踪。卫星基于预定参数搜索并验证到上行链路的连接命令，然后跟踪子系统执行命令，根据上行链路频率和预先指定的下行链路/上行链路比率设置下行链路频率，从而快速地建立与地面站的链接。例如，NASA 地面航天跟踪和数据网络 GSTDN(Ground Spaceflight Tracking and Data Network)的转发器跟踪设置下行链路/上行链路的比率为 240/221，卫星根据该预先指定的比率就能够快速设置下行链路频率从而建立星地链接。

　　地面站常通过测距信号和伪随机码来进行测距。测距信号(连续正弦波信号)或一定周期长度的伪随机码被调制到上行链路频率中，当卫星识别它时，跟踪系统将相同的测距信号或代码添加到下行链路，然后，地面站可以计算该信号传输的往返时间，并使用该信息计算地面站和卫星之间的距离。在建立了距离的情况下，可以通过使用卫星的指向信息来确定卫星的实际位置，以确定卫星的方位角和俯仰角。

　　除了测距，还可以使用上行链路和下行链路频率的多普勒频移来确定卫星的位置和速度。多普勒效应是由发射器和接收器之间的相对运动引起的传输频率变化的现象。当卫星接近地面站时，地面站接收的频率高于卫星发射的频率，当卫星离开地面站时，地面站接收的频率低于卫星发射的频率(如图 3.13 所示)。在单向测速中，卫星向地面站发送信号，通过地面站接收信号频率的变化计算卫星距离和速度。除了单向测速，还可以采用双向测速方法，由地面站向卫星发送信号，卫星再转发回地面站，从而使地面站获得双程多普勒效应，处理得到的结果比单向测速更为精确。

3.6.3　遥控

　　遥控允许卫星接收、处理和实施地面站发出的命令。随着卫星的发展，一些可预见性命令可通过星载软件来自动化执行，并且这种自动化程度越来越高。

　　遥控命令用于重新配置卫星，或配置其子系统以响应任务条件。遥控命令可以控制子系统和组件在打开和关闭状态之间切换或改变操作模式。遥控命令还可用于卫星姿态控制、部署太阳能电池阵列或天线结构。遥控命令还可以以软件程序的形式出现，该软件程序被上传到星载计算机中以持续地控制卫星组件。

　　遥控系统的第一步是通过其通信系统从地面接收控制数据，其典型的工作频段与遥测系统相同：S 波段(2.2~2.3GHz)，C 波段(3.7~4.2GHz)和 Ku 波段(11.7~12.2GHz)。为了确保遥控系统正确识别地面发出的遥控命令，遥控信号传输的误码率为 10^{-6}，比遥测通信误码率低了一个数量级。遥控信号典型数据速率范围为 $500 \sim 1000 \mathrm{Kb} \cdot \mathrm{s}^{-1}$.

　　一旦卫星接收并解调了上行链路中的遥控命令，则由命令解码器复制命令消息并产生所需的锁定/使能和时钟信号，命令逻辑单元验证命令并在其真实性存在任何可能不确定

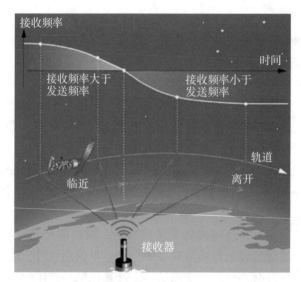

图 3.13　根据多普勒频移进行测距和测速

性时拒绝该消息,最后由接口电路实施命令(如图 3.14 所示)。一些应用的卫星系统具有复杂的安全验证流程,甚至需要来自另一地面的消息来验证控制命令的确定性。

图 3.14　遥控系统框图

在遥控系统中,命令解码器收集和处理来自地面或星载计算机的控制命令,为处理队列中的命令赋予优先级。通常控制命令都是加密的,因此需要命令逻辑单元对命令进行验证。典型的一条二进制命令消息包括长度比特位、同步位、命令消息位和错误校验位。命令本身还包括航天器的地址和命令类型信息。常用的命令类型包括继电器的翻转控制、电路的控制脉冲、组件输出电平的改变、向组件请求或发送数据的命令等。遥控系统中的命令逻辑单元必须确认并验证接收的命令,包括确保该条命令是否发送到正确的航天器,命令本身是否正确,命令的时间是否有效等,此外命令本身的合法验证需获得通过,一旦命令逻辑单元开始处理命令,测控系统将依据命令的类型根据需要激活接口电路。在故障排除和故障恢复操作下,命令逻辑单元还可以越过软件系统的限制允许执行更高风险的命令。

遥测、跟踪和遥控系统是确保卫星运行并对卫星条件变化做出反应的关键部分,因此,该系统必须在卫星使用前进行严格的质量控制和测试。该系统中某些关键部分往往设计有备份组件,确保如果一个部件发生故障,备份部件可投入使用。如果卫星设计寿命为15 年,那么测控系统的设计寿命为 18~20 年。

3.7　有效载荷

根据功能划分，卫星可分为有效载荷和保障系统两大部分。有效载荷是指卫星上直接完成特定任务的仪器、设备或系统，又称专用系统。有效载荷是卫星的核心部分，不同用途卫星的重要区别在于装有不同的有效载荷[1]8。例如：科学卫星装有粒子探测器、磁强计和红外天文望远镜等；通信卫星装有转发器和天线；气象卫星装有扫描辐射计、红外分光计和微波辐射计等；导航卫星装有无线电信标机和原子钟等；照相侦察卫星装有可见光照相机等。多用途卫星装有多种有效载荷系统，有时卫星在装载完成主任务所需要的有效载荷外，还搭载一些其他有效载荷，附带进行一些科学实验和技术试验。

3.7.1　有效载荷的分类

卫星有效载荷种类繁多，按照用途大致可分为科学探测和实验类、信息获取类、信息传输类及信息基准类[1]9。

(1)科学探测和实验类有效载荷。这类有效载荷是用于探测空间环境、观察天体和空间科学实验的各种仪器、设备、系统以及实验生物、各种实验件等。例如，电离层探针、粒子探测器、磁强计、质谱仪、红外天文望远镜、材料加工炉、微生物培养箱等。各种科学卫星分别装载这类有效载荷。

(2)信息获取类有效载荷。这类有效载荷是用于对地观测的各类遥感器。例如，可见光相机、多光谱相机、多光谱扫描仪、微波辐射计、合成孔径雷达等。各种遥感卫星，如气象卫星、地球资源卫星、海洋卫星、照相侦察卫星等分别装载这类有效载荷。

(3)信息传输类有效载荷。这类有效载荷是用于中继无线电通信信息的仪器、设备和系统，主要包括各种通信转发器和通信天线，各种通信卫星和兼有通信功能的其他卫星装载这类有效载荷。

(4)信息基准类有效载荷。这类有效载荷是用于提供空间基准信息和时间基准信息的各种仪器、设备和系统，主要包括无线电信标机、应答机、激光反射器、高稳定度振荡器和原子钟等。导航卫星和测地卫星装载这类有效载荷。

3.7.2　遥感光学载荷

遥感卫星有效载荷为信息获取类载荷，其根据工作波长大致分为两类：光学类载荷和微波类载荷。光学有效载荷测量紫外、可见光到红外(包括近红外、中红外、热红外)波长范围内的反射光或辐射能量，而微波类载荷测量波长比可见光和红外波长长的微波能量[16]。微波是波长范围从1m到短至1mm或频率在300MHz(0.3GHz)和300GHz之间的无线电波。微波传感器的观察不受白天、夜晚或天气的影响，雷达传感器和合成孔径雷达传感器是典型的微波传感器。

光学和微波有效载荷有两种观察方法：主动和被动。被动有效载荷测量被观察物体或周围区域发射或反射的自然辐射。反射的太阳光是被动传感器测量的最常见的辐射源。主动传感器发射电磁波以扫描物体区域，然后测量从物体反射或反向散射的辐射。激光雷达和雷达是主动传感器，它们通过测量发射和返回之间的时间延迟，确定物体的位置、高度、速度和方向。

在航天光学遥感领域，不同类型的光学载荷差异较大，但它们都包含几个基本组成部分，如光学系统、扫描系统、探测器、电子学系统等，对于获取多波段光谱信息的遥感器，还包括分光组件。

光学载荷在卫星平台提供的保障系统基础上进行工作，其中光学系统为电磁波能量收集装置，用于收集地物辐射出来经过大气传输的电磁波能量，分光组件用于把收集到的电磁波能量分成多个谱段，探测器将收集到的辐射能转化为电能，并由电子学系统转化为数字信号进行存储、传输，最后由地面数据处理系统对遥感图像进行显示、解译及应用。

遥感光学载荷根据功能可分为如下几种：
(1) 全色相机；
(2) 多光谱相机；
(3) 成像光谱仪；
(4) 傅里叶变换光谱仪；
(5) 激光雷达；
(6) 光谱仪和辐射计。

全色相机可获取由所有可见光曝光的黑白图像。星载全色相机通常获取 $0.50\sim0.80\mu m$ 之间波长范围内的可见光，以减少在蓝色波长中发生的散射。全色相机获取的图像比同一卫星上的多光谱相机的空间分辨率更精细。例如，QuickBird 卫星产生的全色图像的地面分辨率为 0.6m×0.6m，而多光谱图像像素的地面分辨率为 2.4m×2.4m。

多光谱相机在特定光谱带或波长范围同时获取场景的多个图像。多光谱相机采集的多光谱图像是主要的遥感图像类型。通常，多光谱相机具有三个或更多光谱成像波段（如 Landsat 7 具有 7 个成像波段），每一个都是可见光谱带中的场景图像，范围从 $0.4\sim0.7\mu m$，称为红色（635~700nm）、绿色（490~560nm）和蓝色（450~490nm），进入 $0.8\sim10\mu m$ 或更长的红外波长，分类为近红外（Near Infrared，NIR）、中红外（Mid-infrared，MIR）和远红外（Far Infrared，FIR）或热红外（Thermal Infrared，TIR）。

成像光谱仪，也称为高光谱成像仪，在从近紫外到短波红外的波长范围内数百个连续的窄光谱带中同时收集场景的图像。高光谱图像数据能够直接识别地表材料，并用于各种遥感应用，包括地质、海洋、土壤、植被、大气、雪/冰等。所收集的图像数据是包括两个空间维度和一个光谱维度的三维立方体，场景中的每个地面样本单元（即像素）在电磁波谱中具有其独特的特性，被称为"指纹"，这些"指纹"被称为光谱特征，并且能够识别材料。例如，黄金的光谱特征有助于矿物学家找到新的金矿。与多光谱相机相比，由于获取了地面样品的整个光谱，因此用户可以通过分析光谱来识别场景中的材料，还可以利用邻域中不同地面样本光谱之间的空间关系，进行更精细的光谱空间建模以更准确地识别、分割和分类图像。

傅里叶变换光谱仪是一种与传统光谱仪不同的测量技术，它通过电磁波在时域或空间域的相干性测量来收集光谱。傅里叶变换光谱仪不是一次只允许一个波长通过探测器，而是允许同时通过包含许多不同波长光的光束，并测量总光束强度，在光源和探测器之间，通过调制装置使得电磁波发生干涉而阻挡其他波长，需要傅里叶变换将测量的原始数据（称为"干涉图"）转换为实际光谱图像。

激光雷达通过使用来自激光器的脉冲进行照射来测量到目标的距离或目标的其他属性。激光雷达传感器的固有特性使其具有较高的空间分辨率、非常高的垂直分辨率、大气气溶胶和云测量的高灵敏度，以及极好的抗噪声能力。激光雷达传感器还能探测云层并穿透薄云，实现对流层监测。激光雷达传感器可应用于许多领域，如考古学、大气物理学、地理学、地质学、地球数学、地貌学、地震学、林业和遥感，以及机载激光测高、激光扫描测绘和激光雷达轮廓测绘等。

光谱仪是用于测量特定电磁范围上的目标特性的仪器，通常用于光谱分析以识别材料。多年来，光谱仪作为有效载荷部署在航天任务中，光谱仪测量的变量通常是特定波长下物体的光强度，但也可以是偏振态，自变量通常是光的波长或与光子能量成正比的单位，例如电子或伏特。光谱仪可覆盖从伽马射线、X射线到远红外的各种波长。如果仪器设计以绝对单位而不是相对单位测量光谱，则通常将其称为分光光度计，大多数分光光度计用于可见光谱附近的光谱区域。

辐射计通常测量紫外线或红外波段上物体电磁辐射的辐射通量或辐射能量强度的仪器，为了测量从特定光谱发射的辐射，通常使用光学滤波器。当辐射发射源处于紫外区域时，辐射计测量辐亮度或辐照度，而在红外波段，辐射计测量红外辐射从而得到物体的辐射温度。

表3.4给出了一些典型的遥感光学载荷及工作平台。除了上述几种类型之外，还存在其他种类的星载光学有效载荷，这些传感器的范围从军用监视卫星有效载荷、新一代太空望远镜到焦平面阵列。近年来，为了显著降低成本和开发周期，微小卫星和纳米卫星技术迅速发展。微小卫星通常具有 $10\sim100kg$ 的质量，而纳米卫星通常具有 $1\sim10kg$ 的质量。微型卫星通常使用商业现成组件COTS(Commercial Off-The-Shelf)来降低成本并缩短开发周期，并且随着消费电子行业的发展，其价格不断降低且性能不断提高。

表3.4　　　　　　　　　　　典型的遥感光学载荷[16]

载荷类型	载荷名称	载荷缩写	卫星平台	年份	国家(地区)
多光谱相机	Infrared Scanner	IRS	HJ-1-B	2008	中国
	MUX Multispectral Camera	MUXCAM	CBERS 4	2014	巴西
	WFI Wide Field Imager	WFICAM	CBERS 4	2014	巴西
	Multispectral Camera MX	MX	IMS-1	2008	印度

续表

载荷类型	载荷名称	载荷缩写	卫星平台	年份	国家(地区)
成像光谱仪	Moderate Resolution Imaging Spectroradiometer	MODIS	Terra, Aqua	1999, 2002	美国
	Visible and Near-infrared Imaging Spectrometer	VNIS	嫦娥 3	2013	中国
	Environmental Mapping and Analysis Program	EnMap	EnMap	2018	德国
	PRecursore IperSpettrale della Missione Applicativa	PRISMA	PRISMA	2017	意大利
	Hyperspectral Imager Suite	HISUI	HISUI	2018	日本
	Ocean and Land Color Imager	OLCI	Sentinel-3	2015	欧空局
	Spaceborne Hyperspectral Application Land and Ocean Mission	SHALOM	SHALOM	2020	以色列
傅里叶变换光谱仪	Atmospheric Chemistry Experiment-Fourier Transform Spectrometer	ACE-FTS	SCISAT	2003	加拿大
	Cross-track Infrared Sounder	CrIS	Suomi NPP	2011	美国
	Thermal and Near Infrared Sensor for Carbon Observation Fourier Transform Spectrometer	TANSO-FTS	GOSAT	2009	日本
	Geostationary Imaging Fourier Transform Spectrometer	GIFTS	EO-3	2005	美国
激光雷达	Laser Altimeter	—	嫦娥 1	2007	中国
	Canadian Astro-H Metrology System	CAMS	Astro-H	2016	加拿大
	Atmospheric Lidar	ATLID	EarthCARE	2018	欧空局
	Small Optical Transponder	SOTA	Hodoyoshi-2	2015	日本
光谱仪和辐射计	Measurement of Pollution in The Troposphere	MOPITT	Terra	1999	加拿大
	Solar Auto-Calibrating Extreme Ultraviolet and Ultraviolet Spectrometers	SolACES	国际空间站 ISS (International Space Station)	2008	德国
	Solar Spectral Irradiance Measurement	SOLSPEC	ISS	2008	法国
	UV/VIS Spectrograph & Infrared Imager	OSIRIS	Odin	2001	加拿大
	Thermal and Near infrared Sensor for Carbon Observation-Cloud and Aerosol Imager	TANSO-CAI	GOSAT	2009	日本

续表

载荷类型	载荷名称	载荷缩写	卫星平台	年份	国家(地区)
其他类型	Canadian Sapphire Space Surveillance Satellite	Sapphire	Sapphire	2013	加拿大
	Fine Guidance Sensor & Near-Infrared Imager and Slitless Spectrograph	FGS & NIRISS	JWST	2018	加拿大
	Infrared Binocular Camera	IBC	嫦娥3	2013	中国
微小卫星和纳米卫星的光学载荷	CCD Blue or Red Band Photometry Refractive Telescope	—	BRITE	2013	加拿大
	4-band Multispectral Camera+Pan Channel & 2HD Video Cameras	—	NEMO-HD	2015	加拿大
	Low-Resolution Camera	LCAM	Hodoyoshi-3	2014	日本
	Medium-Resolution Camera	MCAM	Hodoyoshi-3	2014	日本
	High-Resolution Camera	HCAM	Hodoyoshi-4	2014	日本
	Thermal Infrared Camera & Visible Camera	—	UNIFORM-1	2014	日本

2013 年 11 月 19 日，美国公司轨道科学(Orbital Sciences)发射了一枚火箭，将 29 颗纳米卫星送入高空并将其发射到低地球轨道，30 小时后，俄罗斯合资企业 Kosmotras 将 32 颗纳米卫星送入类似的轨道。随着小型化和电子技术能力的不断提高以及卫星星座的使用，纳米卫星越来越能够执行以前需要小型或微型卫星的商业任务。例如，立方体卫星计划可以使 35 个(每个 8kg)对地成像卫星星座以相同的任务成本取代 5 个(每个 156kg)RapidEye 对地成像卫星星座，并且显著缩短重访时间，与 RapidEye 星座一样，可实现全球每个区域每 3.5 小时一次成像，而不是每 24 小时成像一次，这对灾害应急响应具有重要的意义[16]。

3.8 光学遥感器的成像方式

为实现对地观测任务，光学成像遥感器需要对地面进行扫描，把在每一个瞬时视场收集到的电磁辐射转换为电信号以形成图像。光学成像类遥感器的图像获取方式主要包括光学机械扫描成像、推扫成像和框幅成像[17]56。

3.8.1 光学机械扫描成像

光学机械扫描成像仪又称为光机扫描成像仪，它有一个扫描机构，该机构通常由扫描镜、电机和驱动电路等组成。所谓扫描，是在小视场物镜前的光路中加入扫描镜，使系统的物方瞬时视场扫过物面的不同部位，获得较大的空间覆盖。

光机扫描成像仪的扫描方式有多种，既有一维扫描又有二维扫描。典型的扫描方式包括旋转扫描、摆动扫描、圆锥扫描和步进扫描等，每一种扫描方式都有其优点和局限性。对于工作在低轨卫星上的光机扫描成像仪，通过光机扫描和卫星运动来获取图像。对于工作在地球静止轨道卫星上的光机扫描成像仪，有些通过一维光机扫描和卫星自旋运动来获取图像，而有些通过二维光机扫描来获取图像。表 3.5 列举了几种光机扫描遥感器的扫描方式及其特点。

表 3.5　　　　　　　　　　一些光机扫描遥感器及特点[17]57

仪器名称	所在平台	扫描方式	特　　点
中分辨率成像光谱仪（MODIS）	Terra，Aqua	旋转扫描	通过仪器扫描和卫星运动来获取图像。扫描视场大，扫描效率较低
多光谱扫描仪（MSS，Multi-spectral Scanner）	Landsat	摆动扫描	通过仪器扫描和卫星运动来获取图像。扫描视场较小，扫描效率较高
沿轨道扫描辐射计/红外辐射计（ATSR/IRR，Along Track Scanning Radiometers/ Infrared Radiometer）	ESR-1	圆锥扫描	通过仪器扫描和卫星运动来获取图像。扫描视场较大，扫描效率较高
旋转增强型可见光红外成像仪（SEVIRI，Spinning Enhanced Visible and Infrared Imager）[18]	MSG-4	步进扫描	搭载在静止轨道卫星上，通过仪器步进扫描和卫星自旋扫描来获取图像

在各种扫描方式中，旋转扫描和摆动扫描用得较多。图 3.15 所示为基于扫描镜旋转扫描的光机扫描成像仪的工作原理，椭圆扫描镜围绕短轴旋转扫描，这种类型的光机扫描成像仪通常每个谱段配备多个探测单元。

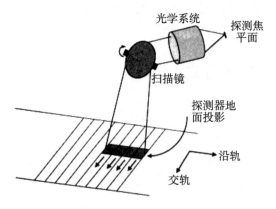

图 3.15　基于扫描镜旋转扫描的光机扫描成像仪工作原理图[17]58

搭载在欧空局 ERS-1 卫星上的沿轨道扫描辐射计/红外辐射计（ATSR/IRR）采用圆锥扫描获取图像，并可以对同一目标区域进行双视观测，即分别从天底方向和相对天底方向前视 47°方向观测景物，其观测几何如图 3.16 所示[19]。传感器先在前视对地面圆锥扫描，约 2.5 分钟或 800km 之后，再获取同一地点下视扫描的影像，得到的影像数据集由两个配准后的扫描图像组成。由于两个观测角度的大气路径长度不同，这样可以提高大气校正精度，从而提高反演精度。这种双视观测也可以用于陆地遥感，可给出不同地表的双向反射率分布函数信息。

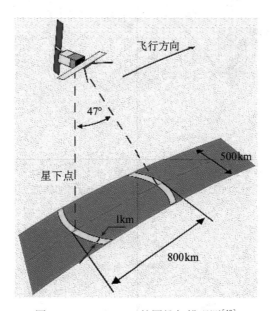

图 3.16　ATSR/IRR 的圆锥扫描观测[19]

欧洲气象卫星开发组织（EUMETSAT，European Organization for the Exploitation of Meteorological Satellites）第二代地球同步气象卫星（MSG，Meteosat Second Generation）上的旋转增强型可见光和红外成像仪（SEVIRI，Spinning Enhanced Visible and Infrared Imager）采用步进扫描方式对地表南北方向成像，而东西方向扫描通过卫星平台的自旋来实现，其观测几何如图 3.17 所示[20]。

光学机械扫描成像仪的主要优点是观测视场范围大、光谱覆盖范围宽、对探测器的要求相对较低。此外，由于它的光学瞬时视场通常比较小，且探测器元数通常比较少，因此比较容易定标，各探测器元的输出一致性较好。其缺点是数据采集率较低、扫描机构复杂，且活动部件会引起图像畸变，但如果能够对畸变进行物理建模，则可以对其进行有效校正。

3.8.2　推扫成像

推扫成像仪采用线阵探测器成像，线阵探测器沿交轨方向排列。这种光学遥感器一次

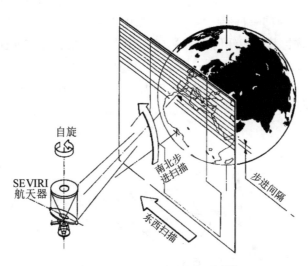

图 3.17　SEVIRI 的观测几何[20]

采集一整行图像,覆盖整个视场,推扫由航天器沿其轨道方向的飞行运动实现。线阵探测器产生的信号以预先固定的时钟速率顺序读出。推扫成像仪的成像方式如图 3.18 所示。

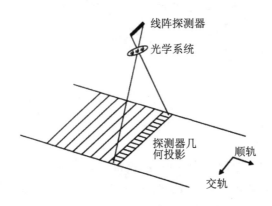

图 3.18　推扫成像的工作原理[17]60

　　对于多数应用,在推扫成像时,卫星姿态保持相对稳定,这样可以沿飞行轨迹连续获取图像。对于有些应用,为了增加积分时间和提高信噪比,在推扫成像时卫星姿态按照一定的规律变化。典型工作过程可以描述为:在对感兴趣的区域成像前,先将卫星姿态调整到前视状态,然后开始成像,成像过程中,卫星在沿轨迹飞行的同时,还绕俯仰轴转动(推扫成像的观测角度不断变化),从而使卫星对成像区域的观测时间加长,从而增加积分时间、提高信噪比。

　　推扫成像的优点是成像效率高,图像畸变较小,能够实现较高的空间分辨率。此外,它不需要扫描机构,因此结构紧凑、重量较轻、可靠性相对较高。其缺点是幅宽较窄,特别是受目前长线阵红外焦平面探测器的技术水平限制。

利用推扫成像不仅可以获取平面图像，还可以获取立体图像。获取立体图像的典型方式如下[17]60：

(1)采用单台推扫成像仪进行异轨倾斜观测(侧视)获取立体图像。典型代表包括法国SPOT1 至 SPOT5 卫星上的 HRV、HRVIR 和 HRG 相机以及中巴地球资源卫星(CBERS)上的多光谱 CCD 相机。

(2)采用单台推扫成像仪通过改变卫星姿态(指向)实现前、后视成像，或者前视、下视和后视成像，从而在同一轨道获取立体图像。这种方法在重叠图像的获取周期上优于前者，但要求卫星的敏捷性比较好。印度的制图 2 号卫星就是采用这种方式获取立体图像。

(3)采用具有一定交会角的两台推扫成像仪获取立体图像，被称为双线阵立体成像。法国 SPOT5 卫星装载的高分辨率立体成像仪(HRS)就采用这种方式，两个镜头在卫星上沿轨道方向倾斜安装，一个前视 20°，一个后视 20°，这样可给出 10～15m 高程精度的数字高程模型。这种方式的优点是获取立体像对时不需要改变卫星指向。

(4)采用具有一定交会角的三台推扫成像仪进行前视、下视和后视成像，实现立体成像，被称为三线阵立体成像。如我国资源三号卫星的三线阵相机，通过前视、下视和后视成像，可实现立体观测用于高比例尺地形图绘制。

3.8.3 框幅成像

框幅成像原理是采用具有焦平面读出能力的集成探测器，可依次读出面阵阵列探测器的各个探测元信号，面阵探测器构成的框幅成像系统可直接获取二维图像。其工作原理如图 3.19 所示。但是，一个高分辨率相机框幅成像的空间范围毕竟有限，如果在成像物镜前设置二维指向镜，改变系统视轴的指向，既可在较大空域范围内进行搜索捕获，又可在较小的视场范围内对已捕获到的目标进行详查或精确测量。

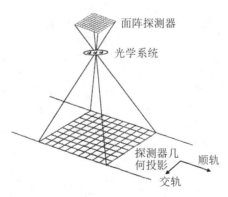

图 3.19　框幅成像示意图[17]61

对于地球静止轨道光学遥感卫星，框幅成像是一种很有效的成像方式，且其时间分辨率高。而当框幅成像仪装在相对于目标快速运动的卫星平台上时，对目标进行高分辨率框幅成像需要采取像移补偿措施。此外，也可以利用框幅成像仪进行立体成像获取三维空间信息。

美国加利福尼亚州山景城 Skybox Imaging 公司的商业对地观测微型卫星星座 SkySat 是典型的框幅成像载荷卫星，用于收集地表高分辨率全色和多光谱图像[21]。分别于 2013 年和 2014 年发射的 SkySat-1 和 SkySat-2 重量仅为 83kg，搭载 0.9m 空间分辨率的全色相机和 2m 空间分辨率的多光谱光学相机，采用两维框幅成像方式，探测器尺寸为 2560 像素×2160 像素，像元大小为 6.5μm。卫星在全色波段还可以进行长达 90s 的视频成像，视频尺寸为 1920 像素×1080 像素，帧率达到 30 帧/秒，图 3.20 为 SkySat-1 和 SkySat-2 的外观及框幅相机拍摄得到的影像。Skybox 图像和视频产品在商业上销售，可用于各种监测操作，如土地利用规划、环境评估、资源管理、旅游、绘图和科学用途。

（a）SkySat-1 和 SkySat-2 的外观图

（b）2014 年 11 月 10 日 SkySat-1 拍摄的伦敦塔（底部中间）（图片被缩放用于显示）

图 3.20　SkySat-1 和 SkySat-2 的外观及框幅相机获取的影像[21]

参考文献

[1]徐福祥.卫星工程概论[M].北京：中国宇航出版社，2004.

[2]褚桂柏.空间飞行器设计[M].北京：航空工业出版社，1996.

[3]WIKIPEDIA. List of orbits[EB/OL].[2020-09-01]. https：//en. wikipedia. org/wiki/List _of_orbits#Altitude_classifications_for_geocentric_orbits.

[4]PELTON J N，MADRY S，CAMACHO-LARA S. Handbook of satellite applications[M]. New York Dordrecht Heidelberg London：Springer，2017.

[5]EOPORTAL. Rosetta rendezvous mission with comet 67p/churyumov-gerasimenko[EB/OL]. [2020-4-20]. https：//directory. eoportal. org/web/eoportal/satellite-missions/r/rosetta.

[6]GARCIA M. About the space station solar arrays[EB/OL].（2017-08-04）[2021-03-23]. https：//www. nasa. gov/mission_pages/station/structure/elements/solar_arrays-about. html.

[7]日本遥感研究会.遥感精解(修订版)[M].刘勇卫，译.北京：测绘出版社，2011.

[8]U. S. CENTENNICAL OF FLIGHT COMMISSION. Spin and three-axis stabilization[EB/ OL].[2020-4-23]. https：//www. centennialofflight. net/essay/Dictionary/STABILIZATI ON/DI172. htm.

[9]LARSON W J，WERTZ J R. Space mission analysis and design[M]. 3rd ed. Torrance，CA （United States）：Microcosm，Inc.，1999：373.

[10]夏南银，等.航天测控系统[M].北京：国防工业出版社，2002.

[11]刘垒，张路，郑辛，等.星敏感器技术研究现状及发展趋势[C]. 2007年光电探测 与制导技术的发展与应用研讨会论文集.长沙：中国宇航学会，2007：529-533.

[12]BARF J. Development and implementation of an image-processing-based horizon sensor for sounding rockets[D]. Sweden：Luleå University of Technology，2017.

[13]WU J，SHAN S. Dot-product equality constrained attitude determination from two vector observations：Theory and astronautical applications[J]. Aerospace International，2019，6 （9）：1-21.

[14]KEESEE J E. Spacecraft thermal control systems[EB/OL].[2020-4-28]. https：// ocw. mit. edu/courses/aeronautics-and-astronautics/16-851-satellite-engineering-fall-2003/ lecture-notes/l23thermalcontro. pdf.

[15]A. N. G. Telemetry，tracking，and command（tt&c）[M]//PELTON J. N. M S，CAM ACHO-LARA S.，et al. Handbook of satellite applications. New York：Springer. 2013.

[16]QIAN S-E. Review of spaceborne optical payloads[M]//QIAN S-E. Optical payloads for space missions. United Kingdom：John Wiley & Sons. 2016：1-25.

[17]马文坡.航天光学遥感技术[M].北京：中国科学技术出版社，2011.

[18]EOPORTAL. Meteosat second generation（msg）spacecraft series[EB/OL].[2020-5-2]. https：//directory. eoportal. org/web/eoportal/satellite-missions/m/meteosat-second-generation.

[19]EOPORTAL. ERS-1（European remote-sensing satellite-1）[EB/OL].[2020-5-6].

https：//directory. eoportal. org/web/eoportal/satellite-missions/e/ers-1.

[20] LEE MATHESON C T, JOHANNES MÜLLER, et al. The in-orbit performance of the meteosat second generation SEVIRI instruments：the EUMETSAT 2016 Meteorological Satellite Conference, Sept. 26-30, 2016[C]. Darmstadt, Germany：EUMETSAT, 2016.

[21] EOPORTAL. Skysat constellation of terra bella-formerly skysat imaging program of skybox imaging [EB/OL]. [2020-5-8]. https：//directory. eoportal. org/web/eoportal/satellite-missions/s/skysat #foot59%29.

第4章 光学系统

对于光学遥感器，光学系统的作用是收集来自目标的辐射能量，并将其聚焦在探测器上，光学系统通常由若干透镜或反射镜组成，其工作原理建立在几何光学和物理光学的基础上，本节首先介绍几何光学和物理光学基础，然后介绍光学传递函数和光学分辨率，最后分析光学成像对所获取影像的影响，并介绍几种典型的航天遥感光学系统。

4.1 几何光学与物理光学

望远镜镜头使用弯曲反射面上的反射定律来重定向光线以形成图像[1]50。带有玻璃镜头的相机使用斯涅尔定律通过折射来重定向光线以形成图像。图4.1展示了来自物体的光线通过焦距为 f 的薄凸透镜形成图像的传输几何模型。

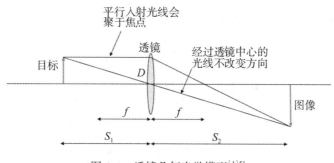

图 4.1　透镜几何光学模型[1]51

对于孔径为 D 的光学镜头，如忽略其厚度，则物距 S_1、像距 S_2 和焦距 f 满足方程：

$$\frac{1}{f} = \frac{1}{S_1} + \frac{1}{S_2} \tag{4.1}$$

光学成像模型中的一个重要光学参数 F 数($F/\#$)，定义为焦距与镜头光学孔径 D 之比：

$$F/\# = \frac{f}{D} \tag{4.2}$$

$F/\#$ 描述了相对于孔径的焦距大小，因此 $f/2$ 即焦距为孔径两倍的系统。

物理光学是比几何光学更复杂的模型，描述几何光学无法描述的波的光特性，包括干涉、衍射和极化。波在介质中传播时，具有相同相位的点组成的表面称为波前，物理光学

91

描述了电磁波波前的传播，如图 4.2 所示，可以使用透镜或反射镜来修改波前以形成图像。

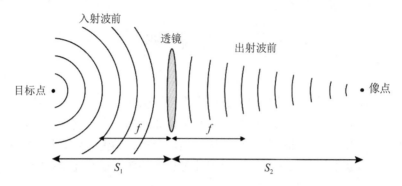

图 4.2　物理光学模型通过透镜改变光的波前[1]51

4.2　光学孔径的衍射

光电磁波在传播过程中遇到小孔时，会偏离原来的传播方向弯入小孔的几何阴影区内，并形成光强的不均匀分布，这种现象称为光的衍射。单色平面光电磁波垂直照射不透明屏 K 上的圆孔发生的衍射现象，如图 4.3 所示。

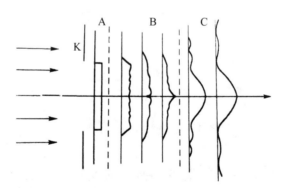

图 4.3　菲涅尔衍射和夫琅禾费衍射的观察[2]171

实验表明，在圆孔后不同距离的三个区域内(A、B、C)，在观察屏上看到的衍射图样差异很大。在靠近圆孔的 A 区内看到的是边缘清晰、形状和大小与圆孔基本相同的圆形光斑，衍射现象不明显。当观察屏向后移动进入 B 区时，看到光斑变大，边缘逐渐模糊，并且光斑内出现亮暗相间的圆形条纹，衍射现象变得明显。若观察屏继续后移，光斑将不断扩大，光斑内圆形条纹数减少。根据物理光学理论，在近场区 B 区内发生的衍射为菲涅尔衍射，而在远场区 C 区内发生的衍射为夫琅禾费衍射。近场区和远场区的距离范围取决于圆孔的大小和入射光的波长。对一定波长的光来说，圆孔越大，相应的距离也越远。例如，对于光波波长为 600nm 和圆孔直径为 2cm 的情形，近场的起点距离要大于 25cm，而远场的距离要大于 160m。

对于光电磁波波长为 600nm 和圆孔直径为 2cm 的情形，远场的距离要大于 160m，这一条件在实验室中很难实现，所以一般使用透镜来缩短距离，透镜的作用可用图 4.4 来说明。

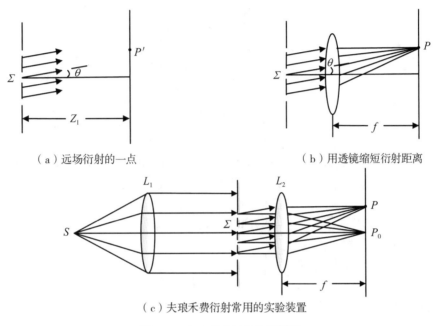

（a）远场衍射的一点　　　　　　　　（b）用透镜缩短衍射距离

（c）夫琅禾费衍射常用的实验装置

图 4.4　夫琅禾费衍射装置[2]175

在图 4.4(a) 中，Σ 为镜头孔径，P' 点是距离孔径为 Z_1 的远场观察屏上的任一点，由于 P' 点距离 Σ 很远，所以在 P' 点的光振动可认为是 Σ 面上各点向同一方向(θ 方向) 发出的光振动。如果在孔径后紧靠孔径处放置一个焦距为 f 的透镜(图 4.4(b))，则对应于 θ 方向的光波将通过透镜会聚于焦平面上的一点 P，所以 P 点与 P' 点对应，在焦平面上观察到的衍射图样与没有透镜时在远场观察到的图样相似，只是大小比例缩小为 f/Z_1，这对于只关心衍射图样的相对强弱分布来说并无任何影响。大部分遥感光学相机成像系统都为夫琅禾费衍射装置(图 4.4(c))，单色点光源 S 发出的电磁波经透镜 L_1 准直后垂直地投射到孔径 Σ 上，孔径的夫琅禾费衍射在透镜 L_2 的后焦平面上观察，可用夫琅禾费衍射来近似计算焦平面上任一点处的光强。

考察位于 $x_0 y_0 (z=0)$ 平面的任意形状孔径 $a(x_0，y_0)$ 对垂直入射单色平面波的衍射 (如图 4.5 所示)，xy 为观察平面($z=z_0$)，其中心距离孔径中心为 R，孔径上任一点 Q 成像于 P，QP 的距离为 r，设观察平面位于远场区域，则 $r \approx R \approx z_0$。根据物理光学远场夫琅禾费近似假设，远场区域观察平面上任一点处的电场强度矢量的复振幅为[2]175, 157

$$E(x,\ y) \approx \frac{\mathrm{e}^{\mathrm{i}kz}\mathrm{e}^{\mathrm{i}k\left[\frac{x^2+y^2}{2z}\right]}}{\mathrm{i}\lambda z} \int_{-\infty}^{\infty}\int_{-\infty}^{\infty} E_0(x_0,\ y_0)\,a(x_0,\ y_0)\,\mathrm{e}^{-\mathrm{i}k\left[\frac{xx_0+yy_0}{z}\right]}\,\mathrm{d}x_0 y_0 \tag{4.3}$$

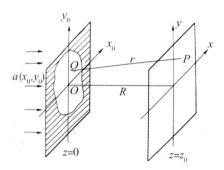

图 4.5　孔径的衍射

式中，$k = 2\pi/\lambda$ 为波数，λ 为波长，$E_0(x_0,\ y_0)$ 为单色入射平面波的电场强度振幅。设 $E_0(x_0,\ y_0) = E_0$ 为常量，则式（4.3）可看作孔径函数 $a(x_0,\ y_0)$ 的傅里叶变换：

$$E(x,\ y) \approx \frac{E_0\mathrm{e}^{\mathrm{i}kz}\mathrm{e}^{\mathrm{i}k\left[\frac{x^2+y^2}{2z}\right]}}{\mathrm{i}\lambda z}\mathrm{FT}\{a(x_0,\ y_0)\}\ \big|_{x_0 = \frac{x}{\lambda z},\ y_0 = \frac{y}{\lambda z}}$$

$$= \frac{E_0\mathrm{e}^{\mathrm{i}kz}\mathrm{e}^{\mathrm{i}k\left[\frac{x^2+y^2}{2z}\right]}}{\mathrm{i}\lambda z}A\left(\frac{x}{\lambda z},\ \frac{y}{\lambda z}\right) \tag{4.4}$$

探测器焦平面接收到的光强为电场强度矢量振幅模的平方：

$$I(x,\ y) = |\,E(x,\ y)\,|^2 = \frac{E_0^2}{(\lambda z)^2}\left|A\left(\frac{x}{\lambda z},\ \frac{y}{\lambda z}\right)\right|^2 \tag{4.5}$$

该式表明夫琅禾费衍射的光强分布可由傅里叶变换式直接求出，该式还表明光学孔径的形状和分布影响光强在焦平面上的分布。

当把垂直入射单色平面波看作来自无穷远点的一个点源，则该点源在焦平面（$z = f$）衍射的响应函数，称为衍射点扩散函数（PSF，Point Spread Function）：

$$h_{\mathrm{diff}}(x,\ y) \propto \left|A\left(\frac{x}{\lambda f},\ \frac{y}{\lambda f}\right)\right|^2 \tag{4.6}$$

该式表明，光学衍射引起的点扩散函数与孔径函数的傅里叶变换具有相同的形式。

自然场景中的任一点都可通过孔径夫琅禾费衍射系统被成像，最终所成影像是自然场景辐射强度 $f(x,\ y)$ 与点扩散函数 $h_{\mathrm{diff}}(x,\ y)$ 的卷积：

$$g_{\mathrm{diff}}(x,\ y) = h_{\mathrm{diff}}(x,\ y) * f(x,\ y) \tag{4.7}$$

需注意的是，孔径函数 $a(x,\ y)$ 是空间域函数，其傅里叶变换 A 经过变量代换 $(x/\lambda z,\ y/\lambda z)$ 仍是空间域函数，因此点扩散函数是有着频谱特性的空间函数。

大部分光学镜头具有圆形孔径，设圆形孔径的直径为 D，则孔径函数为[1]58

$$a_{\text{cir}}(r) = \text{circ}(r/D) = \begin{cases} 1, & r < D/2 \\ 1/2, & r = D/2 \\ 0, & r > D/2 \end{cases} \tag{4.8}$$

其点扩散函数为圆形孔径函数的傅里叶变换，为阔边帽函数。设光学镜头焦距为 f，圆形孔径的点扩散函数为[1]58

$$h_{\text{diff-circ}}(r) = \left(\frac{E_0 \pi D^2}{\lambda f}\right)^2 \left| \frac{2J_1\left(\dfrac{\pi D r}{\lambda f}\right)}{\dfrac{\pi D r}{\lambda f}} \right|^2 \tag{4.9}$$

式中，J_1 为第一类贝塞尔函数，图 4.6 显示了圆形孔径函数以及其对应的点扩散函数（PSF）。

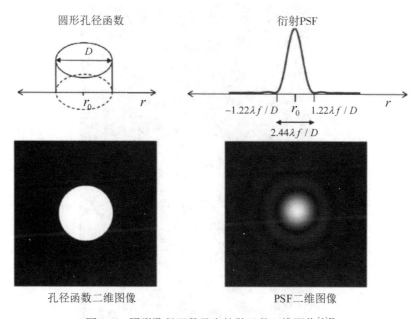

图 4.6   圆形孔径函数及点扩散函数二维图像[1]59

圆形函数的点扩散函数称为艾里斑，艾里斑第一个零点的直径长度为 $2.44\lambda(f/D)$。艾里斑的大小与波长、焦距和孔径直径有关，当波长增加、焦距增加、孔径变小时，艾里斑直径变大，像点因光学衍射模糊效果变强。

图 4.7 显示了不同遮挡条件下的圆形孔径函数及点扩散函数图（对图像进行了对比度增强以增加显示效果）。其中，图（a）为无遮挡的圆形孔径及点扩散函数，图（b）为包含一个圆形中心遮挡的圆形孔径及衍射图斑，该孔径常出现在卡塞格伦望远镜（Cassegrain telescope）结构中。如图 4.8 所示为卡塞格伦镜示意图，卡塞格伦镜使用主镜和次镜的反射使光成像于焦平面，次镜通过折叠光路大大减小镜头的长度，却在中心遮挡了部分光线。有时次镜需要支架，如图 4.7（c）所示使用了三个短支架用于支撑次镜，图（d）则使用了四个支撑架，它们的点扩散函数也产生了相应的变化。

　　一般而言，光学系统的点扩散函数不仅与孔径衍射有关还受其他因素影响，衍射受限光学系统是指衍射效应占点扩散函数主导因素的光学系统，在该系统中可认为衍射是造成镜头模糊的唯一因素。另外，图4.7中示例来自单一波长电磁波，而实际相机成像于一个波段范围，多色衍射成像的点扩散函数由不同波段衍射 PSF 的积分得到，同时需考虑相机对不同波长的光谱响应能力。

　　图4.9为哈勃太空望远镜拍摄到的太空恒星的图像，成像波段为 $0.4 \sim 0.8 \mu m$，每一颗恒星可看作一个点源，哈勃望远镜镜头采用图4.7(d)的十字支架结构，其影像(图4.9(a))反映了哈勃望远镜的点扩散函数，图4.9(b)为使用傅里叶变换模拟的点扩散函数，尽管衍射引起的点扩散占主导，但其他因素引起的点扩散函数使得模拟图像和拍摄图像并不完全相同。

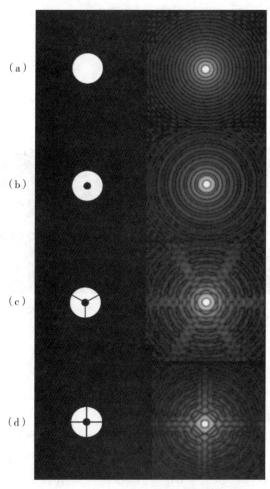

图 4.7　不同遮挡下圆形孔径函数(左列)及点扩散函数图(右列)[1]60

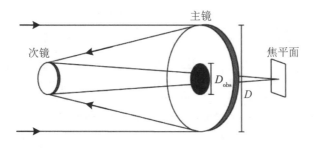

图 4.8 具有图 4.7(b)孔径函数的卡塞格伦镜[1]61

（a）观测到的PSF图像 （b）傅里叶变换模拟的PSF图像

图 4.9 哈勃望远镜拍摄到的太空恒星图像[1]62

4.3 光学传递函数

理想光学系统在传感器上形成的图像，应是场景辐射和几何信息的真实映射，然而由于光线的物理属性、光学系统的限制和其他因素，场景中的一个点在传感器中成像为一个弥散斑，假设真实地物由不同辐射的点源构成，用 $f(x, y)$ 表示，则所成图像 $g(x, y)$ 可看作辐射源函数和光学系统点扩散函数(PSF)的卷积：

$$g(x, y) = h_{\text{optics}}(x, y) * f(x, y) \tag{4.10}$$

其中 $h_{\text{optics}}(x, y)$ 代表光学点扩散函数。由于空间域的卷积可看作傅里叶变换域的乘积，因此可在傅里叶域中求取点扩散函数和辐射源函数的乘积，再进行傅里叶反变换，就可得到结果图像，如图 4.10 所示，其中光学点扩散函数的傅里叶变换称为光学传递函数（OTF，Optical Transfer Function）。

结果图像的傅里叶变换满足下式：

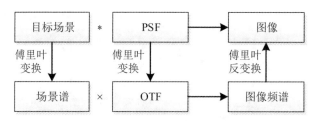

图 4.10　在傅里叶变换域中进行建模的光学衍射[1]63

$$G(\xi, \eta) = \mathrm{FT}(h_{\mathrm{optics}}(x, y) * f(x, y)) = H_{\mathrm{optics}}(\xi, \eta) \cdot F(\xi, \eta) \qquad (4.11)$$

(ξ, η) 为频率域的空间坐标。光学传递函数为点扩散函数的傅里叶变换:

$$\mathrm{OTF} = H_{\mathrm{optics}}(\xi, \eta) = \mathrm{FT}(h_{\mathrm{optics}}(x, y)) \qquad (4.12)$$

由于傅里叶变换结果往往为复数,因此 OTF 可表示为幅值和相角的形式:

$$H(\xi, \eta) = \mid H(\xi, \eta) \mid e^{j\phi(\xi, \eta)} \qquad (4.13)$$

其中幅值部分称为调制传递函数(MTF, Modulation Transfer Function),相位部分称为相位传递函数(PTF, Phase Transfer Function):

$$H(\xi, \eta) = \mathrm{MTF}(\xi, \eta) e^{j\mathrm{PTF}(\xi, \eta)} \qquad (4.14)$$

假设光学传递函数仅由衍射引起,则由式(4.6)有[1]65

$$\begin{aligned}
\mathrm{OTF} &= H_{\mathrm{optics}}(\xi, \eta) = H_{\mathrm{diff}}(\xi, \eta) \\
&= \mathrm{FT}(h_{\mathrm{diff}}(x, y)) \\
&\propto \mathrm{FT}\left(\left| A\left(\frac{x}{\lambda f}, \frac{y}{\lambda f}\right) \right|^2\right) = \mathrm{FT}\left(A\left(\frac{x}{\lambda f}, \frac{y}{\lambda f}\right) A^*\left(\frac{x}{\lambda f}, \frac{y}{\lambda f}\right)\right) \\
&\propto a(\lambda f\xi, \lambda f\eta) \otimes a^*(\lambda f\xi, \lambda f\eta) \qquad (4.15)
\end{aligned}$$

式中 $\otimes$ 代表相关运算,根据傅里叶变换的自反性质,孔径函数 $a(x, y)$ 的傅里叶变换的模平方的傅里叶变换等于孔径函数的复共轭自相关函数。对于圆形孔径,计算其一维 OTF 并归一化为在 $(0, 0)$ 点处的值为 1.0,得到

$$\begin{aligned}
\mathrm{OTF} &= H_{\mathrm{diff\text{-}circ}}(\rho) = \mathrm{circ}(\rho) \otimes \mathrm{circ}(\rho) \\
&= \begin{cases} \dfrac{2}{\pi}\left[\arccos\left(\dfrac{\rho}{\rho_c}\right) - \dfrac{\rho}{\rho_c}\sqrt{1 - \left(\dfrac{\rho}{\rho_c}\right)^2}\right], & \rho \leqslant \rho_c \\ 0, & \rho > \rho_c \end{cases}
\end{aligned} \qquad (4.16)$$

其中 ρ 代表空间频率,单位为周期/mm,$\rho_c = D/\lambda f$,为光学截止频率,其值与光学孔径、波长和焦距有关。

图 4.11 显示了三种波长下,$F/\# = f/10$ 的圆形孔径光学系统的一维光学传递函数图,从图中可看出,长波具有较小的 OTF,对不同空间频率信号的衰减更大,因此使用圆形孔径光学相机所成图像中红色物体比蓝色物体具有更强的衍射模糊。

事实上,OTF 的振幅部分,即调制传递函数 MTF 描述了在某一空间频率 (ξ, η) 下图像对比度的衰减,图像对比度定义为

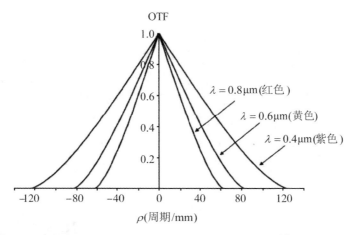

图 4.11　随波长变化的衍射光学传递函数[1]66

$$M = \frac{I_{max} - I_{min}}{I_{max} + I_{min}} \qquad (4.17)$$

其中，I_{max}，I_{min} 分别为图像信号的最大和最小值，当 MTF 值在某一频率处减小时，该频率处图像的对比度也急剧下降，如图 4.12 所示。输入图像灰度在水平方向上呈正弦周期变化，垂直方向上空间频率为 0，原始图像对比度为 1，当经过三种不同 MTF 曲线的光学镜头成像后，图像对比度分别下降为 0.9、0.5 和 0.1，在给定空间频率下，越小的 MTF 值意味着越差的对比度保持能力。

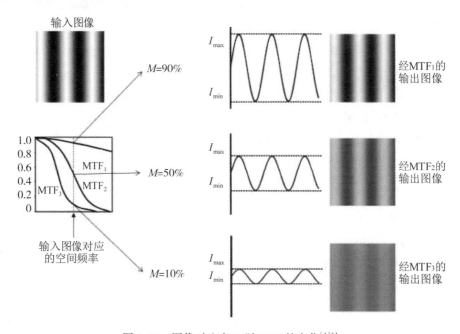

图 4.12　图像对比度 M 随 MTF 的变化[1]64

MTF 曲线表达了图像对比度的下降，图 4.13 显示了两张图像在两种 MTF 曲线作用下生成的结果图像。输入图像中的左图为啁啾图像，其空间频率随 x 轴方向(水平方向)逐渐增加，在 y 轴方向(垂直方向)保持不变。中间列图为 x 轴方向随空间频率衰减的两条 MTF 曲线，虚线处为啁啾图像的空间频率范围，右上图像相对原始图像对比度有衰减，因此输出图像对比度下降变得模糊，但图像细节仍可分辨。而对于右下图像，由于 MTF 曲线在图像空间频率范围内衰减至零，使得较高频率的图像细节衰减至零，因此输出图像较模糊，细节丢失严重。MTF 下降至零时对应的空间频率称为光学系统的截止频率，一般用 ρ_c 来表示，场景中空间频率高于 ρ_c 的景物细节，由于光学衍射作用其图像对比度降为 0，细节将完全丢失。对于圆形孔径，截止频率为 $\rho_c = D/\lambda f$。

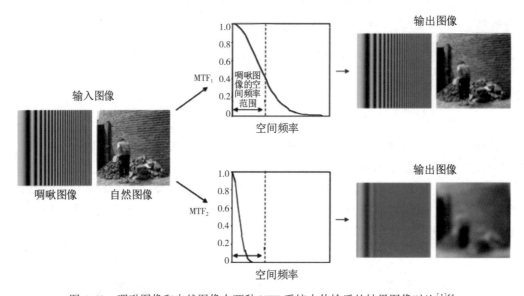

图 4.13　啁啾图像和自然图像在两种 MTF 系统中传输后的结果图像对比[1]64

相位传递函数 PTF 反映了图像信号在某一频率时的相位变化，一个理想的成像系统满足在任意空间频率下 $\text{MTF}(\xi, \eta) = 1$ 和 $\text{PTF}(\xi, \eta) = 0$。非理想情况下，相位调制函数 PTF 的值在 $-\pi$ 和 $+\pi$ 之间，其对图像的影响效果要比 MTF 复杂。如线性的 PTF 曲线将使图像产生平移，负值的 PTF 将使图像对比度反转。如果光学系统点扩散函数为实数且偶对称，即 $\text{PSF}(x, y) = \text{PSF}(-x, -y)$，则相位传递函数 $\text{PTF}(\xi, \eta) = 0$，此时光学传递函数就等于调制传递函数：$\text{OTF}(\xi, \eta) = \text{MTF}(\xi, \eta)$。

光学传递函数 OTF 反映了光学系统对不同空间频率成分的传递能力。一般来说，空间频谱的高频部分反映物体的细节，中频部分反映物体的层次，低频部分则与物体的轮廓相对应，因此，描述对图像不同空间频率衰减程度的光学传递函数可用于图像质量评价。

还应注意到，光学传递函数 OTF 与波长有关，由光学传递函数引起的图像模糊程度随波长的不同而不同，长波入射波会有较低的 OTF 值，因此有较大的模糊，如场景中红色物体成像的光学衍射模糊程度高于蓝色物体图像。

4.4　光学分辨率与探测器采样分辨率

4.4.1　分辨率定义

空间分辨率被定义为图像中可被分辨的两个对象在场景中的间隔(图 4.14)。用于空间分辨率的最常见度量是 Rayleigh 在 1879 年提出的 Rayleigh 判据,该标准基于圆形孔径的光学衍射 PSF。瑞利标准说明,当一个点位于第二个点的艾里衍射图样第一个零点的位置时,这两个点是可以分辨的(图 4.15)。此时,空间分辨率为艾里斑的半径[1]109:

$$d_{\text{Rayleigh}} = 1.22\frac{\lambda f}{D} = 1.22\lambda\,(F/\#) \tag{4.18}$$

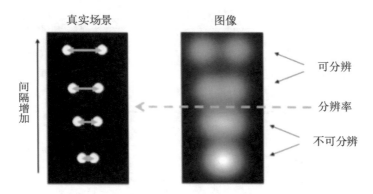

图 4.14　空间分辨率被定义为场景中可被分辨的两点之间的最小间隔[1]110

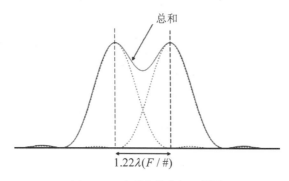

图 4.15　瑞利分辨率标准[1]110

空间分辨率的另一个度量标准是 Sparrow 判据,由 C. M. Sparrow 在 1916 年提出。Sparrow 标准指出,当两点源的艾里斑图样刚出现下沉时对应的像点是可分辨的。图 4.16 说明了两个艾里斑之间各种分隔距离的对比度,并显示当两点间隔 $d > 0.947\lambda\,(F/\#)$ 时,对比度大于零。这个值非常接近 $1.0\lambda\,(F/\#)$,所以 Sparrow 判据的空间分辨率定义为

$$d_{\text{Sparrow}} = \frac{\lambda f}{D} = \lambda(F/\#) \tag{4.19}$$

Sparrow 判据比瑞利判据更直观，因为它是光学器件截止频率 ρ_c 的倒数。

上面给出的分辨率定义假定衍射图是在焦平面上充分采样的，在现代遥感系统，传感器的焦平面通常由电子探测单元构成，由于这些探测单元大小有限，来自单个探测像元瞬时视场角(IFOV)的能量会以单一值被记录下来。因此，如果探测器的瞬时视场角比艾里斑大，尽管光学望远镜可以把它们分开，但是相邻两个点源的光能量还是被单一探测像元接收，所以它们还是不能被区分开来，在这种情况下，传感器的分辨率是由探测器像元的大小决定的，而不是光学系统的分辨率能力。在任何情况下，探测器的瞬时视场角给出了探测器成像的地表元素大小，这个区域被称为地面像素，这块区域在最终的图像上会被记录为一个图像像素。

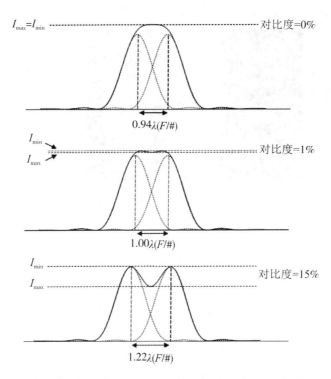

图 4.16　两个艾里斑之间的对比度是其间隔的函数[1]111

4.4.2　定义 Q

设探测器中每个探测单元为紧密排列的正方形，设像元尺寸和像元间隔相等且为 p，则探测器像元空间频率为 $1/p$，对应的奈奎斯特频率为[1]112

$$\xi_N = \frac{1}{2p} \tag{4.20}$$

设探测器航高为 H，相机焦距为 f，则每个探测像元所对应的地面间距被定义为地面采样间距（GSD，Ground Sample Distance），也称为探测器分辨率：

$$\mathrm{GSD}_{\mathrm{detector}} = \frac{pH}{f} \tag{4.21}$$

而光学系统由于衍射所能分辨的最小距离由光学截止频率 ρ_c 决定，而截止频率为 Sparrow 标准间距 d_{Sparrow}（式（4.19））的倒数：

$$\rho_c = \frac{1}{\lambda(f/\#)} = \frac{1}{\lambda\left(\dfrac{f}{D}\right)} = \frac{D}{\lambda f} \tag{4.22}$$

其对应的地面间距定义为地面像点间距（GSS，Ground Spot Size），也称为光学分辨率：

$$\mathrm{GSS}_{\mathrm{optics}} = \frac{1}{\rho_c} = \frac{\lambda H}{D} \tag{4.23}$$

对于不垂直于摄像机视线的视角，由于几何投影分辨率会变差（图4.17），如果场景水平面和观测视线之间的角度是 $\theta_{\mathrm{elevation}}$，则沿 x 轴方向的地面分辨率将是

$$\mathrm{resolution}_x = \frac{\mathrm{resolution}_\perp}{\sin(\theta_{\mathrm{elevation}})} \tag{4.24}$$

其中 $\mathrm{resolution}_\perp$ 是下视分辨率。分辨率不会沿 y 轴方向改变，因此图像分辨率通常以几何平均值计算

$$\mathrm{resolution}_{GM} = \sqrt{(\mathrm{resolution}_x)(\mathrm{resolution}_y)} = \frac{\mathrm{resolution}_\perp}{\sqrt{\sin(\theta_{\mathrm{elevation}})}} \tag{4.25}$$

对于俯瞰地球的高空相机，地球的曲率变化将会改变航高 H 和抬升角 $\theta_{\mathrm{elevation}}$，因此在实际计算中需要修正。注意到光学衍射和探测器采样分辨率之间的唯一共同变量是航高 H，当斜视观测时，H 为相机与物体之间的成像距离 S_1。

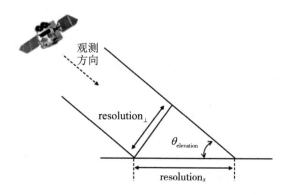

图 4.17　观测方向与目标平面不垂直使得空间分辨率变差

根据式（4.21）和式（4.23），增加光学孔径、减小入射波长，将提高光学分辨率 $\mathrm{GSS}_{\mathrm{optics}}$，增加焦距、减小像元尺寸，将使探测器分辨率 $\mathrm{GSD}_{\mathrm{detector}}$ 提高，如果降低航高，

则两个分辨率都会增加，那么两种分辨率有何关联呢？

定义参数 Q 为光学分辨率(GSS)与探测器分辨率(GSD)的比值[3]，它也等于 2 倍的奈奎斯特频率和光学截止频率的比值，即

$$Q = \frac{\mathrm{GSS_{optics}}}{\mathrm{GSD_{detector}}} = \frac{\lambda f}{Dp} = \frac{1/p}{\rho_c} = \frac{2\xi_N}{\rho_c} \tag{4.26}$$

如果相机在某一波段上成像，则取平均波长用于光学分辨率的计算。图 4.18 给出了三个不同 Q 值采样图像的空间频谱。需指出的是，数字图像中看到的信息空间频率在 $\pm\xi_N$ 之间。当 $Q = 3$ 时，周期频谱不重叠，但是 ρ_c 和 ξ_N 之间空间频率的图像信息为 0，图像会出现模糊。当 $Q = 2$ 时，探测器采样频率$(1/p)$恰好是截止频率的两倍，奈奎斯特频率等于截止频率$(\xi_N = \rho_c)$，周期频谱之间不存在重叠，并且在 ρ_c 和 ξ_N 之间空间频率没有间隙。当 $Q = 1$ 时，频谱之间存在重叠导致出现混叠。这些图示表明，当设计使 $Q = 2$ 时，光学和探测器之间提供了最佳的空间频率覆盖而不会引入混叠。

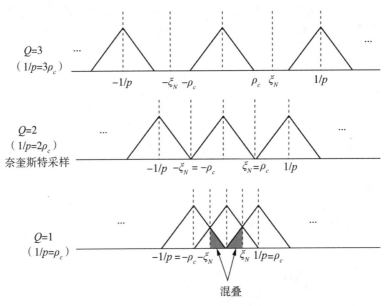

图 4.18　三个不同 Q 值的图像频谱[1]116

观察不同 Q 值时的光学 MTF，如图 4.19 所示。当使用像素作为单位时，探测器像元采样频率永远是 1 周期/像素，因此奈奎斯特频率 ξ_N 总是 0.5 周期/像素。当 $Q < 2$ 时相机具有较高的 MTF，但会引入混叠，而当 $Q > 2$ 时相机频谱不会混叠，但具有较低的 MTF，会产生因某些频率信息丢失而模糊的图像。

图 4.20 给出了三种不同设计的数字相机图像，当相机为光学衍射受限，光学衍射成为限制分辨率的主要因素时$(Q>2)$，一些频率信号被丢失，图像出现明显的模糊。当相机为探测器受限，像元尺寸和焦距成为限制分辨率的主要因素时$(Q<2)$，一些频率信号被混叠，图像中将出现周期性锯齿化像素的频谱混叠现象。

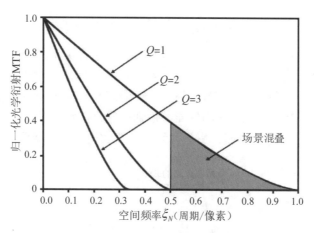

图 4.19 三种不同 Q 值的光学 MTF[1]117

图 4.20 数字相机的设计应该适当地平衡光学分辨率和探测器采样分辨率[1]112

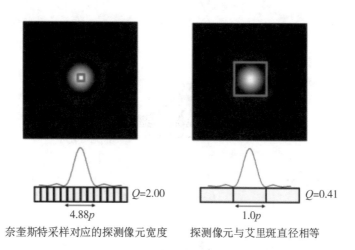

图 4.21 探测器像元尺寸与艾里斑直径相匹配的相机将具有 $Q < 2$[1]118

Q 值的另一个作用可表示探测器像元个数与光学 PSF 的关系。艾里斑第一个零点直径可以写成

$$d_{\text{Airy}} = 2.44 \frac{\lambda f}{D} = 2.44 \left(\frac{\lambda f}{Dp} \right) p = 2.44 Qp \qquad (4.27)$$

在奈奎斯特采样率 $Q = 2$ 时，艾里斑的零点直径内包含 4.88 个像元(如图 4.21 所示)。当艾里斑直径等于单个像元尺寸时，$Q = 1/2.44 = 0.41$。因此，对于圆形镜头，艾里斑零点直径内用约 5 个像元探测器来探测能够达到探测器分辨率(主要由 p 决定)和光学分辨率(主要由 D 决定)的平衡，像元采样刚好能够达到衍射分辨率极限。

图 4.22(a) 显示了当 $Q < 2$ 时，由于像元尺寸较大使得探测器分辨率不足而无法分辨

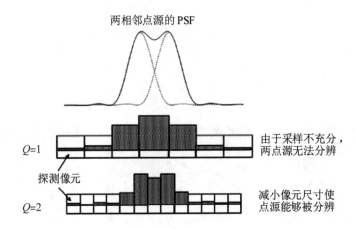

(a)通过改进探测器像元尺寸可以提高系统在 $Q < 2$ 时的空间分辨率

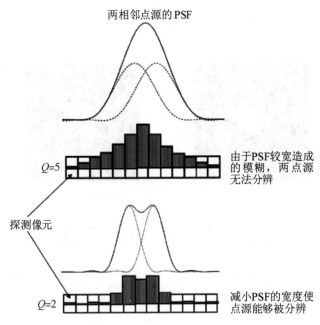

(b)通过降低 PSF 宽度可以提高 $Q > 2$ 系统的空间分辨率

图 4.22　提高系统的空间分辨率[1]119

的两个点,可以通过减小像元尺寸达到 $Q = 2$ 的设计来解决。图 4.22(b) 显示了 $Q > 2$ 时,由于光学衍射限制而不能分辨的两个点,此时探测器分辨率能力强于光学分辨率能力,也就是说,减小像元尺寸提高探测器分辨率的方式无法提高实际分辨率,只有通过调整孔径大小 D 将 PSF 艾里斑宽度降低到 $Q = 2$ 的设计来解决。

通过上面的分析,似乎设计 $Q = 2$ 的光学成像系统将提供最佳分辨率,要注意 Q 仅度量了光学器件衍射分辨率极限与探测器采样之间的比例,但还有许多其他因素决定了整体图像质量,现实中光学卫星成像系统通常设计为小 Q 系统(相对 $Q = 2$ 来说),Q 值通常在 $0.5 \sim 1.5$ 之间,小 Q 值系统通常在对较大场景成像时,能够产生更清晰更亮的图像。

首先,观察具有图 4.23 所示 MTF 曲线的成像系统,其系统 MTF(对比度的衰减)不但来自前面讨论的光学衍射,还来自传感器响应衰减和运动模糊等其他因素。从图中看出,当 $Q = 3$ 时,ξ_N 处信号对比度被衰减为 0,部分空间频率信息丢失,当 Q 减小时,越来越多 ξ_N 附近频率的信号显现出来,当 $0.5 < Q < 2$ 时,尽管有少量频谱混叠,但信号可以以更大对比度显现,这对于提升影像质量尤其重要。

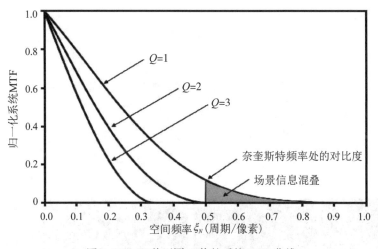

图 4.23　三种不同 Q 值的系统 MTF 曲线

此外,高 Q 值系统往往对运动模糊更加敏感,因为高 Q 值意味着更长的焦距、更多像元的采样或者更模糊的光学衍射(参考图 4.21 和图 4.22),当镜头发生微小抖动时,高 Q 值系统将会产生涉及更多像元的运动模糊,这种敏感性将会要求系统具有更大的稳定性或较小的曝光时间,而较小的曝光时间意味着更少能量进入探测单元使得图像信噪比下降。

最后一个考虑是,当通过减小像元尺寸来改变 Q 时,大 Q 系统需要更多的像元来覆盖相同的场景区域,这样会增加图像的数据量,从而对数据存储和数据传输带来更大的挑战。

4.5　光学系统对成像的影响

4.5.1　像差

实际光学系统与理想光学系统有很大差异，物空间的一个物点发出的光线经实际光学系统后，不再会聚于像空间的一点，而是形成一个弥散斑，有两个作用会影响到光学系统像点的弥散，其一是由于光的波动本性产生的衍射，详细内容已在4.2节中进行了讨论，另一个是由于光学表面几何形状和光学材料色散产生的像差。除了平面反射镜成像等个别情况，光学系统都存在像差(如图4.24所示)。

玻璃的折射率、透镜的焦距实际上是波长的函数，单独的一个透镜是无法将红光和蓝光聚焦到同一个点上的，这就是色差[4](如图4.24(a)所示)。实际上，不同波长的光在介质中有着不同的速度，因此对同一种介质来说有不同的折射率从而形成色差。为了减小色差，常常用两个或更多不同材料制成的透镜来代替单一材料制成的透镜，使每个透镜的色差部分相互抵消，这样可将一定波长范围内的光聚焦到同一焦点。

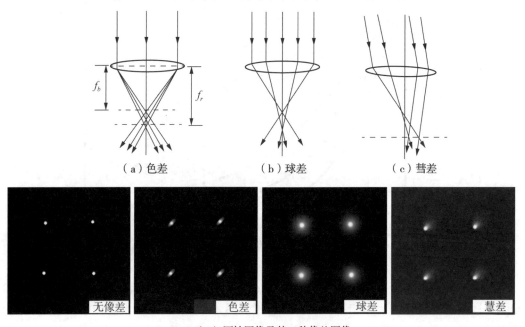

（a）色差　　　　　　　（b）球差　　　　　　　（c）彗差

（d）原始图像及其三种像差图像

图4.24　光学系统像差示意图[4]

当光线平行于透镜或球面镜的光轴入射时，当距离光轴不同位置对平行光线的会聚程度不同时，球差就会产生(如图4.24(b)所示)。球差使得在光轴附近的不同位置产生不同的焦点，导致影像的模糊。球差可因周围光线的方向、球面镜和透镜的几何形状不同而加剧，此外，减小焦距也将加剧球差。

当离轴平行光线的焦点取决于通过透镜或到达透镜的路径时，可以看到彗差（如图4.24(c)所示）。当与光轴成一定角度的平行光线入射，由于主光轴附近光线在焦平面的投影和透镜边缘光线在焦平面上的投影大小不同，彗差就会产生。朝向光轴的彗差称为正彗差，远离光轴的彗差称为负彗差。球面镜不会产生彗差，因为球面总是呈均匀对称的几何形状，然而，不会产生球差的抛物面镜将会产生彗差，因此为避免慧差，抛物面镜仅在光轴附近很窄的范围内进行工作。

理论上，像差被建模为孔径函数中的波前误差，带有像差的孔径函数 $a(x, y)$ 称为瞳孔函数[1]68：

$$p(x, y) = a(x, y) e^{ikW(x, y)} \tag{4.28}$$

其中，$p(x, y)$ 为瞳孔函数，$W(x, y)$ 是波前偏差的函数描述。注意像差仅会导致相位失真而不改变幅值，因此波前偏差函数仅影响瞳孔函数的相位部分。

增加像差将导致 MTF 等于或低于衍射 MTF，即

$$\mathrm{MTF}_{\mathrm{aberrated}}(\xi, \eta) \leqslant \mathrm{MTF}_{\mathrm{diff}}(\xi, \eta) \tag{4.29}$$

像差可能使 OTF 具有负值，导致这些空间频率处的图像对比度发生反转，像差不会改变光学衍射引起的截止频率 ρ_c。

图 4.25 展示了一些在光学系统中最常见的波前像差图像。图像中浅色代表波前相位小于正常相位，深色代表波前相位滞后正常相位。常见的像差图像有失焦像差、球面像差、前后像差、像散、倾斜像差、慧差等。前后像差是加到波前的恒定相位，倾斜像差是波前相位线性穿过孔径，使图像进行了移位。虽然前后像差和倾斜像差并未改变波前的曲率，不被认为是真正的像差，但它们与相机设计中的理想波阵面存在共同偏离，因而在校正中仍需被考虑。

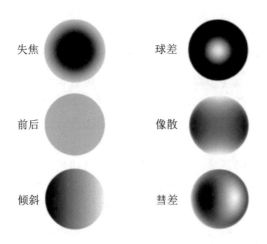

图 4.25　常见像差的波前图像(失焦，球差，前后，像散，倾斜，慧差)[1]71

可根据一些像差模型将光学系统建模为线性系统。一般来说，距离光轴越远的光线，其波前偏差会越严重。像差的存在通常会改变点扩散函数 PSF，使得 PSF 在整个图像上随空间位置而变化。对于高 $F/\#$ 和大图像尺寸的相机，控制像差具有更高的难度，在这种

情况下，需要为不同的场点构建不同的传输模型，以便对图像中的不同位置进行成像质量评估。

4.5.2   渐晕

除了像差，在光学系统中，元件之间的失配导致对像面上的一些点产生部分口径遮拦，即光辐射不能全口径通过，这种现象被称为光学系统的渐晕[5]81。渐晕的示意图如图4.26 所示，来自点源 A_1 的光束完全通过了由两片透镜组成的光学系统并成像到 B_1 点，而来自 A_2 点的光束一部分被光学系统的孔径遮挡，使得到达 B_2 像点的光通量小于 B_1 点。渐晕导致光学系统的孔径光阑随视场变化，从而导致像面的照度不同。

渐晕并不一定是设计缺陷，有时候利用渐晕来减少光学系统边缘光线的通过，用于校正光学系统像差，但这样做的代价是降低了轴外视场的辐射通量。在大视场光学系统中，渐晕现象比较普遍。

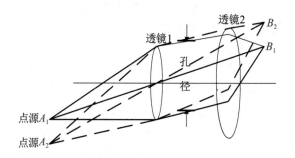

图 4.26   光学系统渐晕示意图[5]81

4.5.3   杂散辐射

在光学系统设计中，一个很重要的问题是抑制杂散光或杂散辐射[5]82。杂散辐射可以定义为光学系统中非成像或不需要的辐射，它包括折射表面、反射表面和结构表面反射和散射的非成像辐射以及光学元件和结构自身的辐射。杂散辐射到达像面会降低图像的对比度，甚至可能淹没有用的辐射信号，从而使观测无法进行。

理想光学系统应仅接收视场内目标发出的辐射，但由于入瞳有一定大小，一部分视场外的杂散辐射也进入了光学系统，这种杂散辐射照射到光学系统的内壁或零件的边框上就会引起闪耀或眩光，或者通过系统内壁和零件的多次反射最终到达探测器，如果不对杂散辐射进行抑制，则有可能严重影响所成图像的对比度，特别是对于那些以太阳等强光源为背景的光学系统而言，杂散辐射对光学系统性能的影响较大。

通常采用以下方法消除杂散辐射干扰。

1. 遮光罩

在光学系统的入口处加遮光罩，可以避免太阳光直接射入光学系统。遮光罩内壁通常做成蜂窝状结构或设有多层挡光板，光线照射在遮光罩内壁后，绝大部分被蜂窝状结构或遮光板挡住。除了抑制杂散辐射，遮光罩还可降低外热流波动对光学遥感器温度的影响。

2. 消杂散光光阑

如图 4.27 所示，在物镜的像面上加消杂散光光阑，可以阻挡从视场外进入物镜并被镜筒内壁所反射的杂散光。如果在像面上放一场镜，场镜的边框也能起消杂散光光阑的作用。

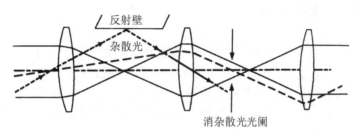

图 4.27 消杂散光光阑[5]83

3. 杂散光挡板

如图 4.28 所示，在内壁加杂散光挡板(图中 1，2，3)可以防止从壳体或非光学元件上多次反射或散射的杂散光入射到探测器上。

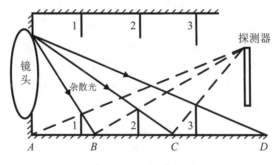

图 4.28 杂散光挡板

4.5.4 辐射衰减

光学系统的吸收和反射会使辐射能量衰减[5]83。当辐射从一种折射介质进入另一种折射介质时，部分辐射能量在两介质交界面处反射，一些辐射被介质吸收，除了反射和吸收外，一些光学系统如卡塞格伦望远镜存在中心遮拦，遮拦也会造成辐射能量衰减，从而降低光学系统的透过能力。

光学系统对辐射能量的衰减通常用光学透过率 $\tau_{optics}(\lambda)$ 来描述，光学系统的透过率影响了通过光学系统到达探测器上的辐射通量。一般来讲，光学系统的透过率是波长 λ

的函数,感兴趣谱段的透过率越高越好。

为了减小反射、降低透镜的透过率损失,通常要给透镜镀上抗反射膜(又称为增透膜)。抗反射膜一般为覆盖在透镜表面上的多层膜,通过改变透镜的折射率,从而减小反射率增加透过率来达到增透的目的。例如,没有镀增透膜的锗镜头(一种常用的红外光材料),其透过率大约为47%,而镀上多层增透膜后,其光学透过率可提高到97%以上。关于增透膜的原理将在第6章6.1节做详细介绍。

4.6 几种航天光学系统

光学系统通常由若干透镜或反射镜组成,每个光学元件具有不同的形状以降低光学系统的像差[5]70。一般而言,光学系统可以分为三大类,即折射式、反射式和折反射式。折射式光学系统采用折射元件,反射式光学系统采用反射元件,而折反射式光学系统既包含折射元件又包含反射元件。在具体应用中,究竟采用哪种类型的光学系统取决于所要求的光谱范围、视场大小及孔径尺寸等因素。

4.6.1 折射式光学系统

折射式光学系统又称为透射式光学系统,主要采用透镜等折射元件。由于存在色差,折射式光学系统工作谱段范围相对较窄,但可实现较大的视场。

目前,一些框幅式成像或推扫式成像的军事侦察卫星都需要更大的视场覆盖、更高的空间分辨率和更快的系统反应时间,因此要求其光学系统具有较高的光学效率,且结构紧凑,满足实战需要,此时折射式光学系统是较为合适的选择。

对于大视场星载光学遥感器,其光学系统也通常采用折射式光学系统。例如,我国2014年12月发射的中巴资源卫星4(CBERS 4,China-Brazil Earth Resources Satellites 4),其多光谱成像仪 MUX(Multispectral Imager)和宽视场成像相机 WFI(Wide Field Imaging Camera)就采用了折射式光学系统。MUX 是 CBERS 1,2 和 2B 卫星的 CCD 相机的升级版载荷,其光学组件由光学镜筒和透镜组成(如图 4.29(a)所示),共包含 12 个透镜,其中一个为聚焦光学调整组件,用于消除前后和倾斜等波前像差(见 4.5.1 节),还有一个薄膜涂层透镜,用于保护光学系统免受空间辐射和温度变化的影响[6]311。

WFI 的光学组件(如图 4.29(b)所示)是由 10 个元件组成的折射式光学系统,光学系统为准远心设计(远心镜头是为纠正传统镜头视差而设计的,它可以在一定的物距范围内,使得到的图像放大倍率不会变化,图像没有近大远小关系),且不包含移动光学元件,其最外层元件为涂层透镜,用作光学通道的辐射保护和屏蔽。WFI 设计用于对宽视场进行成像,成像幅宽达 866km,对地球同一地点的重访时间不超过 5 天,可用于国家级尺度的区域监测和植被产品的生产。

4.6.2 反射式光学系统

反射式光学系统由反射元件组成,由于反射元件没有色差,反射式光学系统的成像光谱可以覆盖从紫外到远红外比较宽的光谱范围,并且反射式光学系统的口径可以做到比较

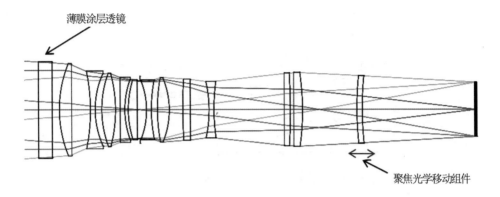

（a）CBERS 4 上载荷 MUX 采用折射式光学系统[6]316

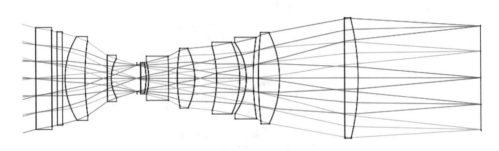

（b）CBERS 4 上载荷 WFI 采用折射式光学系统[6]356

图 4.29　折射式光学系统示例

大。但是，反射式光学系统的视场特别是同轴反射式光学系统的视场一般比较小，一般采用离轴反射式光学系统来实现相对比较大的视场。

反射式光学系统已在星载光学遥感器上得到广泛的应用。典型的反射式光学系统主要包括 R-C 系统（Ritchey-Chretien）和三镜反射系统等。中巴资源卫星上红外多光谱扫描仪和 Landsat 7 卫星上 ETM+上的望远镜都是 R-C 系统。R-C 系统的布局图如图 4.30 所示，该系统继承自卡塞格伦望远镜系统，包含一个主镜和一个次镜，其孔径函数与卡塞格伦镜具有相同的形式，不同的是其主镜和次镜均为双曲面镜，用于消除轴外光学慧差，与传统反射式光学系统相比，R-C 系统具有更宽的视场和较小的像差。以 ETM+上的 R-C 望远镜为例，其主镜有效外径为 40.64cm，主镜有效内径为 16.66cm，望远镜有效通光孔径面积为 1020cm²，有效焦距为 243.8cm，$F/\#$ 为 6.0。

于 2000 年发射，2017 年退休的美国 EO-1 卫星先进陆地成像仪 ALI 的望远镜采用的是离轴三镜反射式光学系统，如图 4.31 所示，主镜为离轴非球面镜，次镜为椭球面镜，三镜为凹球面镜，四镜为用于折叠光路的平面反射镜。该光学系统有效孔径为 12.5cm，$F/\#$ 为 7.5，视场为 15°×1.256°。由于采用了全反射式光学系统，使得系统可以覆盖几乎所有的光谱范围。

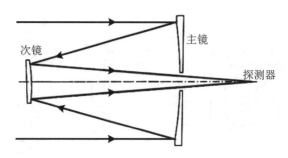

图 4.30　与卡塞格伦系统相似的 R-C 光学系统[5]73

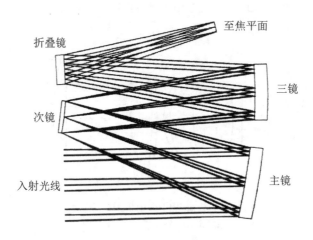

图 4.31　ALI 的望远镜为三镜反射式光学系统[5]74

　　离轴三镜反射式光学系统相对于同轴光学系统可以实现比较大的光学视场，而且没有中心遮拦，因此其光学效率和 MTF 比较高。但是对于大孔径、长焦距光学系统，受其结构形式限制，采用离轴三镜反射式光学系统难以做到比较紧凑，而且离轴三镜反射式光学系统的定位与支撑及装调难度较大。

　　法国 Pleiades-HR 卫星上载荷 HiRI(High-Resolution Imager)的光学系统采用的是反射式光学设计，如图 4.32 所示。该仪器采用 Korsch 全反射四镜望远镜设计，光学组件包括一个轴上部分(M1+M2 收集镜)和一个供给不同焦平面的轴外部分(M3+MR 镜)，附加的平面镜 MR 用于增强仪器的紧凑性。成像的主镜孔径为 650mm，焦距为 13m，能够非常匹配探测器性能和轨道特性。

4.6.3　折反射式光学系统

　　反射式光学系统的物镜虽然没有色差，但球面反射镜存在球面像差，而且焦距越长的球面反射镜对加工精度要求越高。非球面的抛物面反射系统虽然在光轴中心不存在像差，但在光轴以外存在球差和彗差，而且加工难度大，成本也高。

　　折反射式光学系统由反射式物镜与折射式校正透镜组合而成，它集中了反射式系统孔

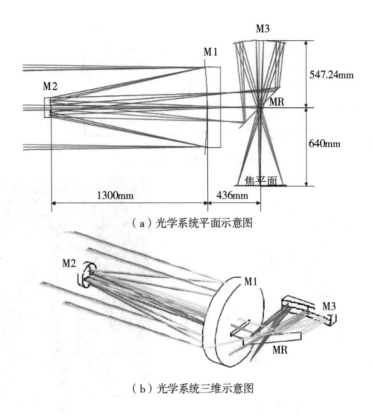

（a）光学系统平面示意图

（b）光学系统三维示意图

图 4.32　Pleiades-HR 卫星载荷 HiRI 采用全反射光学系统[7]

径大和折射式透镜校正轴外像差能力强的优点。与反射式系统相比，折反射系统的市场较大，F 数较小。折反射系统的主光学系统通常是大孔径反射式物镜，校正透镜可以设置在物镜前或物镜后的光路中[8]。

　　施密特-卡塞格伦系统是一种比较典型的折反射式望远镜系统（如图 4.33（a）所示），它是在 1931 年由德国光学家施密特发明，施密特系统由施密特校正镜和球面反射镜组成，校正镜位于球面反射主镜的球心，且它的厚度随高度变化以抵消球面镜的球差，同时它又是光学系统的孔径光阑，所以没有慧差、像散和畸变。它的优点是在很大视场内（20°内）保持优良的像质，而缺点是大口径的校正镜材料较难获得，且光学系统的焦点位于光路中，当放置探测器时会发生遮拦。

　　很多星载光学遥感器采用折反射式光学系统，典型代表是 SPOT-5 HRG 的光学系统，如图 4.33（b）、（c）所示，其中反射式指向镜采集视场，通过调节指向镜指向可以进行倾斜观测，最大倾斜角度为±27°，施密特校正镜用于校正光线弯曲，并且可根据要求使目标光线聚焦在探测器上，带中间孔的折叠镜通过球面反射镜把光线折叠和会聚并送入分光镜和探测焦平面。SPOT-5 HRG 光学系统的焦距为 1082mm，$F/\#$ 为 3.24，光学视场为±2.07°。

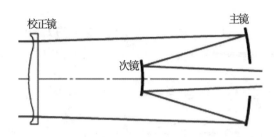

（a）施密特-卡塞格伦望远镜原理图

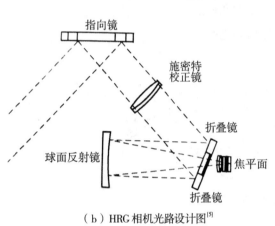

（b）HRG 相机光路设计图[5]　　　　　　　　（c）实际光路图[9]

图 4.33　SPOT-5 HRG 相机的折反式光学系统

参考文献

［1］FIETE R D. Modeling the imaging chain of digital cameras ［M］. Bellingham, Washington：SPIE Press, 2010.

［2］梁铨廷. 物理光学 ［M］. 3 版. 北京：电子工业出版社, 2012.

［3］FIETE R D. Image quality and λfn/p for remote sensing systems ［J］. Optical Engineering, 1999, 38(7)：1229-1240.

［4］阿比德. 航天飞行器传感器 ［M］. 范茂军, 译. 北京：中国计量出版社, 2010：120.

［5］马文坡. 航天光学遥感技术 ［M］. 北京：中国科学技术出版社, 2011：72.

［6］QIAN S. Optical payloads for space missions ［M］. United Kingdom：John Wiley & Sons, 2016.

［7］GAUDIN-DELRIEU C, LAMARD J-L, CHEROUTRE P, et al. The high resolution optical instruments for the PLEIADES HR earth observation satellites：International Conference on Space Optics, Toulouse, France, 2008 ［C］. Bellingham, Washington：SPIE, 2017

（10566）：0C.

［8］周世椿．高级红外光电工程导论［M］．北京：科学出版社，2014：154.

［9］EOPORTAL．SPOT-4 ［EB/OL］．［2020-5-7］．https：//directory.eoportal.org/web/
eoportal/ satellite-missions/s/spot-4.

第5章 扫描系统

用于辐射测量或是用于目标探测定位的遥感系统，均要求系统有较高的空间分辨率和较大的探测视场，一般系统瞬时视场通常要求在 0.1 毫弧度或毫弧度量级，而系统视场往往要求达到几度甚至几十度。反射或折反射式红外系统的光学视场有限，折射式红外系统的光学视场较大但受探测材料的限制较多。此外，由于红外探测器的集成度有限，扩大光学视场，势必降低系统的空间分辨率，因此采用光机扫描方式是增加探测视场、提高空间分辨率的有效方法[1]318。

5.1 光机扫描种类

光机扫描是用机械机构驱动光学部件，实现对物面或像面的逐点扫描并采样，最终获得大视场、高分辨率景物图像的扫描方式。根据扫描部件设置在物镜前的光路中或是设置在物镜后的光路中，光机扫描方式可划分为物面扫描和像面扫描两大类[1]318-320。

所谓物面扫描是在小视场物镜前的光路中加入扫描部件，使系统的物方瞬时视场扫过物面的不同部位，获得较大的空间覆盖。图 5.1 所示为物面扫描示意图，物面扫描使用近轴光学系统直接扫描物场，然后转给光学聚焦部件和探测器。

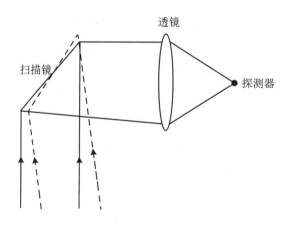

图 5.1　物面扫描示意图[2]

物面扫描的扫描视场尽管很大，物镜的视场却很小。这类系统的光学视场即为瞬时视场，因此，容易获得较高的光学像质。物面扫描的主要缺点是由于物镜口径一般较大，要实现大范围物面扫描，特别是二维扫描，机械装置比较复杂笨重。

所谓像面扫描，是在大视场物镜后的会聚光路中加入扫描部件，探测器在每一瞬间，只能"看到"物镜光学视场的一小部分。或者说，像面扫描是对物镜所成的像进行逐点扫描、采集，才能完整采集一帧图像。由于像面扫描部件只是对经物镜会聚后的光束进行偏折，可以做得十分小巧。像面扫描的中继光学系统视场较小，但是物镜视场很大，要得到高像质，设计、制作都有难度。因此目前航空、航天应用的扫描型光电仪器大多采用物面扫描方式。

5.2 光机扫描部件

光机扫描部件通常是平面镜、棱柱等反射式或折射式光学元件，也可以是整个传感头[1]321。光机扫描是用机械扫描机构驱动光学部件实现的，驱动方式可以是摆动、旋转，或振荡等。常用的光机扫描部件包括摆动的平面反射镜、旋转的45°平面反射镜、旋转的多面体反射棱柱以及旋转的多面体折射棱柱。

5.2.1 摆动的平面反射镜

平面反射镜是最常用的光机扫描部件。用于物面扫描时，入射光线方向是固定的，保持为仪器光轴的方向。当平面反射镜法线的空间指向改变时，反射光线方向也随之改变，反射光线和入射光线的关系可用反射定律来描述。

如入射光线方向固定，当平面反射镜绕垂直于入射面的轴转动时，反射光线的转角与平面镜转角之间存在二倍角关系。

1. 二倍角关系

如图5.2所示，假定平面镜在初始位置时入射角为θ，平面镜法线为N_1，保持入射光线方向不变，当平面反射镜绕垂直于入射面的轴转动α角时，平面镜的法线也转过α角，平面镜法线的位置由N_1转至N_2。根据反射定律，平面镜转动前，反射光线与入射光线的夹角为2θ，平面镜转动α角后，反射光线与入射光线的夹角增加为$2(\theta+\alpha)$。因此，当平面镜转动α角时，反射光线相对于转动前转过了2α角。只要反射镜绕垂直于入射面的轴摆动或转动，这种二倍角关系都存在。

2. 会聚光束扫描器的散焦

摆动的平面反射镜有两种用法，一种作为平行光束扫描器，一种作为会聚光束扫描器，当用作平行光束扫描器时，摆镜放置在望远镜物镜前的平行光路中，此时摆动的平面镜对系统光学像质几乎无影响，但摆镜尺寸较大，由于摆镜机构的机械惯量较大，尺寸很大的摆镜其静态平衡和动态平衡很难设计和校正。因此，摆镜常用于会聚光束扫描器，当被置于会聚光束中扫描时，其尺寸、扫描机构的机械惯量均可减小，然而，会聚光束中扫描的平面镜将会引起光学像差，对像质有一定影响。

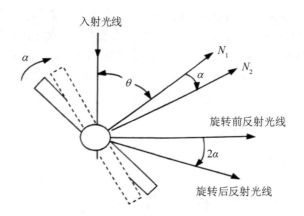

图 5.2　平面反射镜的二倍角关系[1]322

如图 5.3 所示，假定摆镜处于初始位置(图中实线)，轴上光束经物镜会聚于探测器焦平面上，平面镜摆动后(图中虚线)，光束将不再会聚于焦平面上，像面上得到的是位置有移动的离焦像斑。

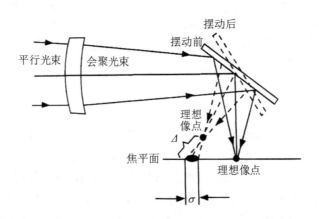

图 5.3　平面镜扫描时轴上点成像的散焦[1]322

平面镜摆动时对无穷远点成像的散焦效果随着光束离轴的远近而不同，轴外光束成像的散焦现象比轴上光束的散焦更为严重。可以用图 5.4 来进行分析，图中 O 为光学系统的中心，Q 为探测器的焦平面探测单元，摆镜在初始位置时(图中实线)，法线方向为 N_1，轴上光束的主光线与光轴近似重合，轴上光束经摆镜反射会聚于 Q 点。当平面镜摆动后(图中虚线)，法线方向变为 N_2，假设轴外光束的主光线 OR 经反射同样到达 Q 点，令 Q' 为 Q 相对于摆动后平面镜的镜像对称点。轴上光束的主光线的长度为 $OP + PQ = OP + PQ' = d + b$，而轴外光束主光线的长度为 $OR + RQ = OR + RQ' = OQ' = c$。而在 $\Delta OPQ'$ 中，$c \leqslant d + b$，这种主光线光路长度的变化会使摆镜扫描轴外点时所成像点的离焦量增加，散焦现象变得更加严重[1]323。

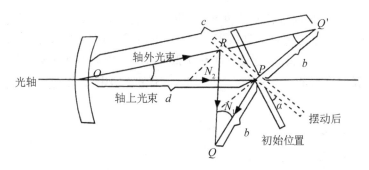

图5.4 平面镜扫描时轴外点成像的散焦[1]322

为了补偿上述平面反射镜在扫描过程中的散焦现象,可在水平方向上设计弯曲的焦面,但在垂直方向可以设计平的焦面以允许使用平坦的探测器列阵。校正焦点的另一种方法是把镜子的轴装在凸轮上,扫描时凸轮使镜子偏转以防止散焦。

5.2.2 旋转的45°平面反射镜

如图5.5所示,旋转45°平面反射镜由一个正圆柱体与转轴成45°切开而成。一般先用铝、铍等轻金属切削成毛坯,将45°面镀镍,然后细磨抛光,形成镜面。45°扫描镜的旋转轴即正圆柱体的轴线,也与系统光轴重合,扫描镜绕轴转动一周,扫描镜法线的轨迹是一个半锥角为45°的圆锥,视轴的空间轨迹为平行于 yoz 平面的圆,而视轴在地面的扫描轨迹是圆与地面(xoy 平面)的交线,为一条平行于 y 轴的直线,当扫描镜转过某个角度时,视轴与 z 轴夹角也转过同样的角度。

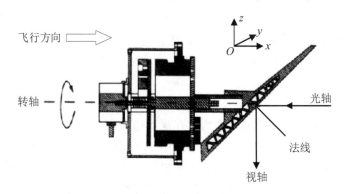

图5.5 旋转45°扫描镜结构和扫描原理[1]326

图5.6表示45°平面镜绕轴旋转时的成像情况,当平面镜从0°旋转至180°时,法线轨迹形成一个空间圆锥,顶角为90°,图中 A_0,A_1 为无穷远轴上点发出的光线,经物镜后成像于 A' 点,B_0,B_1 为无穷远轴外点发出的光线,经物镜后成像于 B' 点,记平面镜0°时的

目标 A_0B_0 为物 0，当平面镜旋转至 180° 时，要得到相同的像 $A'B'$，这时的物 1 必须与物 0 头尾相反。也就是说，当平面镜旋转 180° 时，目标也旋转 180° 才能保持像不发生旋转畸变，目标转动的角度与平面镜转动的角度应相同。当探测器为矩形单元探测器时，瞬时视场内的目标要如图(b)上方那样旋转(圆形目标无影响)，当探测器为线阵列探测器时，由于含有许多个瞬时视场，目标要像图(b)下方那样转动，因此对线阵列探测器而言，直接用 45° 扫描反射镜是不行的，必须在光路中加入转像部件把图像旋转整齐才能使用。

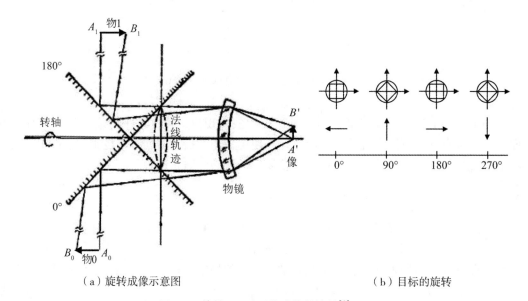

（a）旋转成像示意图　　　　　　　　（b）目标的旋转

图 5.6　旋转 45° 平面镜成像的旋转[3]

45° 镜一般用在物镜前的平行光路中，它所使用的扫描角往往只有 90°，其余 270° 轮空，因此扫描效率很差。但是对于多光谱扫描仪来说，45° 镜却是最经常使用的扫描镜，因为多光谱扫描仪通常有四五个定标源，正好安装在轮空的 270°，因此多光谱扫描仪经常采用旋转 45° 扫描镜的扫描方式。

5.2.3　旋转的多面体反射棱柱

摆动镜是不适合于高速扫描的，因为它在视场边缘附近变得不稳定，并要求较高的电机传动功率。因此，在高速扫描时，常常采用图 5.7 那样的旋转多面体反射棱柱。旋转多面体反射棱柱是可绕中心轴旋转的正多边形棱柱形的多面镜，又称旋转棱镜，俗称镜鼓。旋转多面体反射棱柱与摆动的平面反射镜的扫描原理相似，而棱柱的结构相对于转轴是对称的，因此可以实现连续、稳定的高速旋转扫描[1]327。

旋转多面体反射棱柱有 N 个反射面，棱柱旋转一周可产生 N 个扫描行，故扫描效率较高。多面体反射棱柱在物镜前平行光路中旋转可实现物面扫描(如图 5.7 所示)，而在会聚光束中旋转扫描，也和摆动平面镜类似将会引起光学像点的散焦。

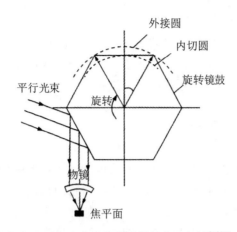

图 5.7 平行光束中旋转镜鼓的物面扫描[1]328

早期用单元或多元探测器的光机扫描型热像仪大多使用旋转镜鼓的扫描方式。受镜鼓转速的限制，热像仪的帧频很低，约数秒一帧。随着红外面阵器件的出现，单元探测器镜鼓扫描型的热像仪已趋于淘汰。但是，由于长波焦平面面阵尺寸、均匀性还不能满足一些需要，用小面阵或线阵列器件光机扫描的商用长波热像仪还不少见。

5.2.4 旋转的多面体折射棱柱

旋转多面体折射棱镜是可绕中心轴旋转的正多边形折射棱柱，也称旋转多面体折射棱镜。图 5.8(a)为旋转的折射立方体，它绕其质心旋转。图(b)、(c)为它用在会聚光束中的情况，当它旋转时，使会聚光束产生横向移动，光束就扫过探测器阵列。反之，如果固定折射光线，则当棱柱旋转时，对物方实现扫描。如果棱柱两边的折射率相等，那么入射到第一个面上的光线与射出的第二个面的光线是平行的，但是焦点将发生纵向位移 x 和横

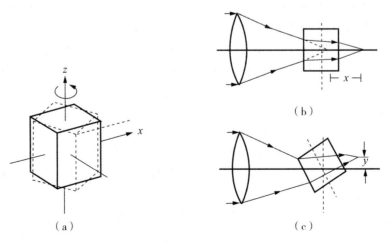

图 5.8 立方体折射棱镜[1]330

123

向位移 y。除立方棱柱外，一般可为 $2(j+1)$ 个面的多面体棱柱，其中 $j = 1，2，3，\cdots$ 分别为侧面有 4 个、6 个、8 个面的折射棱柱。

用在会聚光束中的折射棱柱，除使焦点移动外，还将产生各种像差，但是它的运动平稳而连续，尺寸小，机械噪声小，容易实现高速扫描，因而在热像仪中得到广泛应用。若用两个互相垂直的折射棱柱，则还可实现二维扫描[1]329。

5.3 扫描图形和几何畸变

扫描成像系统在一个扫描周期内能有效成像的空间范围称为扫描视场，行扫描的扫描视场用交轨方向成像范围的张角表示。单元探测器物面扫描系统的光学视场即它的瞬时视场，探测元在某一瞬时经光学系统在物面上所成的像称为瞬时视场足迹。采样点在物面上移动形成的轨迹，即瞬时视场足迹的中心的运动轨迹称为扫描轨迹，由扫描轨迹形成的图形称为扫描图形。扫描部件以一定的规律做振动、转动、平动等，可产生多种扫描图形。

机载或星载行扫描传感器在大角度扫描时将产生飞行畸变、正切畸变，能使两侧图像压缩、分辨率降低。而传感器平台的机动性、航速与高度的变化、飞行姿态的不稳定性等，会引起行扫描漏扫或重叠、图像扭曲、偏斜等。总之，遥感仪器获得的是三维地形经光学系统以中心投影方式生成的、含有各种畸变的二维图像。

5.3.1 直线扫描

直线扫描是最常见的扫描图形，直线扫描视轴的空间轨迹是平面，扫描轨迹是该平面与物面的交线，为一条直线。因为扫描点空间分布较均匀，直线扫描的信号处理也较容易[1]336。图 5.9 为机载热红外扫描仪的典型结构及扫描轨迹，该扫描仪使用由马达驱动的45°旋转扫描镜对地面进行扫描，通过反射式光学系统收集和会聚光线，由带通滤波器获取所需红外波段，由使用杜瓦瓶制冷的红外探测器进行探测，最后通过前置放大电路和模数转换电路处理后送至存储器[4]194。

图 5.9 中每行交轨方向的角度范围称为扫描仪的视场角（FOV，Field of View），单个探测单元的角度范围称为瞬时视场角（IFOV，Instantaneous Field of View），IFOV 在地面上的投影为地面瞬时视场（GIFOV，Ground Instantaneous Field of View），该距离在机下点的大小为 $H \cdot \text{IFOV}$，H 为飞行的行高。理想的扫描轨迹是每扫描一行，飞行器向前移动一个GIFOV，地面上的每个点都可以无间隙且无重叠地被采样，但也有一些系统采用重叠扫描的方式，通过过采样来提高重建图像的空间分辨率。

线扫描仪通常具有较大的视场角（90°～120°），可提供较大的地面覆盖范围，但其设计的缺点是单个探测单元完成所有采样，因此在每个瞬时视场的驻留时间非常短，这不利于获取高信噪比的电磁波信号，并且在每一个扫描周期，扫描镜还有一定的轮空时间，这使得驻留时间变得更加紧迫。

克服线扫描仪驻留时间短的问题的一种简单方法是同时获取多行数据，使用多个探测单元进行探测，这样就能设计较长的扫描周期以增加瞬时视场的驻留时间。从 1972 年开始，这种方法在 Landsat 1 至 Landsat 5 卫星上的多光谱扫描仪（MSS，Multispectral

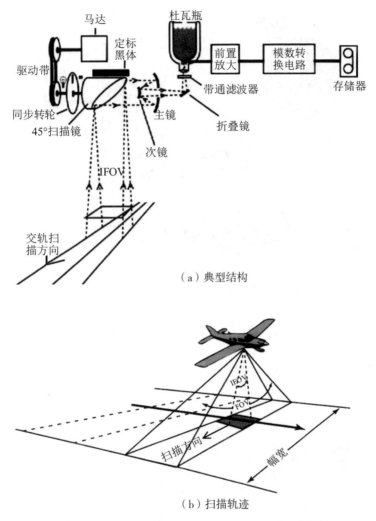

（a）典型结构

（b）扫描轨迹

图5.9 机载热红外扫描仪的典型结构及扫描轨迹[4]195

Scanner)中得到了非常成功的使用(如图5.10所示)[4]202。在MSS中，每个瞬时视场的扫描使用6个不同的探测单元收集6行数据，扫描周期被设计使得接下来的6行紧挨着上一次扫描的最后一行，从而提供连续的地面覆盖范围。

MSS"扫帚"式的设计增加了驻留时间，使其能够获得中等空间分辨率(79m)的影像，但是朝着一个方向上的"扫帚"式扫描方式仍然浪费了大约一半的"返回"的扫描时间。于是，Landsat 4/5上的专题制图仪(TM，Thematic Mapper)和Landsat 7上的增强型专题制图仪(ETM+，Enhanced Thematic Mapper)进一步改进了扫描设计，使用振荡式扫描镜实现了往返双向的扫描(如图5.11所示)。

振荡式双向扫描方式将在地面覆盖范围内形成缝隙和重叠区域。为了对此进行补偿，TM光学系统中增加了一对称为扫描线校正器的旋转平行镜，这些平行镜将投射到探测器

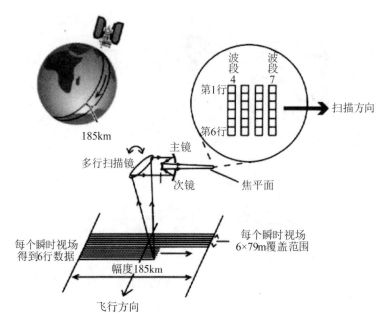

图 5.10　Landsat MSS 的多行线扫描[4]202

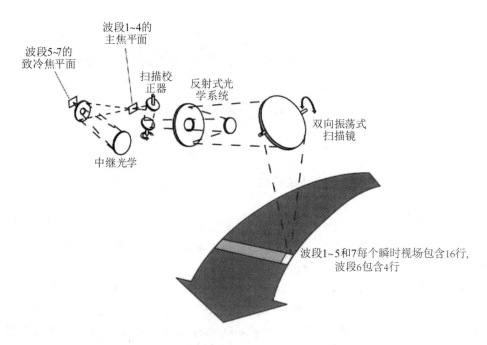

图 5.11　Landsat TM 多行往返式振荡线扫描[4]203

上的图像进行移位，从而使其在每次扫描开始时稍微早于交轨位置，并在结束时后退于起始位置。在主镜的正向和反向扫描期间，校正器都会以此方式前进和后退，从而使地面上的扫描投影平行排布(参见图5.12)。TM利用增加的扫描驻留时间来提高MSS的空间和光谱分辨率,使用16个交错排列的、更小尺寸的探测单元(30m GIFOV),使每个反射镜扫描的地面覆盖范围大致相同,中继光学器件用于将光线的一部分聚焦到短波红外和长波红外的制冷焦平面上,为了获取足够的信噪比,长波红外波段(波段6)的GIFOV是TM其他波段的4倍(120m)。

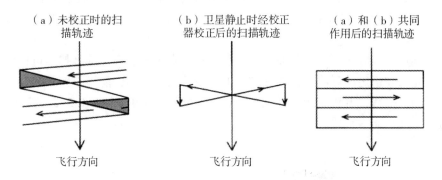

图5.12 Landsat TM和ETM+上使用的线扫描器校正原理[4]205

5.3.2 圆锥扫描

圆锥扫描因视轴扫描的空间轨迹是圆锥面而得名。在图5.13中,设平面反射镜法线与入射光线(光轴)的夹角为φ,反射镜法线绕光轴旋转时的空间轨迹是以光轴为锥轴,半锥角为φ的圆锥面。反射光线(视轴)的轨迹是同一锥轴但半锥角为2φ的圆锥面。圆锥扫描的地面扫描轨迹是圆锥面与物平面的截线,当物平面与圆锥轴垂直时,扫描轨迹为圆,当物平面与圆锥轴不垂直时,扫描轨迹是椭圆。

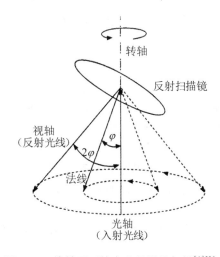

图5.13 旋转平面镜产生的圆锥扫描[1]336

图 5.14 为欧空局 Sentinel-3 卫星上海洋和陆地表面温度辐射计(SLSTRs，the Sea and Land Surface Temperature Radiometers)的圆锥扫描地面轨迹示意图。SLSTRs 辐射计是欧空局继 ERS、ERS2 和 ENVISAT 卫星上 ATSR、ATSR-2 和 AATSR 之后的下一代环境监测载荷[5]，分别于 2016 年 2 月和 2018 年 4 月搭载在 Sentinel-3A 和 Sentinel-3B 上发射升空。

SLSTR 使用两个独立的反射镜对地扫描，后视扫描的天顶角为 55°，扫描视场角为 +24.6°至−24.6°，星下扫描的视场角为+30°至−47°，相对星下点而言非对称，这样设计的目的是提供与 Sentinel-3 上搭载的另一载荷 OLCI(Ocean and Land Color Instrument)相同的覆盖范围。

采用圆锥形扫描方案对于红外波段的辐射定标具有重要意义，圆锥扫描可以保证恒定的观测入射光束和恒定的观测角，能够减小电磁波偏振的影响，能够较频繁地对定标源如黑体进行观测。最后，两种观测路径长度比(大气光学厚度比)大于 1.54，这对于实现高质量的遥感反演也非常重要。

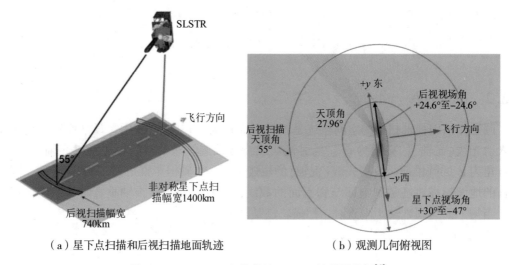

（a）星下点扫描和后视扫描地面轨迹　　　　　（b）观测几何俯视图

图 5.14　Sentinel-3 上搭载的 SLSTRs 的观测几何[6]

5.3.3　飞行姿态引起的畸变

航天平台传感器通常在几何上是稳定的，因此在成像期间平台的唯一重要运动是航天器的沿轨道运动。而航空平台搭载行扫描器的飞机在飞行时，由于受风、气流等影响，使飞机不能平稳飞行，产生绕飞机横轴的俯仰滚动、绕飞机纵轴的侧向滚动以及偏航(飞机纵轴与航向成一夹角)，获取图像就会出现景物扭曲或偏斜。图 5.15 显示了由于飞行姿态引起的几何畸变，图中灰色边界代表理想地面覆盖范围，黑色边界代表实际地面覆盖范围。

飞机的空气动力学特性决定了俯仰和偏航为相对恒定的几何误差，通常会在后处理中消除，而侧滚几何畸变逐行变化很大(如图 5.16 所示)。飞行姿态校正的一种办法是将扫描相机安放在能保持稳定姿态的陀螺平台上，这种飞机侧滚时，仪器并不滚动，这种做法

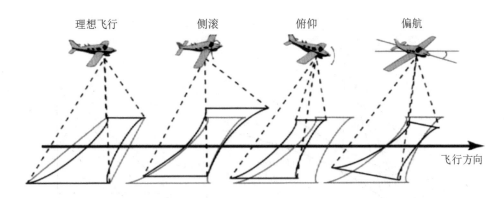

图 5.15 由于飞机姿态变化引起的影像几何畸变[4]196

将增加仪器设备的重量，费用也较多。目前，机载数字行扫描器都是用姿态随动平台精确检测飞行姿态，得到姿态残差数据，连同地物辐射、定标、定位等数据，逐行记录于存储介质中，飞行后数据回放时，用图像处理方法予以校正。

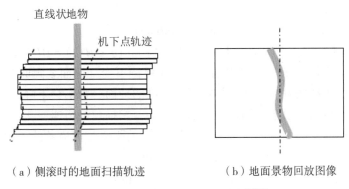

（a）侧滚时的地面扫描轨迹　　　　（b）地面景物回放图像

图 5.16 侧滚引起的几何畸变[1]342

此外，许多现代扫描系统都配置全球定位系统（GPS，Global Positioning System）和惯性导航系统（INS，Inertial Navigation System）来记录仪器的空间位置坐标以及侧滚、俯仰和偏航方向角，以便为扫描镜的每次旋转计算传感器的 6 个自由度参数，这些参数用于将采样的数据投影到地理坐标系上，并进行重新采样以形成几何校正图像。当地形高程数据以数字高程模型（DEM，Digital Elevation Model）的形式存在时，GPS-INS 数据可以与 DEM 组合在一起，以将数据投影到正射校正的坐标空间中，在该空间中可以将它们重新采样为正射校正的图像。

5.3.4 正切畸变

由于扫描系统按照等瞬时视场角 IFOV 对地面采样，随着扫描角的增加，将发生正切畸变，表现为扫描视场边缘地面分辨率下降，图像边缘被缩短，如图 5.17 所示。

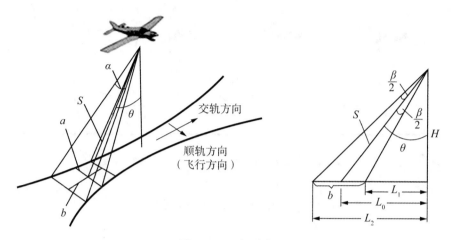

图 5.17　正切畸变

设飞行高度为 H，行扫描器的扫描角为 θ，S 为扫描斜程。瞬时视场角分别为 α（飞行方向）和 β（交轨方向），地面瞬时视场则分别为 a（飞行方向）和 b（交轨方向）。假设 $\alpha = \beta$，则

$$a = \alpha S = \alpha H \sec\theta \tag{5.1}$$
$$b = L_2 - L_1 = H \cdot \tan(\theta + \beta/2) - H \cdot \tan(\theta - \beta/2) = \beta H \sec^2\theta \tag{5.2}$$

随扫描角 θ 的增加，虽然瞬时视场角 $\alpha = \beta$ 保持不变，地面线瞬时视场 a，b 不断增加，发生畸变。由于地面发生畸变，扫描视场边缘的地面分辨率会下降，而且对交轨扫描方向分辨率的影响更大。由于扫描镜是恒速旋转的，扫描角也恒速变化，但对地面扫描的线速度并不是线性的，因为扫描点至中心（机下点）的距离与扫描角的正切成正比[1]338：

$$L_0 = H \cdot \tan\theta \tag{5.3}$$
$$\frac{\mathrm{d}L_0}{\mathrm{d}t} = H \cdot \sec^2\theta \cdot \frac{\mathrm{d}\theta}{\mathrm{d}t} \tag{5.4}$$

因此，地面扫描的线速度与扫描角余弦的平方成反比，扫描视场两像边的对地扫速比机下点的扫速要高。如果仪器按等时间间隔采样、记录，数据回放时两侧图像就会被压缩。这一问题可以在图像预处理时用像元重采样的方法纠正，即根据扫描角不插或插入一定个数的补偿数据，以解决对地扫描的非线性。

5.3.5　扫描漏失和重叠

行扫描飞行平台的航速与行高之比称为速高比。机载行扫描仪应根据飞机的速高比和瞬时视场选择适当的扫描速率，以免发生扫描行漏失或过度重叠。星载行扫描仪的速高比完全是由轨道高度确定的。

假设行扫描器的飞行高度为 H，飞行速度为 V，扫描速率为 n（扫描行数／单位时间），飞行方向瞬时视场为 α。

在一个行扫描周期 $1/n$ 内，飞行器飞过的距离为 V/n，而沿飞行方向机下点的地面线瞬时视场为 $H\alpha$，要保证机下点扫描不漏带，应有

$$\frac{V}{n} \leqslant H\alpha \tag{5.5}$$

可改写为

$$\frac{V}{H} \leqslant n\alpha \tag{5.6}$$

保证不漏扫的最大速高比为

$$\left(\frac{V}{H}\right)_{max} = n\alpha \tag{5.7}$$

速高比小于最大值时，机下点相邻扫描带的重叠率为

$$\rho = \frac{H\alpha - V/n}{H\alpha} = 1 - \frac{1}{n\alpha} \cdot \left(\frac{V}{H}\right) \tag{5.8}$$

速高比是行扫描器的一个重要技术指标，当速高比一定的情况下，要提高地面空间分辨率（使 α 减小），只能尽量提高扫描速率 n，提高扫描速率可避免漏扫，但由于像元驻留时间较短，会影响系统的信噪比。因此，高速高比的扫描相机，例如低空侦察用的扫描相机，一般不用单元探测器，而用多元探测器并扫的方法，同样的扫描速率，N 元并扫的像元驻留时间为单元扫描像元驻留时间的 N 倍。

当飞行高度变化时，速高比也随之变化，可以采取改变扫描镜转速等方法，适应较宽的速高比范围。有重叠的行扫描图像，逐行回放时将产生飞行方向的图像畸变，为此，行扫描仪采集图像时，需要从飞机惯性导航系统获取并同步记录速高比数据，供回放时对图像进行校正。

参考文献

[1]周世椿. 高级红外光电工程导论［M］. 北京：科学出版社，2014.

[2]张庸. 遥感成像原理及图像特征［M］. 北京：地质出版社，1994：86.

[3]张幼文. 红外光学工程［M］. 上海：上海科学技术出版社，1982：224.

[4]SCHOTT J R. Remote sensing：The image chain approach［M］. Oxford：Oxford University Press，2007.

[5]COPPO P，MASTRANDREA C，STAGI M，et al. The sea and land surface temperature radiometer（SLSTR）detection assembly design and performance［C］. Proceedings of SPIE-Sensors，System，and Next-Generation Satellites XVII，Dresden，Germany，2013：8889.

[6]COPPO P，RICCIARELLI B，BRANDANI F，et al. SLSTR：A high accuracy dual scan temperature radiometer for sea and land surface monitoring from space［J］. Journal of Modern Optics，2010，57(18)：1815-1830.

第6章　分　光　原　理

随着航天遥感对地观测技术的深入发展，需要把可见光波段和红外大气窗口波段划分为多个窄波段以获得更详尽的地物光谱信息，为了获得不同波谱段的图像，入射波被分成不同的光谱组成成分，这由分光元件或分光系统来实现。分光元件有多种，包括光滤波器、色散元件(如棱镜和光栅)等，而分光系统的典型代表是傅里叶变换光谱仪。本章重点描述分光元件的工作原理。

6.1　薄膜光学与光滤波器

光滤波器又称作滤光器、滤光片，是用来进行波长选择的元件，它可以从众多的波长中挑选出所需波长，去除所需波长以外的光。许多星载光学遥感器利用光滤波器把收集到的电磁辐射限制在一个或多个谱段。光滤波器分为非色散型和色散型两大类，大多数非色散型滤波器分光的原理建立在薄膜光学的基础上，这里所称的薄膜，是指用物理和化学方法涂镀在玻璃或金属光滑表面上的透明介质膜[1]140，薄膜最基础的作用是用来减少光能在光学元件表面上的反射损失，例如在光学元件表面上涂镀适当厚度的增透膜，可用于消除和减少反射光。除了增透膜，还可以镀制各种性能的分光膜及干涉滤光膜等。色散型滤波器建立在色散原理上，典型的色散元件是棱镜和光栅。薄膜光滤波器如干涉滤光片在现代卫星技术中有着广泛的应用，本节先介绍薄膜光学的基本原理，然后介绍几种光滤波器及应用，最后介绍几种典型的色散元件。

6.1.1　菲涅尔公式

薄膜光学是滤光片分光技术的理论基础，而菲涅尔界面反射、折射公式则是薄膜光学理论的基石。菲涅尔公式可以从光的电磁理论导出，它完整地解决了光在两种介质界面上的强度分配问题。

当自然光照射到两种介质的分界面时，光矢量可分解为在入射面内的 p 偏振光(又称为平行极化波)和与入射面垂直的 s 偏振光(又称为垂直极化波)(如图 6.1 所示)。两种偏振光的界面反射、折射情况是不同的，可分别用各自的反射系数和透射系数表示。

严格地讲，p 光和 s 光的反射系数和透射系数均为复数，复数的模为振幅系数，幅角为相位系数。因为光强与振幅有关，这里主要列出振幅反射系数 r 和振幅透射系数 t。设入射和折射介质的折射率分别为 n_1 和 n_2，入射角和反射角为 θ_1，折射角为 θ_2，设介质 1 和介质 2 都为非磁性物质，根据菲涅尔公式可推导出倾斜入射时 p 光和 s 光振幅反射系数和振幅透射系数[2]275。

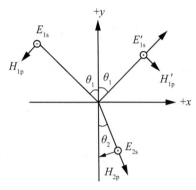 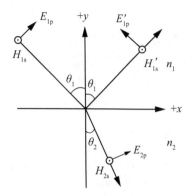

（a）s偏振光斜入射交界面 　　　（b）p偏振光斜入射交界面

图 6.1　s 光和 p 光在界面反射和折射时的电、磁矢量[1]24

p 光振幅反射系数和透射系数：

$$r_{\mathrm{p}} = \frac{n_1/\cos\theta_1 - n_2/\cos\theta_2}{n_1/\cos\theta_1 + n_2/\cos\theta_2}, \qquad t_{\mathrm{p}} = \frac{2n_1\cos\theta_1}{n_1\cos\theta_2 + n_2\cos\theta_1} \qquad (6.1)$$

s 光振幅反射系数和透射系数：

$$r_{\mathrm{s}} = \frac{n_1\cos\theta_1 - n_2\cos\theta_2}{n_1\cos\theta_1 + n_2\cos\theta_2}, \qquad t_{\mathrm{s}} = \frac{2n_1\cos\theta_1}{n_1\cos\theta_1 + n_2\cos\theta_2} \qquad (6.2)$$

对 p 光、s 光，薄膜光学定义光纳 η：

p 光 　　　　　　　　　　$\eta = n/\cos\theta$ 　　　　　　　　　（6.3）

s 光 　　　　　　　　　　$\eta = n\cos\theta$ 　　　　　　　　　（6.4）

引入光纳的概念后，p 光和 s 光的振幅反射系数形式上可统一地表达为

$$r = \frac{\eta_1 - \eta_2}{\eta_1 + \eta_2} \qquad (6.5)$$

其中，入射介质光纳　　　$\eta_1 = \begin{cases} n_1/\cos\theta_1 & \text{p 光} \\ n_1\cos\theta_1 & \text{s 光} \end{cases}$

折射介质光纳　　$\eta_2 = \begin{cases} n_2/\cos\theta_2 & \text{p 光} \\ n_2\cos\theta_2 & \text{s 光} \end{cases}$

用光纳表示的振幅反射系数公式具有普遍意义，无论对 p 光或 s 光，倾斜入射或垂直入射都是成立的。

自然光垂直入射时，入射角为 $\theta_1 = 0$，p 光和 s 光的光纳相等，入射介质和折射介质的光纳分别等于入射和折射介质折射率，即 $\eta_1 = n_1$，$\eta_2 = n_2$，因此 p 光和 s 光的振幅反射系数相等，并可表示为

$$r = r_{\mathrm{s}} = r_{\mathrm{p}} = \frac{n_1 - n_2}{n_1 + n_2} \qquad (6.6)$$

由于入射自然光的 p 光分量和 s 光分量光强相等，则界面能量反射率为

$$R = |r|^2 = \left| \frac{n_1 - n_2}{n_1 + n_2} \right|^2 \tag{6.7}$$

应该指出，光的振幅反射系数 r_s 和 r_p 可以是正的也可以是负的，光的振幅反射系数正负号的改变，可以认为相位改变了 π，称为相位突变。光从光密介质（高折射率）射向光疏介质（低折射率），振幅符号为正，不发生相位突变。反之，光从光疏介质射向光密介质，振幅符号为负，反射光要发生相位突变。

6.1.2 单层膜的多光束干涉

薄膜光学理论的核心是利用了光通过单层膜或多层膜时产生的多光束干涉原理，下面以单层膜为例进行说明[1]140。

如图 6.2 所示，设折射率为 n_2 的基片上镀了厚度为 d、折射率为 n_1 的薄膜，光从折射率为 n_0 的空气中入射，入射角和反射角为 θ_0，薄膜上表面的折射角为 θ_1，薄膜下表面的折射角为 θ_2。

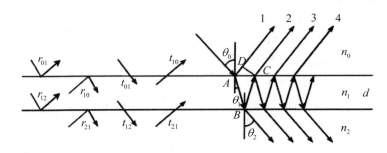

图 6.2 单层膜的多光束干涉[2]278

可定义四个反射系数和四个透射系数，以表示光在膜层上表面和下表面的反射和透射特性。图 6.2 中 r_{ij} 表示光从介质 n_i 入射至介质 n_j 的振幅反射系数，t_{ij} 表示光从介质 n_i 入射至介质 n_j 的振幅透射系数。光入射至镀有薄膜的基片时，反射光束由多个光束组成，图中标注为 1、2、3、4 等。其中，光束 1 是入射光在膜层上表面的直接反射光束，光束 2、3、4 等是透射光在膜层下表面反射后再从上表面透射的光束，光束 2、3、4 在膜层中的往返次数分别为 1、2、3 次。相邻两个反射光束之间的光程差为[2]278

$$\Delta = n_1(AB + BC) - n_0 \cdot AD = 2n_1 d / \cos\theta_1 - n_0(2d \cdot \tan\theta_1)\sin\theta_0$$

上式可表达为

$$\Delta = 2d\left(\frac{n_1}{\cos\theta_1} - \tan\theta_1 \cdot n_1 \sin\theta_1\right) = 2n_1 d \cdot \frac{1 - \sin^2\theta_1}{\cos\theta_1}$$

所以相邻光束光程差为 $\qquad \Delta = 2n_1 d\cos\theta_1 \tag{6.8}$

相邻光束相位差为 $\qquad \delta = k \cdot \Delta = \frac{2\pi}{\lambda} \cdot \Delta = 4\pi n_1 d\cos\theta_1 / \lambda \tag{6.9}$

若入射光矢量的振幅为 1，则各反射光束的振幅分别为

光束 1 r_{01}

光束 2 $t_{01}t_{10}r_{12}e^{-j\delta}$

光束 3 $t_{01}t_{10}r_{12}e^{-j\delta} \cdot r_{12}r_{10}e^{-j\delta}$

光束 4 $t_{01}t_{10}r_{12}e^{-j\delta} \cdot (r_{12}r_{10}e^{-j\delta})^2$

由于这些光束是相干的且具有固定相位，总的振幅反射系数为

$$r = r_{01} + t_{01}t_{10}r_{12}e^{-j\delta}[1 + r_{12}r_{10}e^{-j\delta} + (r_{12}r_{10}e^{-j\delta})^2 + \cdots]$$

容易证明 $t_{01}t_{10} = 1 - r_{01}^2$，$r_{01} = -r_{10}$，可将振幅反射系数表达为两个界面的反射系数 r_{01}、r_{12} 和膜层产生的相位差 δ 的形式，即

$$r = \frac{r_{01} + r_{12}e^{-j\delta}}{1 + r_{12}r_{01}e^{-j\delta}}r_{01} = |r|e^{j\varphi} \tag{6.10}$$

入射光经一层薄膜反射后，反射光与入射光的相位差与折射率、膜厚及入射角等多种因素有关，这里不去讨论它们之间相位差的一般关系，而主要关注光在界面上的能量反射率，反射率为

$$R = |r|^2 = \frac{(r_{01} + r_{12})^2\cos^2(\delta/2) + (r_{01} - r_{12})^2\sin^2(\delta/2)}{(1 + r_{01}r_{12})^2\cos^2(\delta/2) + (1 - r_{01}r_{12})^2\sin^2(\delta/2)}$$

振幅反射系数可用两种介质的光纳来表示，即

$$r_{01} = \frac{\eta_0 - \eta_1}{\eta_0 + \eta_1}, \quad r_{12} = \frac{\eta_1 - \eta_2}{\eta_1 + \eta_2}$$

代入后可得

$$R = \frac{(\eta_0 - \eta_2)^2\cos^2(\delta/2) + (\eta_0\eta_2/\eta_1 - \eta_1)^2\sin^2(\delta/2)}{(\eta_0 + \eta_2)^2\cos^2(\delta/2) + (\eta_0\eta_2/\eta_1 + \eta_1)^2\sin^2(\delta/2)} \tag{6.11}$$

当光线垂直入射时，$\theta_1 = \theta_2 = 0$，$\eta = n$，此时反射率为

$$R = \frac{(n_0 - n_2)^2\cos^2(\delta/2) + (n_0n_2/n_1 - n_1)^2\sin^2(\delta/2)}{(n_0 + n_2)^2\cos^2(\delta/2) + (n_0n_2/n_1 + n_1)^2\sin^2(\delta/2)} \tag{6.12}$$

其中 $\delta = 4\pi n_1 d/\lambda$ 表示相邻两光束由光程差所引起的相位差。对于一定的基片和介质膜，n_0，n_1，n_2 为常数，介质膜的反射率将随 δ 而变，也即随膜的光学厚度 n_1d 而变，图 6.3 给出了在 $n_0 = 1$，$n_2 = 1.5$，对于一定的波长 λ 和不同折射率 n_1 的介质膜，当光线垂直入射时，膜的反射率 R 随光学厚度 n_1d 变化的曲线。

从图 6.3 中看出：

（1）当膜的折射率等于介质 0 或介质 2 的折射率时（$n_1 = 1$ 或 $n_1 = 1.5$），等效为没有涂膜，反射率为常数。

（2）当膜的折射率大于介质 2 的折射率时，反射率会增加，此时薄膜称为增反膜或高反膜。当膜的折射率小于介质 2 的折射率时，反射率会减小，因此可使用小于介质 2 折射率的薄膜来减少镜头的反射，增加透射，此时薄膜称为增透膜。

（3）当薄膜的光学厚度满足 $n_1d = \lambda_0/2$ 时，反射率为常数且同（1），就像没有涂膜一样，此时的膜层称为 $\lambda/2$ 膜层。

（4）增透膜中，当薄膜的光学厚度满足 $n_1d = \lambda_0/4$ 时，反射率最小 $R = 0$，此时 $\delta = \pi$，

代入式(6.12)可求得此时膜层的折射率为 $n_1 = \sqrt{n_0 n_2}$。本例中当 $n_1 = \sqrt{1.5} = 1.2$ 时反射率接近 0，光全部透射，此时的膜层称为 $\lambda/4$ 增透膜。同理，在高反膜中，当薄膜的光学厚度同样满足 $n_1 d = \lambda_0/4$ 时，反射率最大，此时的膜层称为 $\lambda/4$ 高反膜。

单层 $\lambda/4$ 增透膜能使某一波长的反射率为零，或使某一波长的透射率较其他波长的透射率高。为了得到较宽的增透带宽，必须采用二层或多层膜。多层 $\lambda/4$ 膜层组成的 $\lambda/4$ 膜系，是构成典型光学薄膜最常用的膜系。

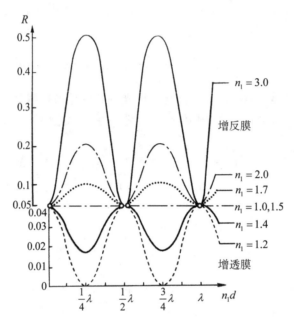

图 6.3 介质膜反射率随其光学厚度的变化[1]141

6.1.3 光滤波器

增透膜、高反膜主要用于折射光学元件的增透和反射光学元件的增反。除了高透射和高反射外，常常还需要使某些波长的光高透射而使另一些波长的光高反射的光学元件，这就需要用到滤光膜。光滤波器(又称为滤光器、滤光片)就是在基片上镀了滤光膜的光学元件，分为吸收滤波器、截止滤波器、带通滤波器及楔形滤波器等。

吸收滤波器吸收大多数波段的辐射，仅透射特定的波长带，事实上，只有 10% ~ 20% 的入射辐射通过吸收滤波器传输。吸收滤波器价格便宜，可以像有色玻璃或塑料一样简单。

截止滤波器是指能从复合光中滤掉全部长波而保留短波，或者滤掉全部短波而仅保留长波的分光元件。其基础就是前面已介绍的 $\lambda/4$ 高反膜，只要在它上面加一些匹配膜系，让透射带的透射率进一步提高即可。最简单的方法是在一个 $\lambda/4$ 高反膜的首尾各加一个 $\lambda/8$ 层。如果加入的 $\lambda/8$ 层是低折射率的，用于提高短波的透过率，该滤光片为短波透过长波截止的滤光片。如果加入的 $\lambda/8$ 层是高折射率的，用于提高长波的透过率，则成为长波透过短波截止的滤光片。通常，截止滤波器不用作波长选择器，而是与吸收滤波器结合使用以降低吸收滤波器的带宽，如图6.4所示。

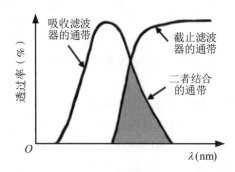

图6.4 吸收滤波器与截止滤波器的结合

带通滤波器(如图6.5所示)和楔形滤波器是利用干涉原理只使特定光谱范围的光通过的滤波器，它们通常由多层介质薄膜构成，具有由高折射率层和低折射率层交替构成的周期性结构。其中，带通滤波器是仅使某一波段范围光保留而使其他波长光都被滤掉的滤光片。带通滤光片的通带宽度可用通带半宽度与中心波长之比表示，根据通带宽度不同，带通滤光片可分为以下几种：

(1)宽带滤光片：通带宽度大于50%；

(2)中等带宽滤光片：通带宽度一般在10%~50%；

(3)窄带滤光片：通带宽度一般在1%~10%；

(4)超窄带滤光片：通带宽度小于1%。

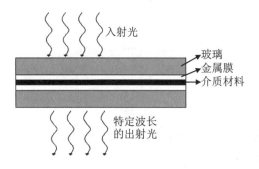

图6.5 带通滤波器结构图

带通滤光片的特性参数除中心波长、通带宽度外，还包括通带中的透过率，即峰值透过率，以及截止带的透过率等。在主透过带之外，截止带的两侧尚有不少次透过带，称为次峰，采用带通滤光片时需要根据系统的光谱透过特性决定次峰的抑制范围。此外，当光线的入射角较大时，带通滤光片的中心波长会向短波方向移动，而且峰值透过率将会下降，通带范围变宽。

　　不同带宽的带通滤光片采用的膜系和结构各有不同。宽带的带通滤光片常由一个长波截止滤光膜和一个短波截止滤光膜组成。窄带、超窄带滤光片常用的是 F-P（Fabrey-Perot，法布里-珀罗型）干涉型滤光膜。在玻璃衬底上涂一层半透明金属层，接着涂一层氟化镁隔层，再涂一层半透明金属层，两金属层成为 F-D 滤光膜的两块平行板，当平行板间介质层的厚度与波长满足一定关系时，透射光将包含特定波长的干涉高峰，而其他波长的光因相消干涉被削减，从而得到窄通带的带通滤光片，其通带宽度远比普通吸收型滤光片要窄。

　　楔形干涉滤波器通过改变介质的厚度来改变透射光波长。把介质厚度做成楔形即可实现透射光波长随空间位置改变，通过选择楔形物上的正确位置就可以得到特定波长的光，楔形干涉滤波器因此而得名。楔形滤波器可以隔离 20nm 的可变带宽，其优点是结构紧凑、坚固，而缺点是制作难度大，比带通滤波器价格昂贵。美国 EO-1 卫星上搭载的 LAC（LEISA Atmospheric Corrector）传感器，就是一种基于楔形滤波技术的中等分辨率高光谱成像仪[4]。楔形滤波器的结构及应用示意如图 6.6 所示，与瞬间获取光谱的光栅光谱仪不同，LAC 通过焦平面图像的扫描获取瞬时视场的光谱，从而创建三维光谱图。

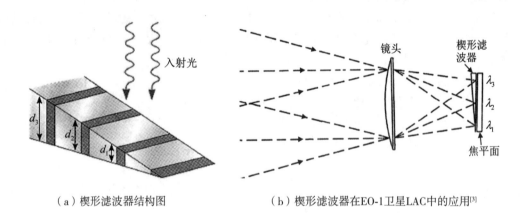

（a）楔形滤波器结构图　　　　　　　（b）楔形滤波器在EO-1卫星LAC中的应用[3]

图 6.6　楔形滤波器结构及应用示意图

6.1.4　二向色分光镜

　　二向色分光镜（Dichroic）使用薄膜干涉原理，在玻璃基板上镀上具有不同折射率的交替分布的光学涂层，不同折射率的层之间的界面产生相位反射，选择性地增强某些波长的光并减弱所有其他波长，通过控制层的厚度和数量，可以调整滤波器通带的波长，并根据需要使其变宽或变窄。由于不需要的波长被反射而不是被吸收，二向色分光镜在工作期间不会吸收这种不需要的能量，因此不会像传统滤波器那样发热。典型的二向色分光镜如图 6.7 所示，入射宽谱段辐射被分成两个不同光谱范围的通道，两个光谱通道还可以利用该方法进一步分成多个光谱通道。

　　图 6.8 为印度空间研究组织 ISRO 发射的 INSAT-3D 气象卫星上搭载的成像仪载荷的光学子系统示意图。卡塞格伦反射式望远镜将入射光收集，通过后光学器件将能量传递给

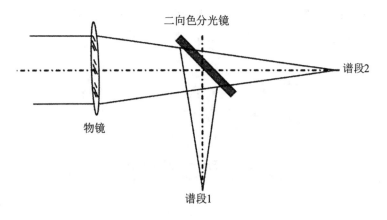

图 6.7 二向色分光镜原理示意图[5]

探测器。后光学部分采用了 5 种二向色分光系统，前两个二向色分光系统分别将可见光（VIS）和短波红外（SWIR）通道分开，分离的红外波段光束被准直并通过剩余的二向色系统后被分为 4 个通道（热红外 TIR1、热红外 TIR2、水汽波段 WV 及中波红外 MIR）。

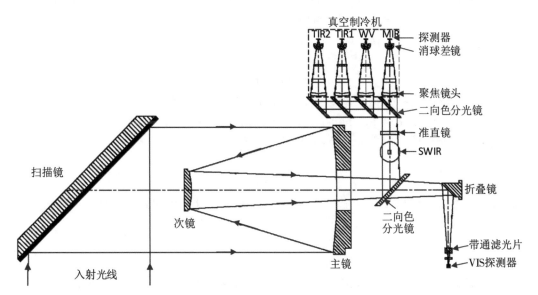

图 6.8 印度空间研究组织 ISRO 发射的 INSAT-3D 气象卫星上搭载的成像仪载荷
使用二向色分光镜（Dichroic）获取多个谱段[6]

6.2 棱镜

色散型分光元件的典型代表是棱镜。光学棱镜是透明材料（如玻璃、水晶等）做成的多面体，在光学仪器中应用很广，色散棱镜是光学棱镜的一种，通常其横截面形状为三角形，其他形状色散棱镜或是用于色散的棱镜组也泛称为色散棱镜。色散棱镜根据不同波长的光在同种材料中折射角度不同，能将复色光分解成单色光，棱镜分光大多用于可见和近红外波段。图 6.9 展示了单色光经棱镜折射后的偏转情况。

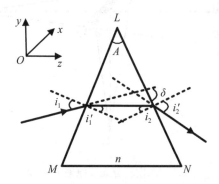

图 6.9　单色光经三角棱镜折射后的偏转[2]288

设有一束平行的单色光由空气入射到折射棱镜，在 LM 棱镜面的入射角和折射角分别为 i_1，i_1'，在 LN 出射面的入射角和折射角分别为 i_2，i_2'，棱镜顶角为 A，棱镜材料的折射率为 n。出射光束的方向与入射光束相比发生了偏转，出射光与入射光之间的偏向角为

$$\delta = (i_1 - i_1') + (i_2' - i_2) = (i_1 + i_2') - (i_1' + i_2) \tag{6.13}$$

因为 $A = i_1' + i_2$，$\delta = i_1 + i_2' - A$，根据折射定律有

$$\sin i_1 = n\sin i_1' \tag{6.14}$$

$$\sin i_2' = n\sin i_2 = n\sin(A - i_1') \tag{6.15}$$

如果 n 和 A 固定，偏向角就是第一入射角或折射角的函数：

$$\delta = \arcsin(n\sin i_1') + \arcsin(n\sin(A - i_1')) - A \tag{6.16}$$

满足下述条件的偏向角为最小偏向角，即

$$\frac{\mathrm{d}\delta}{\mathrm{d}i_1'} = 0, \quad \frac{\mathrm{d}^2\delta}{\mathrm{d}i'^2} > 0 \tag{6.17}$$

可以证明，在 $i_1' = A/2$，即 $i_1 = i_2'$ 或 $i_1' = i_2$ 时，偏向角最小。满足这一条件时，入射光与出射光相对于棱镜是对称的，出射光与入射光之间的最小偏向角为

$$\delta_{\min} = 2\arcsin\left(n\sin\frac{A}{2}\right) - A \tag{6.18}$$

在设计棱镜光谱仪时，特别是单色仪中，通常选择光谱范围中间波长满足最小偏向角的条件来放置棱镜，因为此时光路对称，便于设计和实现。对称光路棱镜产生的像差也最小，棱镜尺寸也能做到最小，同时处于该偏向角的棱镜只对折射率敏感，而对入射光束的平行度不敏感。

将偏向角相对波长的变化率称为棱镜的角色散，即[2]289

$$\frac{\mathrm{d}\delta_{\min}}{\mathrm{d}\lambda} = \frac{\mathrm{d}\delta_{\min}}{\mathrm{d}n} \cdot \frac{\mathrm{d}n}{\mathrm{d}\lambda} = \frac{2\sin\left(\dfrac{A}{2}\right)}{\sqrt{1 - n^2\sin^2\left(\dfrac{A}{2}\right)}} \cdot \frac{\mathrm{d}n}{\mathrm{d}\lambda} \tag{6.19}$$

由上式可以看出，棱镜角色散与棱镜顶角 A、棱镜材料的色散能力 $\mathrm{d}n/\mathrm{d}\lambda(\mathrm{mm}^{-1})$ 有关。材料的色散能力可用色散公式表示，如柯西色散公式为

$$n_\lambda^2 = A_0 + A_1\lambda^{-2} + A_2\lambda^{-4} \tag{6.20}$$

其中 A_0，A_1，A_2 为三个柯西色散系数，根据材料手册给出的色散公式及各项的系数，可算出波长范围 λ_1 至 λ_2 内的折射率 n_{λ_1}，n_{λ_2}，设 $\bar{n} = (n_{\lambda_1} + n_{\lambda_2})/2$ 为光谱范围中间波长的折射率，则根据式(6.19) 得到色散光谱区间的角距离为

$$\Delta\delta = (n_{\lambda_2} - n_{\lambda_1}) \frac{2\sin\left(\dfrac{A}{2}\right)}{\sqrt{1 - \bar{n}^2\sin^2(\dfrac{A}{2})}} \tag{6.21}$$

由于折射率与波长的关系是非线性的，棱镜色散后谱线间的角距离与波长也不是成正比的，即色散是非均匀的。在棱镜光谱中，紫色部分展开的范围比红色部分展开的范围大得多。为了得到大的角色散，要求材料有较大的折射率，而且棱镜的顶角要大，但是，顶角增大时，入射角也增大，光线在界面的反射损失增加，甚至在第二个界面上入射角超过临界角发生全反射。

在选择棱镜材料时，需要棱镜在工作光谱范围内高度透明，根据增大棱镜角色散的要求，要求材料的色散能力强。此外，还要求棱镜材料光学一致性好，即折射率均匀，化学和热稳定性好，折射率随温度变化小，并且容易获得大块折射率均匀的材料，具有良好的加工性。表6.1 为常用棱镜材料及适用光谱范围。

由于折射棱镜实现了比光栅分光更高的效率和更低的偏振敏感度，可在相对较小的光学孔径条件下得到所需的信噪比，并能减小仪器的尺寸和重量，因此在航天遥感器中也得到广泛应用。例如，我国资源一号 02C 卫星上搭载的全色多光谱相机 PMS，其多光谱四通道波段的获取就采用色散棱镜来实现。意大利航天局于 2019 年 3 月发射的 PRISMA (PRecursore IperSpettrale della Missione Applicativa) 卫星，其载荷 PRISMA 为棱镜高光谱仪，采用放置在平行光束中的折射棱镜进行光谱色散，可获取可见光通道的 66 个光谱带和短波红外通道的 171 个光谱带[7]。

表 6.1   **常用棱镜材料及适用光谱范围**

材料名称	适用光谱范围	特 点
光学玻璃	360nm~2μm	高折射率和大色散率，容易获得大块光学性质均匀一致的材料，加工性好，价格便宜，是最常用的棱镜材料。缺点是工作光谱范围较窄
石英(SiO_2)	200nm~4μm	在 200~380nm 的紫外区透明性比一般光学玻璃好，紫外光谱仪棱镜多用石英。折射率和色散率略低。晶体石英制造的棱镜具有双折射和旋光问题(注：一束光波投射到晶体界面上产生两束折射光束，这种现象称为双折射。线偏振光通过某些物质时，其振动面将以光的传播方向为轴发生旋转，这称为旋光。)

续表

材料名称	适用光谱范围	特　　点
萤石（CaF_2）	130nm~9μm	可用于远紫外和远红外区，折射率和色散率低于光学玻璃和石英。萤石晶体各向同性，没有双折射和旋光。萤石在短波照射下会发出荧光，形成有害的杂散光，萤石质地软而脆，不容易加工
碱金属卤化物	氯化钠：200~400nm，2.5~15μm；氟化钠：130~200nm，3~7μm；溴化钾：10~25μm；碘化铯：25~50μm	由人工培育晶体方式获得，比玻璃和石英具有更宽的光谱范围，具有较大的色散率，可作为红外光谱仪的光学元件和光谱棱镜材料。主要缺点是机械强度差，吸收性强，容易潮解，因此制造光学元件一般要密封或加镀透明保护膜

6.3　光栅

　　由大量等宽等间距的平行狭缝构成的光学元件称为光栅，光栅能将入射光的振幅和/或相位进行空间周期性调制从而实现分光，与棱镜相比，光栅分光具有光谱范围宽、角色散率大且色散线性、光谱分辨率高等特点。

　　按照光栅表面的形状区分，光栅可分为平面光栅和球面光栅，球面凹面光栅和凸面光栅是应用较为广泛的球面光栅[2]290。按照工作方式区分，光栅可分为利用透射光衍射的透射光栅和利用反射光衍射的反射光栅两类。透射光栅是在光学平板玻璃上刻划出一道道等宽等间距的刻痕制成，刻痕处不透光，未刻处则是透光的狭缝，狭缝通过光的衍射效应产生透射光栅条纹。反射光栅是在金属反射镜上刻上大量等宽等间隔的刻痕，刻痕上发生漫反射，未刻处在反射光方向发生衍射，相当于一组衍射狭缝。透射光栅与反射光栅在分光原理上并无差别，下面以平面透射光栅为例讨论光栅方程，其结论同样适用于反射光栅。

6.3.1　光栅方程

　　单色平行光入射至单个狭缝产生夫琅禾费单缝衍射现象，最后得到的线光源不是一条亮线，而是明暗交替的线条纹。透射光栅有许多透光的狭缝，当单色平行光透过这些狭缝时，由于同方向出射的狭缝光束之间存在固定的相位差，这些光束相干叠加，将在像面上形成干涉条纹，又由于单缝衍射作用，最终在焦平面上得到的透射光栅条纹是单缝衍射和多缝干涉组合的干涉-衍射条纹。

　　如图6.10所示，设有一束平行的单色光以 θ_0 角入射至光栅狭缝，狭缝间距为 d（又称为光栅常数），相邻狭缝出射的两条平行光线在到达会聚透镜焦面时的光程差 Δ 为 BL $\pm AK$，

$$\Delta = d(\sin\theta \pm \sin\theta_0) = dp \tag{6.22}$$

　　式中，θ 为衍射角，参变量 p 为

$$p = \sin\theta \pm \sin\theta_0 \qquad\qquad (6.23)$$

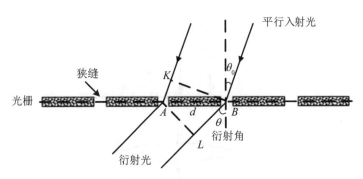

图 6.10　透射型衍射光栅示意图

以光栅法线为参考，当考察与入射光同侧的衍射光谱时取"＋"号，如反射型衍射光栅，当考察与入射光异侧的衍射光谱时取"－"号，如透射型衍射光栅。

各个狭缝在 θ 角方向射出的光束具有相同的强度，且彼此间的光程差为一常数，在透镜的焦面上，它们相互叠加，产生多光束干涉的强度分布。当光程差为波长的整数倍时，同相位的多光束叠加使强度增强，得到一系列强度相等的主极大，主极大位置由光栅方程决定，即

$$\Delta = d(\sin\theta \pm \sin\theta_0) = \pm m\lambda \qquad (m = 0,\ 1,\ 2,\ \cdots) \qquad (6.24)$$

式中，m 称为光栅的干涉级次。

光栅方程决定了光栅多缝干涉主极大的位置，如光栅的狭缝数为 N，多缝干涉条纹的两个相邻主极大之间有 $N-1$ 个强度为零的极小，出现极小的原因是光束间的相位差满足一定关系时，N 光束叠加使强度为零。极小的位置由下式决定：

$$d(\sin\theta \pm \sin\theta_0) = \pm n\frac{\lambda}{N} \quad (n = 1,\ 2,\ 3,\ \cdots \text{且 } n \neq N,\ 2N,\ 3N,\ \cdots) \quad (6.25)$$

例如，以白光垂直照射光栅（$\theta_0 = 0°$），根据光栅方程，各种色光零级极大（$m = 0$）的空间位置相同（$\theta = \theta_0 = 0°$），光束沿着直线传播，因此像面上中央条纹为白条纹，没有色散作用，而在中央白色条纹的两侧将产生各个级次（$m > 0$）的色散光谱，如图 6.11 所示。以光栅条纹的一级极大（$m = \pm 1$）为例，由于紫光的波长小于红光，紫光的一级极大距中央条纹最近（θ 最小），而红光的极大距中央条纹最远（θ 最大），结果在中央条纹的两侧形成由紫光到红光逐渐向外延伸的一级色散光谱。同样，当 $m = 2,\ 3,\ \cdots$ 时，将产生与中央条纹对称的第二级、第三级和更高级次色散光谱。

根据光栅方程，波长 λ 色光的 m 级极大与波长 λ' 色光的 m' 级极大满足下列条件时，它们的空间位置会相互重叠（衍射角 θ 相等）：

$$m\lambda = m'\lambda' \qquad\qquad (6.26)$$

即若 $m = 2$，$m' = 3$，则 $\lambda' = 2\lambda/3$。如 2 级谱线红波长为 780nm 的谱线位置和 3 级光谱中绿色 520nm 的谱线位置重合，3 级光谱中紫色端波长为 390nm 的谱线和 2 级光谱中黄光 585nm 的谱线位置重合，这一情况在应用光栅来进行光谱分析时是不被允许的，因此

需要配置截止滤光片以避免高级次光谱的混杂，或使用小 m 级次的谱线位置以获取较大范围的不重叠区。

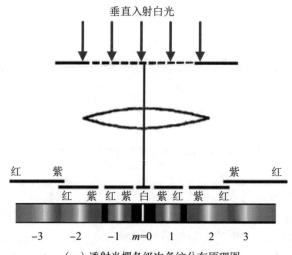

（a）透射光栅各级次条纹分布原理图

（b）透射光栅分光效果图

图 6.11　透射光栅分光原理

6.3.2　光栅的色散本领

光栅的色散本领通常用角色散和线色散来表示。波长相差 0.1nm 的两条谱线分开的角距离称为角色散，它与光栅常数 d 和谱线所属的级次 m 的关系可由光栅方程求得。对光栅方程两边求微分，得到[8]

$$\frac{\mathrm{d}\theta}{\mathrm{d}\lambda} = \frac{m}{d\cos\theta} \tag{6.27}$$

等号左式为角色散。从式（6.27）可知：

（1）当 θ 较小时，对于某一确定的级次 m，$\mathrm{d}\theta/\mathrm{d}\lambda \approx m/d$ 为常数，这说明光栅的角色散在衍射较小时与波长无关，即衍射角的变化与波长变化呈线性关系，这对光谱仪器的波长标定十分有利。

（2）光栅的角色散与光谱级次 m 成正比，级次越高，角色散越大。

（3）光栅的角色散与光栅刻痕的总数 N 无关，而与光栅刻痕的间距 d 成反比，也就是说刻痕越密，角色散越大。

光栅的线色散是聚焦物镜焦面上波长相差 0.1nm 的两条谱线分开的距离，为

$$\frac{\mathrm{d}l}{\mathrm{d}\lambda} = f\frac{\mathrm{d}\theta}{\mathrm{d}\lambda} = f\frac{m}{d\cos\theta} \tag{6.28}$$

式中，f 为物镜的焦距。

角色散和线色散是光谱仪的重要质量指标，光谱仪的色散越大，就越容易将两条靠近的谱线分开。由于实际光栅中每毫米有几百条刻线或上千条刻线（d 很小），所以光栅具有很大的色散本领，这一特性使光栅光谱仪成为一种优良的光谱仪器。

6.3.3 光栅的光谱分辨能力

光谱分辨能力是光栅的另一个重要质量指标，它指的是光栅分辨两条波长差很小的谱线的能力。

考察两条波长分别为 λ 和 $\lambda + \Delta\lambda$ 的谱线，如果它们由于色散所分开的距离正好使一条谱线的强度极大值和另一条谱线强度极大值边上的极小值重合，那么根据瑞利判据，这两条谱线刚好可以分辨。波长为 λ 单色光的 m 级主极大与邻近极小值之间的角距离等于相邻极小值之间的角距离，由式（6.25）得到相邻极小值之间的角距离为[2]294

$$\sin(\theta + \Delta\theta) - \sin\theta = \frac{\lambda}{Nd} \tag{6.29}$$

等式左端和差化积得到

$$2\cos\left(\theta + \frac{\Delta\theta}{2}\right)\sin\left(\frac{\Delta\theta}{2}\right) = \frac{\lambda}{Nd}$$

设 $\frac{\Delta\theta}{2}$ 很小，此时 $\cos\left(\theta + \frac{\Delta\theta}{2}\right) \approx \cos\theta$，$\sin\left(\frac{\Delta\theta}{2}\right) \approx \frac{\Delta\theta}{2}$，代入上式得到

$$\Delta\theta = \frac{\lambda}{Nd\cos\theta} \tag{6.30}$$

又根据式（6.27），波长 λ 和 $\lambda + \Delta\lambda$ 单色光的 m 级主极大之间的角距离为

$$\Delta\theta = \frac{m}{d\cos\theta}\Delta\lambda \tag{6.31}$$

令式（6.30）与式（6.31）相等，则光栅的光谱分辨率可定义为

$$\frac{\lambda}{\Delta\lambda} = mN \tag{6.32}$$

式（6.32）表明，光栅的光谱分辨率正比于光谱级次 m 和光栅线数 N，与光栅常数 d 无关。若光栅的总宽度为 l，光栅的刻线数 $N = l/d$。由于高级次谱线的强度很弱，实际光栅分光所使用的光谱极较低（$m = 1$ 或 2），但光栅线数 N 是一个很大的数目，因此光栅的光谱分辨本领仍然是很高的。例如，对于每毫米 1200 线的光栅，若光栅宽度为 60mm，则在 1 级光谱中的光谱分辨率为

$$A = mN = 1 \times 60 \times 1200 = 72000$$

它对于 λ = 600nm 的红光，所能分辨的最小波长差为

$$\Delta\lambda = \frac{600}{72000} \approx 0.008\text{nm}$$

这样高的分辨能力棱镜分光是达不到的，所以在分辨能力方面光栅远优于棱镜。

6.3.4　闪耀光栅

平面透射光栅的最大缺点是透过光栅的能量大多集中在无色散的零级光谱内，能分光的其他各级能量非常弱。闪耀光栅可以把能量集中到能分光的某一光谱级上去，实现对该级光谱的闪耀[2]295。从结构上看，闪耀光栅是平面反射光栅，它是以磨光的金属板(例如金属铝)为坯子，用楔形钻石刀头在其表面上刻划出一系列等间距的锯齿形槽面(相当于狭缝)制成。

如图 6.12 所示，当白光照射平面反射光栅时，在光栅法线的镜面反射方向，白光中各种色光的多光束干涉的级次为 0，形成无色散的零级光谱。单槽面衍射光最大光强在相对槽面法线的镜面方向，对于平面反射光栅来说，光栅法线和槽面法线相同，因此无色散的零级光谱衍射能量最大。

当白光照射闪耀光栅时，由于槽面和光栅面不平行，光栅表面法线和槽面法线并不一致，无色散的零级光谱在相对于光栅表面法线的镜面反射方向，而单个槽面衍射最大光强的方向在相对于槽面法线的镜面反射方向，因此，能量最大的衍射光被集中到有色散和分光能力的某级(如 $m = -1$ 级)衍射光谱上，这就是闪耀光栅的基本工作原理。

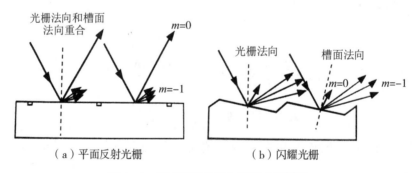

（a）平面反射光栅　　　　　　　（b）闪耀光栅

图 6.12　平面反射光栅和闪耀光栅[2]295

假设光栅截面如图 6.13 所示。槽面与光栅平面之间的夹角称为闪耀角，在图中以 γ 表示，设入射光相对于槽面以入射角 α 入射，以 β 角衍射，相对于光栅面以入射角 i 入射，以 θ 角衍射。就单槽面衍射而言，当 $\alpha = \beta$ 时，单槽面衍射光的强度达到主极大，即在相对槽面法线的镜面反射方向衍射光的光强最大。根据几何关系，$\alpha = i - \gamma$，$\beta = \gamma - \theta$，由此可得到入射角、衍射角与闪耀角之间的关系：

$$i + \theta = 2\gamma \tag{6.33}$$

闪耀光栅衍射条纹是多槽面反射光束之间的干涉和单槽面的衍射共同作用的结果，闪

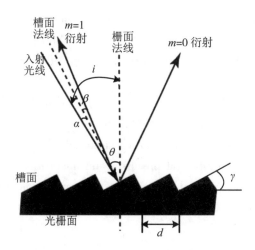

图 6.13　闪耀光栅截面及工作原理图

耀光栅多光束干涉的主极大的角位置同样可用光栅方程表示，即

$$d(\sin i \pm \sin\theta) = m\lambda \qquad (6.34)$$

d 为刻槽面的中心距，称为光栅常数，m 为闪耀光栅的干涉级次，$m = 0$，± 1，± 2，$\cdots$ 为整数。当衍射光、入射光在栅面法线同侧时取 + 号，衍射光、入射光在栅面法线异侧时取 – 号，本例中取 + 号，假设干涉级次 $m = 1$，光栅方程可表示为

$$d(\sin i + \sin\theta) = \lambda_B \qquad (6.35)$$

那么，波长 λ_B 的干涉 1 级光谱就在 θ 方向上，与单槽面衍射的主极大重合，这一级光谱将获得最大的光强度，波长 λ_B 称为 1 级闪耀波长。应用中，当光栅给定(d，γ 已知)，已知入射角 i 时，则根据式(6.33)和式(6.35)可求出发生闪耀的衍射角 θ 及闪耀波长 λ_B。

因单槽面衍射的极小位置由槽面宽度决定，多槽面干涉的极小位置由槽面间距 d 决定，而闪耀光栅的槽面宽度近似等于槽面间距 d，所以波长 λ_B 的其他级次的干涉光谱都几乎和单槽面衍射的极小位置重合，致使这些级次光谱的强度很小，这就是说，在总能量中它们所占比例甚小，而大部分能量(80%以上)都集中到 1 级光谱上了，因此，闪耀光栅使主能量方向与能够分光的 1 级干涉光方向重合，且在同一级光谱中只对闪耀波长产生极大光强度，而对于其他波长不能产生极大光强度，因而可实现特定波长附近范围内的分光。在现代的光栅光谱仪中，利用透射光栅作为分光元件已经很少，反射光栅尤其是闪耀光栅已被大量使用。

参考文献

[1]梁铨廷. 物理光学 [M]. 3 版. 北京：电子工业出版社，2012.

[2]周世椿. 高级红外光电工程导论 [M]. 北京：科学出版社，2014.

［3］REUTER D C，MCCABE G H，DIMITROV R，et al. The LEISA/Atmospheric Corrector
（LAC）on EO-1：IEEE International Symposium on Geoscience and Remote Sensing，
Sydney，NSW，Australia，9-13 July 2001［C］，New York：IEEE，2001，1：46-48.

［4］EOPORTAL. EO-1 ［EB/OL］．［2020-5-10］．https：//directory. eoportal. org/web/eoportal/
satellite-missions/e/eo-1.

［5］马文坡. 航天光学遥感技术［M］. 北京：中国科学技术出版社，2011.

［6］EOPORTAL. INSAT-3D ［EB/OL］．［2020-5-17］．https：//directory. eoportal. org/web/
eoportal/ satellite-missions/pag-filter/-/article/insat-3d.

［7］EOPORTAL. PRISMA（hyperspectral precursor and application mission）［EB/OL］．［2020-
07-29］. https：//directory. eoportal. org/web/eoportal/satellite-missions/p/prisma-hyperspectral.

［8］廖延彪. 成像光学导论［M］. 北京：清华大学出版社，2008.

第7章 探 测 器

探测器是一种辐射能转换器，主要用于将接收到的辐射能转换为便于测量或观察的电能、热能等其他形式的能量。根据能量转换方式，探测器可分为热探测器和光子探测器两大类。

热探测器的工作机理是基于入射辐射与探测材料的热电效应，即入射辐射产生热引起探测材料某一电特性的变化，热探测器的响应正比于所吸收的热辐射能量。热探测器在能够提供精确的测量之前，需要一定时间以达到热平衡状态。热探测器中的热电效应包括：电阻温度效应、温差电效应和热释电效应等。利用不同物理效应可设计出不同类型的热探测器，如热敏电阻、热电偶/热电堆、热释电探测器等。

光子探测器是基于入射光子与探测材料相互作用产生的光电效应，具体表现为探测器探测单元中自由载流子(即电子和/或空穴)数目的变化。由于这种变化是由入射光子数的变化引起的，光子探测器的响应正比于吸收的光子数。光子探测器中的光电效应包括：光生伏特效应、光电导效应、光电磁效应和光发射效应等，光子探测器也进一步分为光导探测器、光伏探测器、光发射探测器等。

各种热探测器、光子探测器的作用机理虽然各有不同，但其基本特性都可用噪声等效功率、探测率、响应率、光谱响应、响应时间等性能参数来描述。

7.1 热探测器

7.1.1 热电效应

热探测器也通称为热能量探测器，其原理是利用辐射的热效应，通过热电变换来探测辐射。入射到探测器光敏面的辐射被吸收后，引起探测元的温度升高，探测元材料的某一物理量随之而发生变化。利用不同热效应可设计出不同类型的热探测器，其中最常用的有电阻温度效应(热敏电阻)、温差电效应(热电偶、热电堆)和热释电效应。

由于各种热探测器都是先将辐射转化为热并产生温升，而这一过程通常很慢，所以热探测器的时间响应要比光子探测器大得多，探测性能也弱于光子探测器。因此，热探测器不适合用于快速、高灵敏度的探测，但其最大优点是光谱响应范围较宽且较平坦。

在研究材料的热特性时，将会用到热学中常用的物理量，为帮助理解，将它们的定义及其与对应电子学的物理量作类比，如表 7.1 所示。

表7.1   **热学和电子学物理量的类比**[1]178

热学量(单位)	定义	电学量(单位)	定义
热流(W)	单位时间的热量	电流(A)	单位时间的电量
温差(K)	温度差	电压(V)	电位差
热导(W·K^{-1})	热流/温差	电导(A·V^{-1})	电流/电压
热阻(K·W^{-1})	温差/热流	电阻(V·A^{-1})	电压/电流
热容(W·s·K^{-1})	热量/温差	电容(A·s·K^{-1})	电量/电压
热时间常数(s)	热阻×热容	电时间常数(s)	电阻×电容

7.1.2 测辐射热计

测辐射热计(Bolometer),又称热敏电阻,其探测原理为入射到探测器材料上的辐射会引起其电阻发生变化,在外加偏置电流的作用下,通过测量材料的电阻率就可以测定吸收的辐射。测辐射热计的工作原理如图7.1所示。

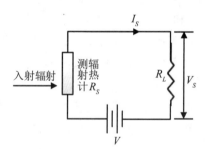

图 7.1   测辐射热计工作原理图

当照射到热敏电阻的辐射发生变化时,材料温度变化有一个时间延迟,此延迟取决于热敏电阻内部的热学结构,用热平衡方程可表达为[1]178

$$C \frac{\mathrm{d}\Delta T_d}{\mathrm{d}t} + G_e \Delta T_d = \Delta \Phi \tag{7.1}$$

式中,$\Delta \Phi$ 为入射辐射通量增量(W),ΔT_d 为探测元温度增量(K),G_e 为探测元有效热导(W·K^{-1}),C 为探测元热容(J·K^{-1})。

该式表明,入射辐射通量的变化 $\Delta \Phi$ 由两部分组成,一部分通过传导或辐射方式耗散,耗散的功率取决于探测元的热导 G_e,另一部分以蓄热方式储存起来,该部分取决于探测元的热容 C。假设入射辐射通量按正弦变化:

$$\Delta \Phi = \Delta \Phi_0 \cos \omega t \tag{7.2}$$

ω 为热辐射周期变化角频率。则微分方程(7.1)的稳定解为

$$\Delta T_d = \frac{\varepsilon \Delta \Phi_0}{G_e (1 + \omega^2 \tau^2)^{1/2}} \tag{7.3}$$

热敏电阻的电阻变化为

$$\Delta R_d = \Delta T_d R_d \alpha = \frac{R_d \alpha \varepsilon \Delta \Phi_0}{G_e (1 + \omega^2 \tau^2)^{1/2}} \tag{7.4}$$

式中，R_d 为探测元电阻，α 为热敏电阻的温度系数，ε 为探测元吸收率（或发射率），τ 为热时间常数，其值等于热容与有效热导之比 C/G_e。

热敏电阻的平均响应热时间常数 τ 为热容与热导之比，要减小热时间常数，探测元应有较小的热容和较大的热导（或较小的热阻）。但是，较小的热阻意味着同样的入射辐射功率产生较小的温升，就会影响响应率。因此，热敏电阻探测元通常具有薄片状结构以增大接收面积和减小热容量，使用热特性不同的基片，热敏电阻的时间常数 τ 可达 $1 \sim 50\mathrm{ms}$。

7.1.3 热电偶和热电堆

热电偶是利用双金属结或半导体结的热伏效应将红外辐射热能转变为电压信号的器件。把两种金属或半导体材料的两端接触在一起形成一个结点，另两端开路，就形成了一个热电偶结构，而由一个以上热电偶组成的响应单元叫热电堆[1]179。

加热热电偶的结点时，结点为热端，开路端为冷端。结点和开路端有温度差，在开路的两端会产生一定的热电势，这是由于温度梯度使得材料内部的载流子向冷端移动造成电荷累积的结果，这一现象被称为塞贝克效应，或称为热伏效应、温差电效应。如果热端作为探测器的敏感元，则在冷端可以测到由于敏感元吸收红外辐射后温升产生的热电势。

如图 7.2 所示，两种不同材料的金属丝（如铋-银、铜-康铜等）连接成热接点 J_1，固定在接收器上，接收器即响应元，当响应元温度从 T_d 上升到 $T_d + \Delta T_d$ 时，开路热电动势为

$$V_o = P_{ab} \Delta T_d \tag{7.5}$$

其中 P_{ab} 为两种材料的热电率（$\mathrm{V \cdot K^{-1}}$），表示每一度温差所产生的热电电压。

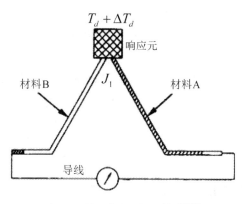

图 7.2　热电偶探测器结构[1]179

设入射辐射通量 Φ 交流变化，变化角频率为 ω，定义响应元的响应率 R 为输出电压与入射辐射通量的比值，则有[1]179

$$R = \frac{V_o}{\Phi} = \frac{\varepsilon P_{ab} r_{\text{therm}}}{(1 + \omega^2 \tau^2)^{1/2}} \quad (7.6)$$

式中，ε 为响应元的发射率，r_{therm} 为热结点和响应元的热阻之和，$\tau = r_{\text{therm}} \cdot C$ 为热电偶的热时间常数。要提高探测元的响应率 R，应减少热电偶的热时间常数 τ，因而需减小热容或减小热阻，然而热阻过小将使响应率降低，所以热探测器的响应时间受到热结构的限制，一般在几十毫秒。

7.1.4　热释电探测器

热释电探测器基于热释电效应，如图 7.3 所示。有自发极化的晶体，其表面会出现面束缚电荷，而这些面束缚电荷平时被晶体内部和外部来的自由电荷所中和，因此在常态下呈中性。如果交变的辐射照射在光敏元上，则光敏元的温度、晶片的自发极化强度以及由此引起的面束缚电荷的密度均以同样频率发生周期性变化，如果面束缚电荷变化较快，自由电荷来不及中和，在垂直于自发极化矢量的两个端面间会出现交变的端电压。

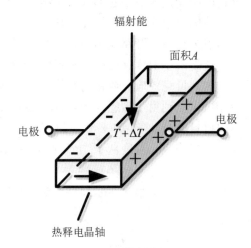

图 7.3　具有电极的热释电探测器

与其他热探测器一样，热释电探测器的工作原理可以用三个过程来描述：辐射转化为热为吸收过程，热转化为温度为加热过程，温度转化为电则为测温过程。根据热平衡方程，对以 ω 为周期变化的辐射，探测元的温度变化为[1]181

$$\Delta T_d = \frac{\varepsilon \Phi}{G (1 + \omega^2 \tau_T^2)^{1/2}} \quad (7.7)$$

式中，$\Phi(\text{W})$ 为正弦变化的辐射通量，ε 为探测元的发射率，$G(\text{W} \cdot \text{K}^{-1})$ 为探测元的热导，$\tau_T(\text{s})$ 为探测元的热时间常数，其值为热敏元的热容与热导之比。

热释电探测器是一个电容性的低噪声器件，其等效电路如图 7.4 所示。热释电电流与辐射角频率 ω、探测元面积 A_d、温升 ΔT_d 成正比，可表达为

$$i_d = \omega P A_d \Delta T_d \quad (7.8)$$

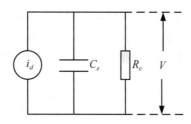

图 7.4　热释电探测器的等效电路

其中，P 称为热电系数。等效电路输出端的信号电压为

$$V_s = i_d \mid Z \mid = \omega P A_d \Delta T_d R_e (1 + \omega^2 \tau_e^2)^{-1/2} \tag{7.9}$$

式中，$\tau_e = R_e C_e$ 为电时间常数，R_e，C_e 分别为探测器和前置放大电路的等效输入电阻、等效电容。

定义探测器响应率 R 为输出电压与入射辐射通量的比值：

$$R = \frac{V_s}{\Phi} = \frac{\omega P A_d \varepsilon R_e}{G} (1 + \omega^2 \tau_T^2)^{-1/2} (1 + \omega^2 \tau_e^2)^{-1/2} \tag{7.10}$$

由上式可以看出，热释电探测器的频率响应可分为三段：

(1) 低频段，即 $\omega \leqslant 1/\tau_T$。

当 $\omega = 0$ 时，热释电探测器的直流响应为 0。在低频段，热、电时间常数对响应率的影响可以忽略。热释电探测器的响应率主要受辐射调制频率的影响，与角频率成正比。

(2) 中频段，即 $1/\tau_T < \omega \leqslant 1/\tau_e$。

受辐射频率和热时间常数的影响，热释电探测器在中频段的响应率近似为常数。

(3) 高频段，即 $\omega > 1/\tau_e$。

受电时间常数的影响，热释电探测器在高频段的响应率与辐射频率成反比。

图 7.5 给出了对数温差 $\lg(\Delta T_d)$ 和对数响应率 $\lg R$ 随 $\lg\omega$ 的变化曲线。

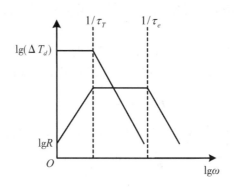

图 7.5　热释电器件温差和响应率受工作频率的影响[1]181

常见的热释电材料有单晶、陶瓷、薄膜等种类。单晶热释电晶体的热电系数高，介质损耗小，性能最好的热释电探测器大多选用单晶制作，如硫酸三甘肽晶体材料（TGS）、掺

入 L-α 丙氨酸(LA)后的 LATGS 晶体和钽酸锂晶体(LiTaO$_3$)等。陶瓷热释电晶体成本较低，响应较慢，如压电陶瓷探测器。薄膜热释电材料一般可以做得很薄，因而对于制作高性能的热释电探测器十分有利。总体来说，热释电探测器光谱响应范围很宽，可以非制冷工作，且性能均匀，功耗低，成像型的热释电面阵已广泛用于辐射测量，有很好的应用前景[1]182。

7.2 光子探测器

7.2.1 固体能带理论

固体能带理论是表示固体中电子能量分布方式的一种简便方法，扼要介绍一下这一理论将有助于理解探测器内部产生的光电效应[1]183。

在简单的波尔原子模型中，绕原子核旋转的电子被限制在分立的能级上，它们各有各的轨道直径。除非原子被激发，电子都占据着较低的能级。固体的原子靠得很近，由于量子力学的结果，单个原子的分立能级扩展成近于连续的能带，这些能带被电子的禁带所隔离。能级最低的能带称为价带，价带为电子完全占有，价带完全充满时，价电子对材料的电导率没有贡献。下一个较高的能带，无论有无电子占有，都称为导带。导带中的电子对材料的电导率有贡献。将价带、导带隔离的禁带称为能隙带，能隙带中不可能有电子占有。禁带的能带宽度也称为带隙。

导体、绝缘体和半导体有不同的能带结构(如图 7.6 所示)。导电体的能隙带较窄，仅有几分之一电子伏特，导带为电子填充。绝缘体的禁带很宽，为 3eV 或更大，导带是空的，价电子不可能获得足够的能量升到导带中去。

半导体的电导率介于绝缘体和金属之间。纯净半导体的禁带相对窄一些，因此，即使在室温下，半导体的一些价电子也能获得足够的能量，跃过禁带而到达导带，这些电子原来占据的位置称为空穴，当存在电场或磁场时，空穴容易被周围电子填充而流动到另一个位置，形成空穴的流动，因此可把空穴和电子看作电极性相反的载流子，两者贡献各自的电导率。

入射光子的能量必须大于半导体材料的禁带宽度，电子才能被激发到导带并产生电子空穴对载流子。因此，材料的禁带宽度决定了探测器光谱响应的截止波长。设光子能量为

$$E = h\nu = h \cdot \frac{c}{\lambda} \tag{7.11}$$

如果光子能量用电子伏特(eV)表示，波长用 nm 表示，可得

$$E = \frac{1240}{\lambda}(eV) \tag{7.12}$$

由于本征硅的能带隙为 1.12eV，硅探测器光谱响应的截止波长为

$$\lambda_{cutoff} = \frac{1240}{E_{gap}} = 1100(nm) \tag{7.13}$$

因此，硅探测器的光谱响应仅限于可见光、近红外波段。

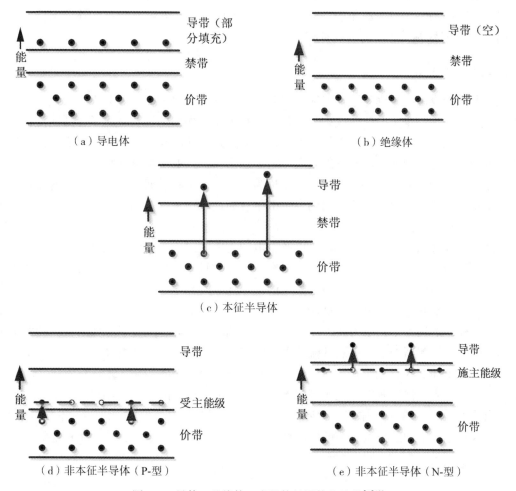

图 7.6 导体、绝缘体、半导体的固体能隙带[1]183

普通本征半导体的禁带宽度均超过 0.18eV，其响应的长波将小于 7μm，要增加探测器响应的长波限就必须减小半导体材料的禁带宽度。如碲镉汞（HgCdTe）材料通过改变镉组分占比的方法改变禁带宽度，其对应的探测光子波长可覆盖整个红外波段。

增加红外探测器响应波长的另一种方法是在纯净半导体中加入少量的其他杂质，称为掺杂，所得到的材料称为非本征半导体。非本征半导体电子的能级跃迁发生在价带至杂质或杂质带至导带之间，由于杂质能级非常接近价带或导带，因此响应的长波限可延伸至远红外。

许多红外探测器都用锗、硅作为非本征材料的主体材料，可表示为 SiX、GeX。锗、硅原子有 4 个价电子，它们和 4 个周围的价电子构成共价键，如果把仅有 3 个价电子的杂质原子掺到锗中，短缺电子的杂质称为受主，受主从主体材料中接收电子，在价带中产生一个过剩的空穴载流子，材料成为 P 型材料。由于杂质能级恰好靠近主体材料价带的顶部，电子从价带跃迁到杂质空穴，只需要很小的能量，如图 7.6(d) 所示。与此类似，如果掺入有 5 个或更多价电子的杂质，多余电子的杂质成为电子的施主，掺杂后成为 N 型材料，导带中的电子成为载流子。P 型、N 型材料原则上都可用来制作红外探测器，通常用的还是 P 型材料，掺入的杂质有硼、砷、镓、锌等。

7.2.2 光电效应

按照普朗克的量子理论，辐射能量以微粒形式存在，这种微粒称为光子或量子。当入射光子与金属中的电子碰撞时，则将能量传递给电子，如果电子获得光子全部能量，则光子不复存在。如果电子获得的能量大到足以使其穿过表面的势垒，就能从表面逸出，这一效应称为外光电效应或光电子发射效应。电子逸出所需做的功与材料特性有关，由于光子能量随频率而变，故存在一个长波限，或称为截止波长，超过截止波长的光子的能量均低于逸出功，不足以产生自表面逸出的自由电子。因此，光发射探测器的响应只能延伸到近红外的一个小范围。

能量小于逸出功的光子虽然不足以产生电子发射，但仍可产生内光电效应。内光电效应是指光子传递的能量使电子从非导电状态变为导电状态，从而产生了载流子，载流子的类型取决于材料的特性，如果材料是本征的，即纯净的半导体，一个光子产生一个电子空穴对，它们分别是正、负电荷的携带者。如果材料是非本征的，即掺杂的半导体，光子则产生单一极性的载流子，或为正，或为负，不会同时产生两种载流子。如果在探测器上加电场，则流过探测器的电流将随载流子数量的变化而变化，称为光电导效应。

如果光子在 P-N 结附近产生电子-空穴对，结间的电场就使两类载流子分开，而产生光电压，称为光生伏特效应。光伏探测器不需要外加偏压，因为 P-N 结已提供了偏压。

当电子-空穴对在半导体表面附近形成时，它们试图向深处扩展，以重新建立电中性，如果在这一过程中加上强磁场，就使两种载流子分开而产生光电压，称为光磁电效应。

7.2.3 光电导探测器

光电导探测器是一种利用光电导效应来探测红外辐射的器件，图 7.7 展示了光电导探测器的结构模型与信号输出电路。探测器 R_d 吸收入射光子，产生自由载流子，进而引起自身电导率的变化，即元件电阻发生变化，此时在输出电路中对探测器加一个恒定的偏流，则检测电阻变化引起的电压变化就能检测入射辐射量的变化。

探测器电阻和电导率的关系为

$$R_d = \frac{l}{\sigma A_d} \tag{7.14}$$

式中，l 为长度，A_d 为探测器受光表面面积，σ 为元件电导率。

光导探测器响应率正比于光照后电导率的相对变化，而电导率的相对变化可表示为

$$\frac{\Delta\sigma}{\sigma} = \frac{\eta\tau\mu e}{d\sigma} \tag{7.15}$$

式中，η 为量子效率，τ 为自由载流子寿命，μ 为迁移率，e 是电子电荷量，d 为探测器厚度。量子效率定义为受光表面接收到的光子转换为电子–空穴对的百分比例，即量子效率等于光生电子空穴对数除以入射光子数。载流子在复合前的平均生存时间，称为载流子

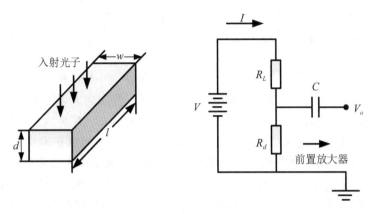

图 7.7 光导探测器结构模型和信号输出[1]185

寿命。自由载流子寿命取决于复合过程，在一定程度上可由材料配方和杂质含量来控制，自由载流子寿命是一个极其重要的参数，除影响响应率外，还影响探测器的时间常数。迁移率是单位电场强度下所产生的载流子平均漂移速度，迁移率代表了载流子导电能力的大小，它和载流子(电子或空穴)的浓度决定了半导体的电导率。

从式(7.15)可看出，光导探测器的高响应率要求探测器有较高的量子效率、长寿命的自由载流子、高的迁移率，以及较小的厚度。为提高探测器的量子效率，以便尽可能利用所有入射光子，可在敏感元表面镀设增透膜。高响应率还要求探测器在无光子辐照时有较低的电导率，即将非光子效应产生的载流子数降低到最小。对于长波响应的探测器材料，它们往往具有较小的禁带宽度，但在室温下，窄禁带宽度材料在无光照时就会产生大量热激发载流子，这对于探测光生载流子非常不利，解决这一问题的主要方法是制冷，一般来讲，如不制冷的话，大多数光电导探测器的响应波段不会超过 3μm，响应波段在 3~8μm 的光电导探测器，要求中等制冷(77K)，响应超过 8μm 的，要求制冷到更低的温度[1]185。例如，在航天光学遥感中，碲镉汞(HgCdTe)探测器是一种很重要的光导探测器，它已应用在很多航天光学遥感器上，这种探测器通常需要制冷到 100K 左右。

7.2.4 光伏探测器

光伏探测器是利用 PN 结光生伏特效应进行光电转换的器件，其探测光谱范围从近紫外、可见光直至远红外波谱区。如图 7.8(a)所示，在一块完整的硅片上，用不同掺杂工艺使其一边形成 N 型半导体，另一边形成 P 型半导体，那么在两种半导体的交界面附近就形成了 PN 结，PN 结是构成光伏探测器的基础。

在 PN 结中，P 型半导体和 N 型半导体结合在一起时，由于 N 区电子和 P 区空穴存在浓度差，因此将进行多子的扩散运动，大量电子和空穴在边界复合，形成一个由不能移动的带电离子组成的空间电荷区，该空间电荷区形成的内电场(结电场)将阻止载流子继续扩散，所以由载流子浓度差而产生的多子扩散作用和由多子扩散结果产生的内电场对扩散的阻碍作用最终达到平衡，使空间电荷区的宽度不再变化。空间电荷区中能移动的载流子很少，因此也被称为耗尽区或势垒区。当 P 区接高电位、N 区接低电位时称 PN 结加正向偏压，此时扩散运动加强，产生较大的正向电流，PN 结处于导通状态，当 PN 结加反向电压时，结电场增强，载流子运动较弱，PN 结截止，存在极小的反向电流，这称为 PN 结的单向导电性。

　　建立在 PN 结基础上的光电二极管如图 7.8(b)所示，当入射光子在 PN 结处或 PN 结附近被吸收后，产生的电子空穴对在结电场的作用下，空穴向 P 侧迁移，电子向 N 侧迁移。在探测器输出开路情况下，可形成正向的光电压(P 为正，N 为负)，如将探测器输出短路，可产生反向的光电流(器件内部由 N 流向 P)。光伏探测器在未受到辐照时的伏安特性曲线特性与普通二极管相同，所以有时也把光伏探测器称为光电二极管。如图 7.8(c)、(d)所示，在二极管反向偏压下(P 加负电压，N 加正电压)，当无光照时，存在微小的反向电流(称为暗电流)，当有光照时，将会产生与光照成比例的反向光电流。

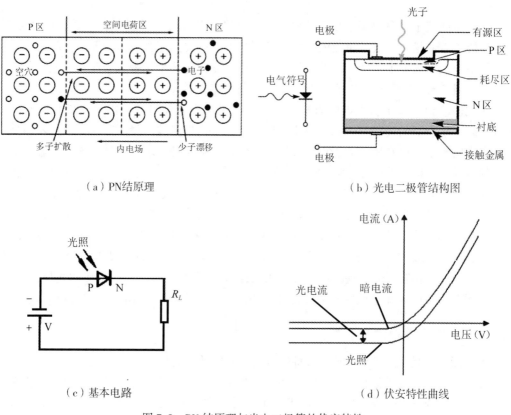

（a）PN 结原理　　　　　　　　　　（b）光电二极管结构图

（c）基本电路　　　　　　　　　　（d）伏安特性曲线

图 7.8　PN 结原理与光电二极管的伏安特性

　　设入射的光子辐射通量为 ϕ_s，则光电流大小为

$$I = \eta e \phi_s \tag{7.16}$$

　　式中，η 为量子效率，e 为电子电量。光伏探测器在理论上能达到的最大探测率比光电导探测器大 40%。另外，光伏探测器能够零偏置工作，由于是高阻抗器件，偏置功耗很

低。光伏探测器还较容易与同样为高阻抗的 CMOS 读出电路匹配（见本章第 7.7 节），因此，红外焦平面探测器至今均是光伏型的。除了用于辐射探测，光伏器件也常用作能量转换器，把光能转化为电能，例如光伏型太阳能电池或光电池就是在不加偏置电压条件下工作的电源器件，工作机理也是光生伏特效应，只是器件结构更注重能量的转换效率。

虽然光电二极管可由很多材料制成，但由硅材料制成的平面 PN 结光电二极管最先进和成熟。硅光电二极管的量子效率高，噪声小，而且用于遥感成像探测时一般不需要制冷，其光谱响应范围为 $0.4 \sim 1.1\mu m$。硅光电二极管已经应用在美国陆地卫星多光谱扫描仪（MSS，Multispectral Scanner System）和专题制图仪（TM，Thematic Mapper）等光学遥感器上。

7.2.5 光发射探测器

光发射探测器通常指能产生外光电效应的器件，又称为光电子发射探测器，这类探测器在可见、短波红外有很高的灵敏度，响应波长可达 $1.5\mu m$。光电倍增管就是一种利用光发射效应的探测器，可用于弱光（光照度 $10^{-2} \sim 10^{-6}Lx$）、微弱光（光照度小于 $10^{-6}Lx$）的检测，具有高响应速度、高灵敏度等特点。

光电子发射探测器（如图 7.9（a）所示）由光电阴极、阳极和真空管等部分组成，真空管外壳通常为玻璃，当光电子阴极吸收了能量足够大的光子后，将会发生外光电效应从表面释放电子，电子通过真空管内的电场加速后到达阳极，在这个过程中，光电阴极一般设计具有较高的光吸收率和较小的逸出功，只有能量超过光电阴极材料逸出功的电子才会被释放出来。电子被收集到阳极，通过测量相应的电流就可以确定到达光电阴极的光强。

光电倍增管是一种特殊的光电子发射探测器，它一般用于需要较高增益的微光探测场合。如图 7.9（b）所示，光电倍增管通常由光电阴极、电子倍增器（又称打拿极）、收集电子的阳极以及抽成真空的玻璃或金属容器等构成。当入射光子被光电阴极吸收后，自由电子逸出表面，从光阴极发射出的电子被加速到打拿极上，其中具有足够能量的电子打在第一个打拿极上会释放出很多个电子，这些电子被加速到达第二个打拿极上，具有足够能量的电子打在第二个打拿极上又会释放出很多电子，这些电子被加速打到第三个打拿极上，以此重复多次，这样从光电阴极发射出的一个电子通过多个打拿极到达阳极后变成很多个电子，即电子得到倍增放大，光电倍增管因此得名。

光电倍增管的内部增益很高，其增益可以估计为

$$G_c = \chi^n \tag{7.17}$$

式中，G_c 为电流增益，χ 为打拿极的电子二次发射率，n 为打拿极的数目。例如一个具有 9 级增益，电子二次发射率为 8 的光电倍增管的增益能达到 10^7 左右。光电倍增管的高增益、低噪声特性使其在一些场合得到广泛应用。

7.2.6 量子阱红外光子探测器

传统光子探测器材料中电子吸收光子后，从价带跃迁到导带，从而产生一个光生电子空穴对，这些光生载流子在外加偏压的作用下，被收集形成光电流，这是传统基于能隙带吸收半导体光电探测器的基本原理，这种吸收要求光子的能量大于材料的禁带宽度，因此

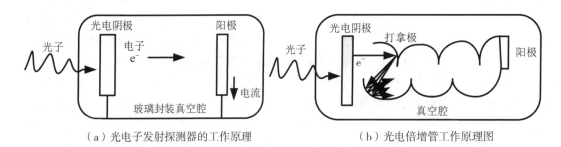

（a）光电子发射探测器的工作原理　　　　　（b）光电倍增管工作原理图

图 7.9　光电子发射探测器

对于红外光来讲，需要材料具有很小的禁带宽度才能发生这种光吸收，比如要探测 $10\mu m$ 波长的红外辐射，需要材料的禁带宽度小于 0.1eV，因此基于传统带间吸收的红外探测器一般采用具有"窄"带隙的碲镉汞(HgCdTe)材料。

量子阱红外光子探测器(QWIPs，Quantum-well Infrared Photodetectors)使用"宽"带隙材料构成的量子阱来探测光子。图 7.10 展示了在外加电场的作用下，一个束缚-激发态 QWIP 中光电流产生的示意图，通过阱结构与掺杂设计，阱内导带中的电子可处于束缚态或激发态，称为子能带，子能带之间的能级差较小，在吸收光子后，势阱中的电子可发生子能带间的跃迁，这些受激发的载流子在偏压作用下被收集形成光电流，这就是 QWIP 的基本工作原理。除了光电流，图 7.10 中还显示了三种暗电流产生机制[2]67：①基态隧道效应，②热辅助隧穿和③热电子发射，关于它们的详细描述请参阅文献[2]。

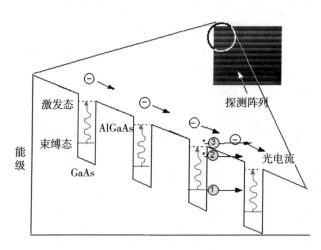

图 7.10　量子阱红外光子探测器工作示意图[2]67

目前量子阱红外探测器大多基于砷化镓(GaAs)衬底的 GaAs/AlGaAs 多量子阱结构，QWIP 响应的峰值波长由量子阱的子带能级差决定，与其他光子探测器相比，QWIP 的独特之处在于它的光谱响应峰较窄、较陡，且其响应特性可通过制造特定的束缚能级的方法来灵活改变，例如改变晶体层的厚度可改变量子阱的宽度，改变 AlGaAs 合金中 Al 的分子比可改变势阱高度,从而在较大范围内调整子能带之间的带隙,探测器就可以实现对 3~20μm 波长的辐射响应。

基于子带间跃迁原理进行工作的 QWIP 受极化选择规则的约束,即入射光电磁波电场矢量方向与量子阱生长方向一致才能被探测材料吸收和发生子带能级间的跃迁[3]13,因此,QWIP 对垂直入射光不敏感(因为垂直入射横电磁波电场方向平行于材料表面与阱生长方向垂直),因此 QWIP 常使用反射光栅将入射光线反射偏离法线方向,这种光栅结构蚀刻在 QWIP 探测像元的前面,传感器从背面接收光照,感应的光电流通过硅读出集成电路(ROIC,Read Out Integrated Circuit)进行信号测量(如图 7.11 所示)。

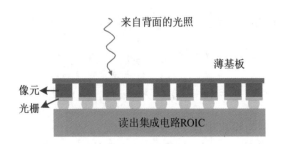

图 7.11 QWIP 结构示意图

由于 QWIP 采用了 GaAs 生长和处理的成熟技术,可以制作成大规模的成像面阵,称为焦平面阵列(FPA,Focal Plane Array)。"度身定制"的量子阱阵列每个探测器具有要求的峰值响应,并且阵列中的每一个探测单元可以和一个独立的光电倍增管相连,这样的阵列就好像是一个大数目的光电倍增管,不同的是它具有更高的量子效率,可以工作在较长波长,并有较小的结构尺寸和较低的功耗。

量子阱探测器的缺点是光谱响应峰较窄,因此研制宽波段的红外大规模面阵是发展趋势,如 8~14μm、100 万像素的量子阱成像面阵。可以预见,届时红外图像传感器和可见光图像传感器的差距将大大缩小。

7.3 探测器噪声

7.3.1 噪声概述

当以恒定的辐射通量照射探测器时,在探测器输出端得到的并不是一个恒定的电信号,探测器输出信号中总是存在着某种随机波动,称这种波动为噪声(如图 7.12 所示)。例如,电流是由电子流组成的,每一个电子都带有一份独立的电荷,电子通过电路中某一点的速率的随机起伏,就表现为电流噪声。

电噪声是一种随机变量,在任一瞬间,随机噪声的幅度和该瞬时前后出现的幅度完全无关,只能用统计的方法去表示某一幅值出现的概率。

一定时间间隔内,电压(或电流)随机起伏的均方差称为均方噪声电压(或均方噪声电

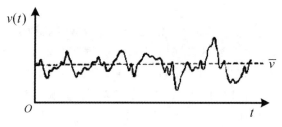

图 7.12　电噪声是一种随机变量[1]196

流)。而电压(或电流)随机起伏的均方根差则直接称为噪声电压(或噪声电流)。

$$v_n^2 = \overline{(v - \bar{v})^2} = \frac{1}{T} \int_0^T (v - \bar{v})^2 \mathrm{d}t \tag{7.18}$$

$$i_n^2 = \overline{(i - \bar{i})^2} = \frac{1}{T} \int_0^T (i - \bar{i})^2 \mathrm{d}t \tag{7.19}$$

式中，$\sqrt{v_n^2}$，$\sqrt{i_n^2}$ 分别为噪声电压 v_n 或噪声电流 i_n。

均方噪声电压(或均方噪声电流)具有噪声功率的含义。如果电路中存在两个或更多独立的噪声源，总的均方噪声为各个噪声源的均方噪声之和，即各个独立噪声源的噪声功率可以简单相加，而它们的噪声电压或噪声电流不可以直接相加。

不同类型噪声的功率随频率发生变化，可用谱密度来表示。谱密度可表示为单位带宽的均方噪声(噪声功率)，或表示为单位根号带宽内的均方根噪声，如均方电压噪声的谱密度和均方根电压噪声的谱密度分别为 $\dfrac{v_n^2(f)}{\Delta f}$ 或 $\dfrac{v_n(f)}{\Delta f}$。

探测器的总噪声包括背景光子噪声和内部固有噪声。探测器的背景光子通量的随机起伏最终表现为探测器输出电压值或电流值的随机变化，称为光子噪声，也称为背景噪声、辐射噪声[1]197。探测器内部固有噪声有热噪声、$1/f$ 噪声、产生-复合噪声、散粒噪声等类型。这些噪声的产生机理、频谱各有不同，在不同频段对探测器性能起主要影响作用的噪声也不一样。不同类型探测器，在不同频率段，探测器的总噪声是探测器背景光子噪声和内部固有噪声的均方和。下面主要探讨探测器内部固有噪声。

7.3.2　热噪声

热噪声也被称为 Johnson 噪声，它是由热平衡状态下阻性元件中载流子的随机运动产生的，它使元件两端存在随机电压。当阻性元件温度上升时，元件中的电荷载流子的动能增加，从而引起噪声电压的增加。热噪声存在于所有探测器，其噪声电压可表达为

$$V_{n,\,\mathrm{rms}} = (4kT_d R_d \Delta f)^{1/2} \tag{7.20}$$

热噪声的谱密度为

$$\frac{V_{n,\,\mathrm{rms}}^2}{\Delta f} = 4kT_d R_d \tag{7.21}$$

式中，$V_{n,\,\mathrm{rms}}$ 为均方根电压，k 为玻尔兹曼常数，T_d 为探测元绝对温度，R_d 为探测元电

阻，Δf 为电子带宽，为常量。

热噪声电压与探测元电阻和温度有关，由于热噪声电压与带宽的平方根成正比，热噪声的谱密度与频率无关，故称之为白噪声。任何电阻器本身也是一个热噪声发生器，可用同样的公式计算它的噪声电压。如果噪声源是一个阻抗而不是纯电阻，它的噪声电压只取决于阻抗的电阻部分而与电容、电感部分无关。

7.3.3 1/f 噪声

1/f 噪声也称为调制噪声或闪烁噪声，其特点是噪声功率谱密度与频率的 n 次方成反比，即噪声功率谱呈 $1/f^n$ 形式，其中 n 为系数，其值通常为 0.8~2。所有探测器都存在 1/f 噪声，目前对 1/f 噪声产生的物理机理尚不清楚，但一般认为它与半导体的接触及表面和内部存在的势垒等因素有关[4]。1/f 噪声可以用均方根电压值来表示，即

$$V_{n,\ \mathrm{rms}} \propto R_d I \left(\frac{\Delta f}{A_d d_e}\right)^{1/2} \left(\frac{1}{f}\right)^n \tag{7.22}$$

式中，I 为流过探测器的电流，A_d 为探测器光敏元面积，d_e 为探测器光敏元厚度，f 为频率。

7.3.4 产生-复合噪声

光敏元件中自由载流子的产生和复合是随机起伏的，由此产生的噪声称为产生-复合噪声（G-R Noise）。产生-复合随机起伏可由载流子的相互作用引起，也可由背景光子的随机产生引起，如果背景光子对产生-复合噪声的起伏起主要作用，则这种噪声也称为光子噪声或者背景噪声。产生-复合噪声的均方根电压为

$$V_{n,\ \mathrm{rms}} \propto R_d I \left[\frac{2\tau \cdot \Delta f}{N(1 + 4\pi^2 f^2 \tau^2)}\right]^{1/2} \tag{7.23}$$

其中 N 为探测元载流子的平均数目，τ 为载流子平均寿命。产生-复合噪声存在于所有光子探测器中，在低频和中频段，产生-复合噪声的谱密度与频率无关，可视为白噪声。对于光伏探测器，由于只有自由载流子产生的起伏对噪声有贡献，没有载流子复合起伏的复合噪声，光伏探测器的产生-复合噪声要比光导探测器小 $\sqrt{2}$ 倍。

7.3.5 散粒噪声

散粒噪声是电荷离散引起的噪声。想象一束光照射到墙上，这束光由量子化的光子构成，当照射到墙上的光斑足够亮以至于能够被肉眼直接看到时，这束光每秒钟撞击到墙上的光子可以有几十亿个，如果调低入射光通量达到光子每秒只有几个，如平均每秒出射光子数为 9，实际出射的光子数可能在前一秒是 7，下一秒是 12，这样的量子涨落被称作散粒噪声（Shot Noise）。散粒噪声的本质在于，测量到的电流强度或光强度能够给出收集到的电子或光子的平均数量，但无法得知任意时刻实际收集到的电子或光子数量，实际的数量可能会高于、低于或相当于平均数量，其分布按平均值遵循泊松分布，因此散粒噪声又称为泊松噪声[5]。

电子器件中的散粒噪声来自导体中载流子的随机涨落，多发生在 PN 结中。自由电子

和空穴以微电流脉冲的形式非连续地流过 PN 结，在外电路中表现为随机噪声电流或噪声电压。散粒噪声通常存在于光伏探测器和薄膜探测器中，光导探测器由于没有 PN 结，所以不存在显著的散粒噪声。

散粒噪声的噪声电压为

$$V_n = R_d \left(2qI\Delta f\right)^{1/2} \tag{7.24}$$

其中，I 为通过 PN 结的直流电流，包括探测器暗电流和光电流，q 为电子电量(1.6×10^{-19}C)，Δf(Hz)为电路带宽。

7.3.6 固定模式噪声

固定模式噪声(Fixed-Pattern Noise，FPN)是对数字成像传感器上的特定噪声模式给出的术语[6]，其在较长曝光拍摄期间始终显著出现，如一些特定像素的亮度始终高于其他像素的亮度。固定模式噪声来自传感器阵列中逐像元响应的微小差异，可由像素尺寸、材料的微小差异或本地电路的干扰引起，会受到环境变化的影响，如不同的温度、曝光时间等。

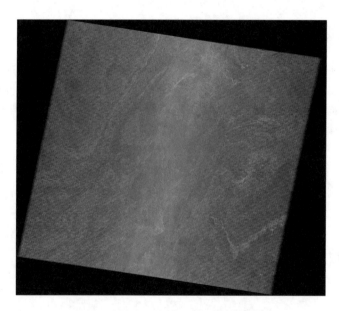

图 7.13 含有固定模式噪声的卫星影像

固定模式噪声通常包含两个参量，一个是暗信号非均匀性(DSNU，Dark Signal Non-Uniformity)，它是在没有外部照明和特定设置(温度、积分时间)下成像阵列上的噪声响应模式，是由探测器尺寸和掺杂浓度差异及制造过程中混入外界物质造成的，它是与信号无关的噪声。另一个是光响应非均匀性(PRNU，Photo Response Non-Uniformity)，它描述了逐像素上的光照射通量与输出电信号的增益或比率，对于同样的光照，当每个像素的响应平均值不同时会产生 PRNU。PRNU 由探测器尺寸、光谱响应和膜层厚度等不同引起，并且与信号有关。

采用单线阵或延迟积分技术的阵列探测器获取的图像中的条带和条纹也属于固定模式噪声，条带噪声主要是由探测器多个输出端对应的非线性放大电路的差异造成，而条纹噪声是由像元间平均响应度的不同引起。图 7.13 给出了包含卫星条带噪声的影像[7]，它是由 2003 年出现故障的 Landsat 7 拍摄得到的，由于传感器故障，影像中出现了多种固定模式的条带噪声。

7.4 探测器性能参数

7.4.1 噪声等效功率

噪声等效功率(NEP，Noise Equivalent Power)是能够产生信噪比为 1 的输出电流或电压时的入射辐射功率，即将探测器输出信号等于探测器噪声时入射到探测器上的辐射功率定义为噪声等效功率，单位为 W。由于信噪比为 1 时功率测量不太方便，可以通过测量高信号输出电压，再根据下式计算：

$$\text{NEP} = \frac{EA_d}{V_s/V_n} = \frac{P}{V_s/V_n} = \frac{P}{\text{SNR}} \tag{7.25}$$

其中，E 为入射辐照度，单位 W/cm^2；A_d 为探测器光敏元面积，单位 cm^2；P 为入射辐射功率，单位 W；V_s 为输出信号电压基波的均方根值，单位 V；V_n 为均方根值噪声电压，单位 V；SNR 为信噪比。

噪声等效功率可以反映探测器的探测能力，低于该功率的入射辐射的响应有可能淹没在噪声中(输出信噪比小于 1)，但这不等于系统无法探测到强度弱于噪声等效功率的辐射信号。如果采取相关接收技术，即使入射功率小于噪声等效功率，由于信号是相关的，噪声是不相关的，也可以将信号检测出来，但是这种检测以增加检测时间为代价。另外，强度等于噪声等效功率的辐射信号，系统并不能可靠地探测到，在设计系统时通常要求最小可探测功率数倍于噪声等效功率，以保证探测系统有较高的探测效率和较低的虚警率。

7.4.2 探测率

噪声等效功率被用来度量探测器的探测能力，但是噪声等效功率较小的探测器其探测能力却是较好的，很多人不习惯这样的表示方法，因此，定义探测率(D)为噪声等效功率的倒数，这样较好的探测器有较高的探测率。探测率可表达为[1]175

$$D = \frac{1}{\text{NEP}} \quad (\text{W}^{-1}) \tag{7.26}$$

探测器的探测率与测量条件有关，如测量时的入射辐射波长、探测器温度、调制频率、偏置电流大小、探测器面积、测量探测器噪声电路的带宽以及光学视场外热背景等。为了对不同测试条件下测得的探测率进行比较，应对探测率进行归一化。

假定探测器输出的信噪比与探测器面积的平方根成正比，又由于探测器总噪声功率谱在中频段较为平坦，可认为测得的噪声电压只与测量电路带宽 Δf 的平方根成正比，因此可定义一种对探测器面积和测量电路带宽归一化的探测率：

$$D^* = D \, (A_d \Delta f)^{1/2} = \frac{(A_d \Delta f)^{1/2}}{\text{NEP}} \quad (\text{cm} \cdot \text{Hz}^{1/2} \cdot \text{W}^{-1}) \tag{7.27}$$

D^* 的物理意义可理解为 1W 辐射功率入射到光敏面积 1cm^2 的探测器上，并用带宽为 1Hz 电路测量所得的信噪比。D^* 是归一化探测率，称为比探测率，读作 D 星。用 D^* 来比较两个探测器的优劣，可避免探测器面积或测量带宽不同对测量结果的影响。比探测率和前面介绍的探测率定义上是有区别的，但由于探测率未对面积、带宽归一化，确实没有多大实用意义，一般文献报告中都约定俗成地不把 D^* 称为比探测率，而直接称为探测率。

测量 D^* 时如采用黑体辐射源，测得的 D^* 称为黑体 D^*，有时写作 D_{bb}^*。为了进一步明确测量条件，黑体 D^* 后面括号中要注明黑体温度和调制频率，如 $D_{bb}^*(500\text{K},\ 800)$ 表示对 500K 黑体，调制频率为 800Hz 所测得的 D^* 值。测量时如用单色辐射源，测得的探测率为单色探测率，写作 D_λ^*。

光子探测器和热探测器的 D^* 受背景噪声的限制存在极限。对于光电导型探测器，D^* 的理论极大值为

$$D_\lambda^* = \frac{\lambda}{2hc} \left(\frac{\eta}{Q_b} \right)^{1/2} = 2.52 \times 10^{18} \lambda \left(\frac{\eta}{Q_b} \right)^{1/2} \tag{7.28}$$

式中，h 为普朗克常数，c 为光速，λ 为波长，η 为量子效率，Q_b 为探测器上的半球背景辐射。对于光伏探测器，由于没有复合噪声，上式应乘以 $\sqrt{2}$，其背景极限探测率为

$$D_\lambda^* = 3.56 \times 10^{18} \lambda \left(\frac{\eta}{Q_b} \right)^{1/2} \tag{7.29}$$

目前光子探测器已有不少接近背景极限。

对于热探测器，背景辐射的起伏将引起探测器温度的起伏，并且探测器本身辐射也将引起统计性温度起伏。如果信号辐射引起的温度变化低于这两种温度起伏，就探测不到信号辐射。温度起伏也是一种噪声，受温度噪声限制的热探测器的噪声等效功率为

$$\text{NEP} = \sqrt{4kT_d^2 G \Delta f} \tag{7.30}$$

此时热探测器的极限探测率为

$$D^* = \frac{\sqrt{A_d \Delta f}}{\sqrt{4kT_d^2 G \Delta f}} = \sqrt{\frac{A_d}{4kT_d^2 G}} \tag{7.31}$$

式中，$k = 1.38 \times 10^{-23} \text{J} \cdot \text{K}^{-1}$ 为玻尔兹曼常数，G 为响应元与周围环境的热导（热阻的倒数，单位 $\text{W} \cdot \text{K}^{-1}$），$T_d$ 为探测元的温度（K）。目前，热敏电阻探测器由于受 $1/f$ 噪声和电阻热噪声的限制，其探测率与极限值尚差两个数量级。但是对热释电探测器来说，由于它不是电阻性器件可看作电容性器件，不受热噪声限制，电流噪声也较小，因此它的探测率与极限值相差已不到一个数量级。图 7.14 给出了一些常用红外探测器的探测率分布曲线。

7.4.3 响应率

响应率（R）等于单位辐射功率入射到探测器上产生的信号输出。响应率一般以电压的形式表示。对以电流方式输出的探测器，如输出短路电流的光伏探测器，也可用电流形

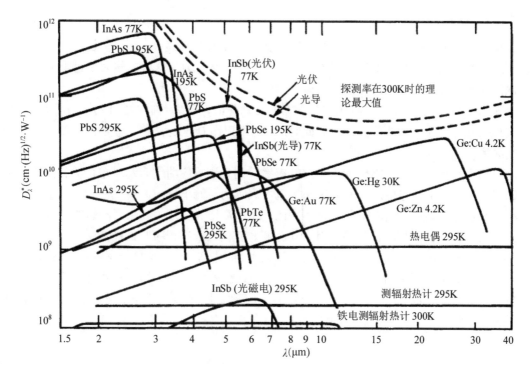

图 7.14 工作在特定温度下的各种红外探测器 D^* 比较[8]85

式表示。

电压响应率为

$$R_V = \frac{V_s}{EA_d} = \frac{V_s}{P} \quad (\mathrm{V \cdot W^{-1}}) \tag{7.32}$$

电流响应率为

$$R_i = \frac{I_s}{EA_d} = \frac{I_s}{P} \quad (\mathrm{A \cdot W^{-1}}) \tag{7.33}$$

式中，E 为入射光辐射功率密度（$\mathrm{W \cdot cm^{-2}}$），A_d 为探测元面积（$\mathrm{cm^2}$）。因为测量响应率时是不考虑噪声大小的，可不注明只与噪声有关的电路带宽。探测器的响应率与入射辐射的调制频率有关，各种探测器的频率响应特性不尽相同，但大多如同一个电子学的低通滤波器，一般低频段响应较为平坦，超过一定频率后响应明显下降，因此，均在低频下测量探测器的响应率，以消除调制频率的影响。

表面上看，探测率（D）和响应率（R）具有一致性，只要增加输出信号，探测器就有足够的信噪比和较大的探测率，即使输出信号较弱，也可以用电路放大的方法弥补，从而得到较大的响应率（R）。而实际上，为提高响应率而提高前置放大器的放大倍数往往会引入更多噪声，使探测器的信噪比下降，从而降低了探测率（D）。因此，对系统设计者来说，需同时关注探测器的响应率和探测率[1]172。

7.4.4 光谱响应

探测器的光谱响应是指探测器受不同波长的光照射时，其 R、D^* 随波长变化的情况。设照射的是波长为 λ 的单色光，测得的 R、D^* 可用 R_λ、D_λ^* 表示，称为单色响应率和单色探测率，或称为光谱响应率和光谱探测率。

如果在某一波长 λ_p 处，响应率、探测率达到峰值，则 λ_p 称为峰值波长，而 R_λ、D_λ^* 分别称为峰值响应率和峰值探测率。此时的 D^* 可记作 $D^*(\lambda_p, f)$，注明的是峰值波长和调制频率。

以横坐标表示波长，纵坐标为光谱响应率，则光谱响应曲线表示每单位波长间隔内恒定辐射功率产生的信号电压。有时纵坐标也可表示为对峰值响应归一化的相对响应。光子探测器和热探测器的光谱响应曲线是不同的(如图 7.15 所示)。热探测器的响应只与吸收的辐射功率有关，而与波长无关，因为其温度的变化只取决于吸收的能量。

对于光子探测器，仅当入射光子的能量大于某一极小值 $h\nu_c$(禁带宽度)时才能产生光电效应。也就是说，探测器仅对波长小于 λ_c，或者频率大于 ν_c 的光子才有响应。当光子能量大于材料的禁带宽度时，光子探测器的响应随波长 λ 线性上升，然后到某一截止波长后突然下降为零。

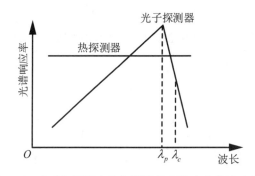

图 7.15　光子探测器和热探测器的光谱响应曲线示意图

理想情况下，光子探测器的光谱探测率 D_λ^* 可写成

当　$\lambda \leqslant \lambda_c$ 时，　$D_\lambda^* = \dfrac{\lambda}{\lambda_c} D_{\lambda c}^*$；

当　$\lambda > \lambda_c$ 时，　$D_\lambda^* = 0$。

理想情况下，截止波长 (λ_c) 即峰值波长 (λ_p)，而实际曲线稍有偏离，例如光子探测器实际光谱响应在峰值波长附近迅速下降，一般将响应下降到峰值响应的 50% 处的波长称为截止波长 (λ_c)。

系统的工作波段通常根据目标辐射光谱特性和应用需求而设定，选用的探测器就应该在此波段中有较高的光谱响应。因为光子探测器响应截止的斜率很陡，不少探测器的探测窗口并不镀成带通滤光片，而是镀成带前截止滤光片，可起到抑制背景的效果[1]173。

7.4.5 响应时间

当一定功率的辐射突然照射到探测器上时，探测器输出信号要经过一定时间才能上升到与这一辐射功率相对应的稳定值，当辐射突然去除时，输出信号也要经过一定时间才能下降到辐照之前的值，这种上升或下降所需的时间叫探测器的响应时间或时间常数（τ）。响应时间直接反映探测器的频率响应特性，其低通频率响应特性可表示为[1]173

$$R_f = \frac{R_0}{(1 + 4\pi^2 f^2 \tau^2)^{1/2}} \tag{7.34}$$

式中，R_f 为调制频率为 f 时的响应率，R_0 为调制频率为零时的响应率，τ 是探测器响应时间。当 f 远小于 $\frac{1}{2}\pi\tau$ 时，响应率就与频率无关，当 f 远大于 $\frac{1}{2}\pi\tau$ 时，响应率与频率成反比。

系统设计时，应保证探测器在系统带宽范围内响应率与频率无关。由于光子探测器的时间常数可达数十纳秒至微秒，所以在一个很宽的频率范围内，频率响应是平坦的。热探测器的时间常数较大，如热敏电阻为数毫秒至数十毫秒，因此频率响应平坦的范围仅几十赫兹。

在设计光机扫描型系统时，探测器的时间常数应当选择得比探测器在瞬时视场上的驻留时间短，否则探测器的响应速度将跟不上扫描速度。当对突发的辐射信号进行检测时，则应根据入射辐射的时频特性，选择响应时间较小的探测器。

7.4.6 动态范围

探测器动态范围通常指探测器能精确测量的信号范围，即最大可探测信号与最小可探测信号之比。图像传感器的动态范围可用输出电压定义，例如定义为图像传感器饱和输出电压（V_{sat}）与暗背景下输出的噪声电压（V_n）之比，即

$$DR = \frac{V_{sat}}{V_n} \tag{7.35}$$

对数形式表示为

$$DR = 20\lg\left(\frac{V_{sat}}{V_n}\right) dB \tag{7.36}$$

暗背景下输出的噪声电压主要由读出电路噪声所决定，不同工作条件（如曝光控制是否使用）下，读出电路噪声的电压值不同，与之对应的动态范围也有所不同。

7.5 系统噪声等效灵敏度

7.5.1 信号带宽和噪声等效带宽

探测器的输出信号通常需要由电子学电路进行放大，可把电子学电路看作一阶低通滤波电路，其频率响应为 $H_e(f)$，特征频率为 f_0，如图 7.16 所示。

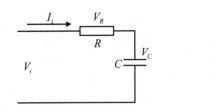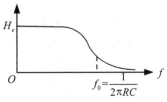

图 7.16　一阶低通滤波电路的频率响应[1]208

则有

$$f_0 = \frac{1}{2\pi RC} = \frac{1}{2\pi \tau} \tag{7.37}$$

其中 $\tau = RC$ 为电路时间常数。电子学电路信号带宽称为 3dB 带宽，由特征频率定义

$$\Delta f_{3dB} = f_0 = \frac{1}{2\pi RC} \tag{7.38}$$

定义系统的噪声等效带宽为

$$\Delta f_N = \int_0^\infty D(f) H_e^2(f) \, \mathrm{d}f \tag{7.39}$$

其中系统频率响应 $H_e^2 = \dfrac{1}{1 + (f/f_0)^2}$，$D(f)$ 是探测器归一化的噪声功率谱，当探测器噪声为白噪声时，其噪声功率谱为常数 $D(f) = 1$，代入计算可得

$$\Delta f_N = \frac{\pi}{2} f_0 \approx 1.5 \Delta f_{3dB} \tag{7.40}$$

即系统的噪声等效带宽近似为电子学电路 3dB 带宽的 1.5 倍。噪声等效带宽是从输出噪声功率等效的角度定义的，如果探测器噪声为白噪声，系统输出的均方噪声即等于探测器的均方噪声谱密度与噪声等效带宽之积[1]209。

7.5.2　系统噪声等效功率

系统探测灵敏度有两大类评价指标，其中一类是从噪声等效功率角度导出的，如遥感仪器长波、中波红外通道的灵敏度可用噪声等效温差 $\mathrm{NE}\Delta T$、噪声等效辐亮度差（辐射率差）$\mathrm{NE}\Delta N$ 表示。而短波、可见通道的灵敏度则用噪声等效反射率差 $\mathrm{NE}\Delta\rho$ 表示。这些指标表述方式虽不同，但它们都从系统的噪声等效功率衍生而来，只要将探测器噪声等效功率表达式中的带宽视作系统噪声等效带宽，并考虑光学效率，就可导出系统噪声等效功率。

根据式（7.26）和式（7.27），探测器噪声等效功率为[1]211

$$\mathrm{NE}P_{\mathrm{det}} = \frac{1}{D} = \frac{1}{D^* / (A_d \Delta f)^{1/2}} = \frac{(A_d \Delta f_N)^{1/2}}{D^*} \tag{7.41}$$

式中，Δf_N 为系统噪声等效带宽。则系统噪声等效功率为

$$\mathrm{NE}P = \frac{\mathrm{NEP}_{\mathrm{det}}}{\tau_o} = \frac{(A_d \Delta f_N)^{1/2}}{\tau_o D^*} \tag{7.42}$$

式中，τ_o 为系统光学效率(或光学透过率)，被定义为光学系统输出端辐射功率与孔径入射辐射功率的比值。

7.5.3 噪声等效辐亮度差和噪声等效反射率差

系统的噪声等效辐亮度差 NEΔN 可以理解为当入射辐射的辐亮度差等于此值时，入射到探测器光敏面的辐射功率差等于探测器的噪声等效功率，即[1]212

$$\mathrm{NE}\Delta N = \frac{\mathrm{NEP}}{\Omega \cdot A_o} = \frac{\mathrm{NEP}_{\mathrm{det}}}{\Omega \cdot A_o \cdot \tau_o} = \frac{(A_d \Delta f_N)^{1/2}}{\Omega \cdot A_o \cdot \tau_o D^*} \tag{7.43}$$

式中，Ω 为系统的瞬时视场立体角，A_o 为入瞳孔径面积，τ_o 为系统光学效率(或称光学透过率)，Δf_N 为系统噪声等效带宽，A_d 为探测元面积。上式定义的噪声等效辐亮度差与光谱带宽有关，为使不同光谱带宽系统的探测灵敏度有可比性，可定义噪声等效光谱辐亮度差：

$$\mathrm{NE}\Delta N_\lambda = \frac{\mathrm{NE}\Delta N}{\Delta \lambda} = \frac{(A_d \Delta f_N)^{1/2}}{\Omega \cdot A_o \cdot \tau_o D^* \cdot \Delta \lambda} \tag{7.44}$$

由于航天遥感仪器的短波、可见波段主要接收反射的太阳辐射，其灵敏度可用噪声等效反射率差来表示，即噪声等效辐亮度差与太阳辐亮度之比：

$$\mathrm{NE}\Delta \rho = \frac{\mathrm{NE}\Delta N}{E_0 / \pi} \tag{7.45}$$

式中，E_0 是大气顶部的太阳辐照度，即太阳常数。

7.5.4 噪声等效温差

噪声等效温差通常用来表示红外系统在长波或中波波段的探测灵敏度。物体温度 T、发射率 ε 的变化都能引起热辐射的变化，定义噪声等效温差时，假设目标、背景都是黑体，如两者温差等于噪声等效温差时，系统所接收到的辐亮度差等于系统的噪声等效辐亮度差，或者说探测器输出的温差信号的信噪比为1。噪声等效温差用 NEΔT 或英文缩写 NETD(Noise Equivalent Temperature Difference)表示。

设接近黑体的理想漫反射地表的热辐射通量密度为 $M_\lambda(\lambda, T)$ $(\mathrm{W \cdot m^{-2} \cdot \mu m^{-1}})$，其值可由普朗克公式计算得到，其在工作谱段 (λ_1, λ_2) 内，经过透过率为 τ_a (假设透过率不随波长变化)的大气到达探测器的辐亮度为

$$L(T) = \frac{\tau_a}{\pi} \int_{\lambda_1}^{\lambda_2} M_\lambda \mathrm{d}\lambda \tag{7.46}$$

根据定义，探测器在目标温度变化为噪声等效温差下探测到的辐亮度变化为噪声等效辐亮度差 NEΔN，因此有

$$\frac{\partial L(T)}{\partial T} \cdot \mathrm{NETD} = \mathrm{NE}\Delta N \tag{7.47}$$

将式(7.43)和式(7.46)代入式(7.47)得到[9]

$$\text{NETD} = \frac{\text{NE}\Delta N}{\frac{\partial L(T)}{\partial T}} = \frac{\sqrt{A_d \Delta f_N}/(\Omega A_o \tau_o D^*)}{\frac{\tau_a}{\pi} \cdot \int_{\lambda_1}^{\lambda_2} \frac{\partial M_\lambda}{\partial T} d\lambda} = \frac{\pi \sqrt{A_d \Delta f_N}}{\Omega A_o D^* \tau_a \tau_o \int_{\lambda_1}^{\lambda_2} \frac{\partial M_\lambda}{\partial T} d\lambda} \tag{7.48}$$

假设光学镜头为圆形孔径，用孔径直径 D_o 表示面积：$A_o = D_o^2 \pi / 4$，用探测器像元面积和焦距表示瞬时视场立体角 $\Omega = A_d / f^2$，并已知光学系统 $F/\#$ 为 $F = f/D_o$，f 为光学系统的有效焦距，代入式(7.48)并整理，可得

$$\text{NETD} = \frac{4F\sqrt{\Delta f_N}}{\tau_a \tau_o D_o D^* \sqrt{\Omega} \int_{\lambda_1}^{\lambda_2} \frac{\partial M_\lambda}{\partial T} d\lambda} \tag{7.49}$$

NETD 是热成像探测器能够区分图像中热辐射最小差异的度量，通常以毫开尔文 (mK)表示。当噪声等于最小可测量温度差时，探测器将达到其分辨热信号的能力极限。非制冷微测辐射热计探测热像仪的典型 NETD 值约为 45mK。制冷探测器热红外相机的 NETD 值可以达到约 18mK。因为 NETD 与测量温度有关，因此应在特定物体温度下给定 NETD 值，如 NETD @ 30℃：60mK。图 7.17 给出了不同 NETD 参数热像仪拍摄的同一场景图像。从图中可看出，温度非常低的图像区域在使用 80mK 相机拍摄的图像中显示出更多的噪点。

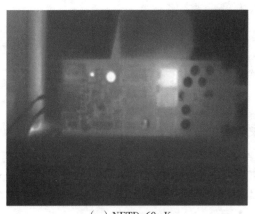

（a）NETD=60mK   （b）NETD=80mK

图 7.17　不同噪声等效温差参数的相机拍摄的热红外影像对比[10]

7.6　CCD 图像传感器

7.6.1　单元结构

CCD 的全称为电荷耦合器件，是英文 Charge Coupled Device 的缩写，它是 20 世纪 70 年代发展起来的一种以电荷包形式存储和传输信息的新型半导体器件，已在航空航天、卫星侦察、遥感遥测、天文测量、光学图像处理等领域得到了广泛的应用[11]，CCD 这一术

语也开始用来表示一种图像传感器，而不仅仅是一种电荷传输的半导体器件。

　　基于 CCD 体系结构的探测器具有三种基本功能：电荷收集，电荷转移，电荷转为可量测的电压。CCD 探测器的基本单元结构为金属-氧化物-半导体（MOS，Metal-Oxide-Semiconductor）电容器结构（如图 7.18 所示）。与传统的由绝缘体隔开的两个金属板电容不同，MOS 电容器以掺杂浓度较低的 P 型（或 N 型）硅为衬底，和很薄但掺杂浓度很高的 N 型（或 P 型）半导体形成势垒区（又称 PN 结、势阱），上面再覆盖一层绝缘的二氧化硅，再在二氧化硅表面按照一定次序沉积一层多晶硅金属电极（称为栅极）而制成。

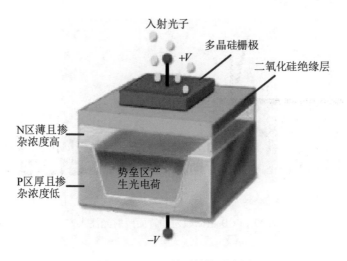

图 7.18　CCD 单元结构示意图

　　当栅极和衬底之间无电压时，势垒区很薄，当外加栅极为正、衬底为负、与 PN 结方向相反的反向偏压时，内电场加强，势垒区变大，此时当有光入射时，如果光子能量大于能隙带宽度，则入射光子将被势垒区吸收，并激发产生大量电子载流子（即产生内光电效应），而无光照时，无电子载流子。因此在 MOS 电容器中，光照产生电子包，而栅极加正电压产生存放电子的"容器"。"容器"中可以收集的光电荷的总数量称为阱容量，它与施加的电压、氧化物厚度和栅电极面积成比例，对于当今的技术，CCD 中的阱容量通常为每像素几十万个电子。

　　CCD 势阱中产生的光电子数可用下式表示：

$$n_{PE} = \Delta n \cdot A_{eff} \cdot t_{INT} \cdot \eta \tag{7.50}$$

　　式中，Δn 为入射光子通量密度（即单位面积单位时间内入射的光子数），A_{eff} 为光敏元的有效面积，t_{INT} 为曝光时间，或称积分时间，η 为量子效率，光敏元有效面积小于它占有的面积 A_d，二者之比称为填充因子（FF，Fill Factor）：$FF = A_{eff}/A_d$，当填充因子为 1 时，$A_{eff} = A_d$。对于一个确定的 CCD 单元，势阱中产生的信号电荷与器件的量子效率、入射光的光子通量密度和曝光时间成正比。其中量子效率、入射光的光子通量密度均与波长有关，当单色光入射且曝光时间固定时，产生的电荷量与入射的光谱辐射量之间存在线性关系。

图 7.19(a)显示了采用正面照射光注入方式的 CCD 结构，由于表面半透明电极的存在，部分入射光被电极反射或吸收，使得器件具有较低的量子效率，这在入射光波长较短或入射光通量较小的情况下更加严重，因此在专业成像设备中，往往采用背面照射光注入方式，如图 7.19(b)所示。在背面光注入方式中，为了进一步避免入射光损失和 P 型硅中的光散射和吸收，在背面施加了抗反射涂层或抗反射膜(AR, Anti-Reflective Coating)，同时对基底硅片进行化学蚀刻和抛光至约 $15\mu m$，尽管这种复杂和易碎的设计使芯片成本变高，但能够将 CCD 的量子效率提高至接近 100%，几乎所有航天 CCD 器件都采用这种背面照射光注入和薄化的结构。

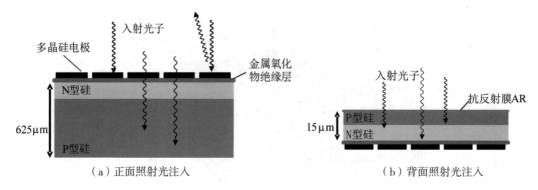

图 7.19　CCD 正面照射和背面照射光注入方式

7.6.2　电荷转移和读出

CCD 图像传感器的光生电荷存储在器件表面的势阱中，电荷转移读出过程就是电荷包经一系列连续的势阱转移，最终由片上放大器转换为电压信号的过程。

图 7.20 显示了某 CCD 探测单元的结构，它由三个 MOS 电容器单元构成，入射在电容器单元 1 上的光照产生电荷(另外两个电容单元被覆盖不接收光照)，当栅极 1 加正电

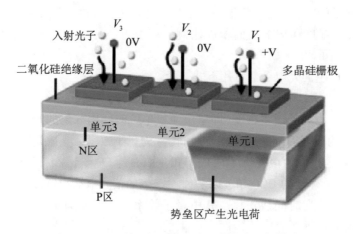

图 7.20　CCD 某一探测单元光电荷的产生与转移

压，电荷聚集在栅极 1 下面的势阱中，在下个时刻栅极 2 加正电压产生势阱，电荷将汇集于栅极 1 和栅极 2 的势阱中，再下个时刻，关闭栅极 1 正电压，则电荷被转移至栅极 2，该移位和寄存过程重复多次，直到电荷包被转移至放大电路，单元 2 和 3 称为电荷寄存器，所加的正电压称为时钟信号。图 7.21 为 CCD 电荷转移原理与时钟信号示意图。

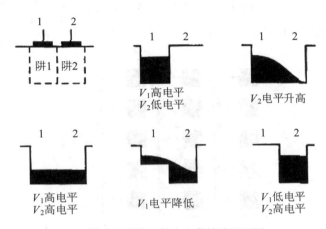

（a）某个探测单元单步电荷转移原理图

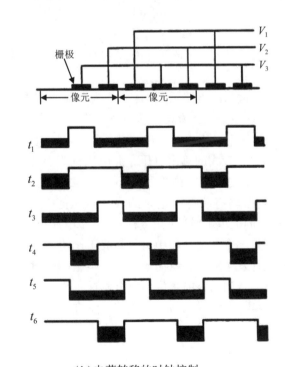

（b）电荷转移的时钟控制

图 7.21 CCD 电荷转移原理与时钟控制[12]54

CCD 图像阵列可视为由垂直（列方向）移位寄存器、水平（行方向）移位寄存器及输出放大器等三个功能块组成（如图 7.22 所示）。入射光透过电极照射到 CCD 半导体材料上，光电转换产生的信号电荷直接注入在电极下面的势阱中。存储区上面覆盖了不感光的金属膜，已存储的信号电荷不会再度曝光，主要用于转存前一帧的信号电荷。在光消隐期，各列信号电荷以移位寄存的方式传输至存储区的相应列。由于各列电荷向存储区的转移是并行的，全帧信号电荷能以极快速度完成转移。在行消隐期内，存储区的各行信号电荷再以水平移位寄存的方式逐元传输至输出放大器，并转换为电压信号。一些高灵敏度、高帧频、大尺寸的 CCD 图像传感器基本上都是这种帧转移型 CCD。

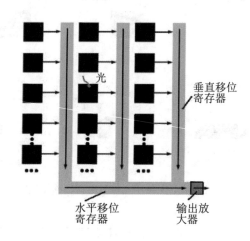

图 7.22　CCD 阵列的电荷转移和移位寄存示意图

　　图 7.23 为 CCD 片上读出的电路示意图，SW 为电荷收集电容器，输出结点等效为一个浮动电容，输出结点上连接两个场效应晶体管。当 R 为高电平时，执行复位操作，此时电源 RD 通过复位晶体管对结点电容充电，使得结点处于高电位，此时较大的输出晶体管漏电流通过输出电阻得到较大的输出电压，此电压称为参考电压 V_{ref}。当复位动作结束后，SW 接通高电平，电荷包在正电势的吸引下被收集在电荷收集阱中，同时由于 R 的降低使输出晶体管源极电压略有降低，记录的参考电压值 V_{ref} 略有降低（如图 7.23（b）所示）。当对 SW 施加短暂的低电平脉冲（几微秒），电子电荷包被"倾倒"至具有高电平的结点电容中，使得结点产生一个和电荷包中电子数成正比的负方向电压跳变，输出晶体管漏极电流跟随栅极电压变化发生跳变，从而通过负载电阻产生跳变的输出电压 V_{out}。输出晶体管栅极必须在下一个信号到达之前复位，再重复这一读出过程。

　　设电荷包中的光生电子个数为 n_{PE}，则产生的信号电压为参考电压与输出电压的差[12]103：

$$V_{\text{signal}} = V_{\text{ref}} - V_{\text{out}} = n_{\text{PE}} \frac{Gq}{C} \tag{7.51}$$

　　式中，G 为输出晶体管的放大倍数，对于源极跟随器晶体管，其值接近 1，q 为电子电量，其值为 1.6×10^{-19} C，C 为输出结点等效电容，Gq/C 的典型值在 $0.1 \sim 10 \mu\text{V} \cdot \text{e}^{-1}$。电压信号读出后，被 CCD 传感器外部的电子元件放大和处理，再经过模数转换转化为数字值以进行记录和存储。

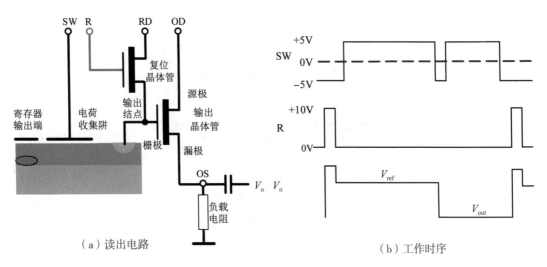

图 7.23 CCD 电荷信号的读出电路及工作时序

在实际工作中，电荷包的转移和读出并不理想，每次转移都有一小部分电荷损失，这种损失可用电荷转移效率(CTE，Charge Transfer Efficiency)来描述，电荷转移效率是指光生电荷在转移区中从一级移位寄存器转移到下一级寄存器的电荷数占原电荷数的百分比。现代 CCD 的每次转移电荷转移效率为 0.9999995，因此在 2000 次转移后，将有 0.1% 的电荷丢失。CTE 与电荷包的大小有关，当光照较弱产生低信噪比的信号，或者长时间光照产生过饱和响应时，CTE 都将下降。CTE 还和读出电路的时钟频率有关，在高频情况下，CTE 受电荷移动速度的限制而下降，因此高帧频的 CCD 成像往往受 CTE 的影响具有较低的图像质量。

7.6.3 时间延迟积分

线性 CCD 阵列可以设计为具有时间延迟和积分(TDI，Time Delay and Integration)技术的探测器，在沿扫描方向使用多个探测器，对同一景物多行线阵像元信号相加成像，输出信号等效电荷数为 N 级线阵中的总电荷数，如图 7.24 所示。与普通线阵 CCD 相比，TDI 技术增加了探测器的响应度和灵敏度，提高了最终成像信号的信噪比。

重要的是，传感器扫描场景的速率(称为扫描速率)和传感器读出每行图像数据的速率(称为线速率)要求同步，以确保每个 TDI 阶段对相同的场景区域进行成像。

使用 TDI 技术的线阵 CCD 有效曝光时间由下式给出：

$$t_{\mathrm{exp}} = \frac{N_{\mathrm{TDI}}}{\mathrm{linerate}} \tag{7.52}$$

式中，N_{TDI} 为积分的线阵个数，linerate 为传感器扫描速度(每秒扫过多少条线)，也等于图像数据读取的线速度(如图 7.25 所示)。

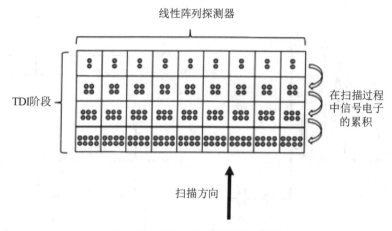

图 7.24 TDI 技术原理示意图[13]79

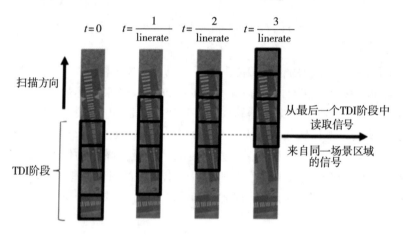

图 7.25 使用 TDI 技术的线阵 CCD 成像[13]79

7.6.4 信号和噪声

在探测器响应和移位寄存的过程中，将会引入加性散粒噪声、暗电流噪声、固定模式噪声(如光子响应非均匀性噪声)。当电荷包在寄存器终端被转换为电压时，读出电路的重置操作也会引入噪声。片上放大电路和外部放大电路会产生放大器电噪声和与频率有关的 $1/f$ 噪声。模数转换过程中数字信号的量化也将引入量化噪声。虽然这些噪声的来源不同，但它们都最终表现为图像强度的变化。图 7.26 给出了 CCD 图像传感器成像过程中的噪声信号传输图。

通常可以用等效电子数来描述噪声，当提到总噪声水平时，指的是各个随机均方噪声电子数的叠加[12]126：

图 7.27 给出了一行像元在均匀光源下的响应示意图。(a)图为理想输出信号，每个像元响应相等，相对于参考电压的幅值为 A，(b)为包含光子散粒噪声的输出，(c)为暗电流噪声，(d)为重置噪声，(e)(f)为放大器噪声和 $1/f$ 噪声，(g)为量化噪声。图中未

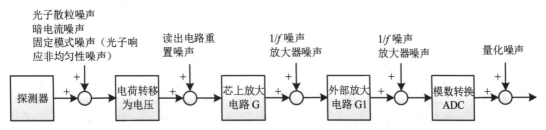

图 7.26　图像传感器成像过程中的噪声信号传输示意图[12]123

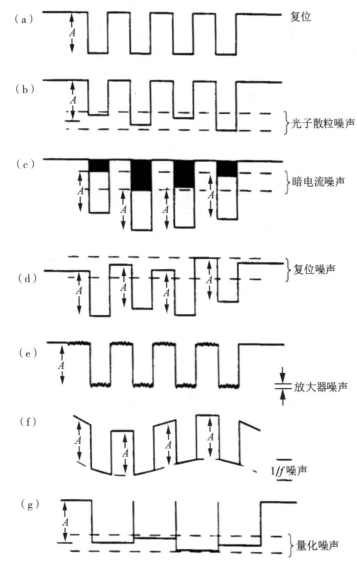

（a）理想输出　　（b）~（g）叠加各种噪声之后的输出[12]124

图 7.27　CCD 像元在均匀光照射下的响应示意图

显示不随帧变化的固定模式噪声。实际噪声为这些噪声不同比例的叠加，并随帧到帧发生变化。

$$\langle n_{SYS} \rangle = \sqrt{\langle n_{SHOT}^2 \rangle + \langle n_{PATTERN}^2 \rangle + \langle n_{RESET}^2 \rangle + \langle n_{ON\text{-}CHIP}^2 \rangle + \langle n_{OFF\text{-}CHIP}^2 \rangle + \langle n_{ADC}^2 \rangle}$$

(7.53)

式中，$\langle n_i^2 \rangle$ 为噪声源 i 的随机噪声电子数的方差，噪声源包括散粒噪声 n_{SHOT}、模式噪声 $n_{PATTERN}$、重置噪声 n_{RESET}、片上放大电路噪声 $n_{ON\text{-}CHIP}$、外部放大电路噪声 $n_{OFF\text{-}CHIP}$ 以及模数转换噪声 n_{ADC}。从系统分析的角度，放大器噪声可通过提高放大电路的增益来减弱，n_{RESET}、$n_{OFF\text{-}CHIP}$ 及 n_{ADC} 都可被控制在可忽略的范围。例如采用相关双采样技术可消除读出电路重置噪声 n_{RESET} 和放大电路 $1/f$ 噪声，可设计低噪声电路来抑制片下噪声 $n_{OFF\text{-}CHIP}$，可通过提高量化等级数来减小数模转换的量化噪声 n_{ADC}。因此在实际分析中常常主要考虑散粒噪声、模式噪声和片上放大器噪声。其中片上放大器噪声 $n_{ON\text{-}CHIP}$，又称为读出噪声 $n_{READ\text{-}OUT}$、多路复用噪声或本底噪声 n_{FLOOR}，其值因设备和制造商而不同，通常由制造商提供。因此，系统总的简化噪声模型可写为

$$\langle n_{SYS} \rangle = \sqrt{\langle n_{SHOT}^2 \rangle + \langle n_{PATTERN}^2 \rangle + \langle n_{FLOOR}^2 \rangle}$$

(7.54)

1. 暗电流

当热效应导致电子从价带移动到导带时产生暗电流，大部分暗电流在 Si 和 SiO$_2$ 之间的界面附近产生。暗电流电子数 n_{DARK} 可由下式来计算：

$$n_{DARK} = \frac{J_D A_d t_{INT}}{q}$$

(7.55)

其中，A_d 为探测元面积，t_{INT} 为积分时间，q 为电子电量，J_D 为暗电流的电流密度，它与器件温度 T 密切相关：

$$J_D \propto T^2 e^{-\frac{(E_G - E_T)}{kT}}$$

(7.56)

式中，E_G 为半导体能带宽度，E_T 为杂质能带宽度，k 为玻尔兹曼常数。

CCD 输出信号的大小与曝光时间成比例，长的积分时间可得到较强的输出信号，但同时也将引入更大的暗电流噪声。设正方形像元尺寸为 $24\mu m$，一个电流密度为 1000pA·cm^{-2} 的暗电流将每秒产生 36000 个噪声电子，假如像元阱容量为 360000 个电子，那么暗电流噪声电子将在 10 秒充满电子阱。

减小暗电流最有效的方式是制冷，探测器阵列的温度相对环境每降低 8~9℃，则暗电流密度降低 2 倍。最常用的 CCD 制冷方式是使用热电制冷器（TEC，Thermo-Electric Cooler）。热电制冷的机理是以温差电现象为基础的制冷方法。用两种不同的金属丝相互连接在一起，形成一个闭合电路，把两个连接点分别放在温度不同的两处，就会在两个连接点之间产生一个电势差——接触电动势，同时闭合电路中就有电流通过。反过来，将两种不同的金属线相互连接形成闭合线路，只要通以直流电，就会使其中一个连接点变热，另一个连接点变冷，这就是 Peltier 效应。一般导体的 Peltier 效应是不显著的，如果用两

块 N 型和 P 型的半导体作电偶对，就会产生十分显著的温差效应，因此，温差电制冷又叫半导体制冷，或热电制冷。半导体制冷器就是利用这一原理制成的，一级半导体制冷可获得大约 60K 温差。

实际应用中，热电制冷器 TEC 可以和 CCD 阵列封装在一个真空腔或填充了干燥空气的腔体中（如图 7.28 所示），暗电流在-60℃时可控制在 3.5 电子/(像素秒)，在-120℃时可控制至 0.02 电子/(像素秒)。

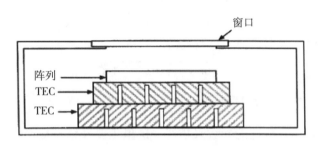

图 7.28　与热电制冷器一起封装的 CCD 阵列

2. 散粒噪声

光生电子数 n_{PE} 和暗电流电子数 n_{DARK} 都对散粒噪声有贡献，散粒噪声的功率谱符合泊松分布，其方差等于均值：

$$\langle n_{SHOT}^2 \rangle = \langle n_{PE}^2 \rangle + \langle n_{DARK}^2 \rangle = n_{PE} + n_{DARK} \tag{7.57}$$

其中光生电子数 n_{PE} 由式(7.50)得到，n_{DARK} 由式(7.55)得到。当考虑 N 次的电荷转移效率 CTE 和 N_{TDI} 次的线阵延迟积分时，散粒噪声可表达为

$$\langle n_{SHOT}^2 \rangle = N_{TDI} \cdot CTE^N \cdot (n_{PE} + n_{DARK}) \tag{7.58}$$

由于 CTE 接近 1，因此常常在公式中略去，但是当 CCD 阵列规模增大，电荷包转移次数较大时，电荷转移效率的累积效果将不能忽略。

3. 读出噪声

读出噪声又称为本底噪声，是由读出电路的场效应管热噪声引起的电噪声，尽管它与信号频率有一定关系，但仍可视作白噪声。热噪声是因为温度而始终存在的噪声，可以通过冷却输出放大器或减少电子带宽来减少读出电路噪声，而减少带宽意味着必须花费更长的时间来测量每个像素中的电荷包，因此需要在低噪声性能和读出速度之间进行权衡。本底噪声电子数用 n_{FLOOR} 来表示，常常由器件生产厂家提供。

4. 固定模式噪声

固定模式噪声(详见 7.3.6 节)通常由像元的暗信号非均匀性和光响应非均匀性产生，由于有效的焦平面制冷可大大降低暗电流的影响，因此大部分 CCD 阵列中的固定模式噪

声为光响应非均匀性(PRNU)噪声。

由于图像传感器在制作时,各像元的通光面积、膜层透光程度有差异,引起各像元量子效率的差异,表现为像元光响应的非均匀性。工作在线性响应区的探测器像元的光响应非均匀性一般用光生电荷数的一个百分比值 U 来表示,此时噪声电子数可表示为

$$\langle n_{\text{PATTERN}} \rangle \approx \langle n_{\text{PRNU}} \rangle = U \cdot n_{\text{PE}} \tag{7.59}$$

尽管各种噪声源都存在,但在实际应用中主要考虑光子散粒噪声、本底噪声和光响应非均匀性噪声,因此,总的噪声可表示为

$$\langle n_{\text{SYS}} \rangle = \sqrt{\langle n_{\text{SHOT}}^2 \rangle + \langle n_{\text{PRNU}}^2 \rangle + \langle n_{\text{FLOOR}}^2 \rangle} \tag{7.60}$$

当忽略暗电流时,根据式(7.57)及式(7.59)有

$$\langle n_{\text{SYS}} \rangle = \sqrt{n_{\text{PE}} + (Un_{\text{PE}})^2 + \langle n_{\text{FLOOR}}^2 \rangle} \tag{7.61}$$

7.6.5 CCD 图像传感器的性能参数

CCD 图像器件可由一些性能参数来描述,这里主要介绍转换增益、动态范围及响应率,其他一些技术参数可参考表 7.2。

1. 转换增益

通常将转换增益定义为一个光电子在结点电容产生的电压,即

$$G_{E\text{-}V} = \frac{q}{C} (V/e^-) \tag{7.62}$$

式中,q 为电子电量,C 为读出电路的等效结点电容。

图像传感器的转换增益实质上是电荷转换为电压的电子放大倍数,它仅与结点电容有关,与波长、积分时间均无关。引入转换增益后,可将传感器输出的信号电压、噪声电压折算为电荷电压转换前的信号电子数和噪声电子数。

即

$$信号电子数 = \frac{输出信号电压}{转换增益}$$

$$噪声电子数 = \frac{输出噪声电压}{转换增益} \tag{7.63}$$

2. 动态范围

探测器动态范围(DR,Dynamic Range)通常指探测器能精确测量的信号范围,即最大可探测信号与最小可探测信号之比。动态范围可用输出电压定义,如定义为图像传感器饱和输出电压与暗背景下输出的噪声电压之比,即

$$\text{DR} = \frac{V_{\text{sat}}}{V_n} \tag{7.64}$$

或用对数形式表示为

$$\text{DR} = 20\lg\left(\frac{V_{\text{sat}}}{V_n}\right) \text{dB} \tag{7.65}$$

暗背景下输出的噪声电压主要由读出电路噪声所决定，不同工作条件(如曝光控制是否使用)下，读出电路噪声的电压值不同，与之对应的动态范围也有所不同。

根据转换增益的定义，也可将图像传感器的输出电压折算至电压转换前的电子数，将动态范围定义为饱和信号电子数与噪声电子数之比，即

$$DR = \frac{饱和信号电子数}{噪声电子数} \tag{7.66}$$

由于 CCD 图像传感器的光电荷存储于半导体表面的势阱中，CCD 能转移至相邻势阱的饱和电子数也称全阱容量(Full Well Capacity)。CCD 图像传感器的动态范围可表达为

$$DR = \frac{全阱容量}{噪声电子数} \tag{7.67}$$

通常焦平面器件的动态范围为 60~80dB。要获得大的动态范围，必须增加信号的饱和值和尽可能减小基准噪声。对给定的读出集成电路，最大输出电压主要受限于积分电路本身，可以采用自动增益开关、减少积分时间等方法增大信号的饱和值。

3. 响应率

响应率通常定义为单位辐射功率入射到探测器上产生的电信号输出，如电压响应率单位为 $V \cdot W^{-1}$，电流响应率单位为 $A \cdot W^{-1}$。由于 CCD、CMOS 等图像传感器的电压响应除与光敏元光谱响应特性有关外，还与积分时间、积分电容、光敏元的填充因子等多种因素有关。因此，图像传感器响应率不是按光敏元接收到的辐射功率定义的，而是用入射到光敏面的能量密度定义的。当用光敏面的能量密度表示时，一般采用辐射度学单位 $V \cdot \mu J^{-1} \cdot cm^{-2}$，在可见光波段的响应率也可用光度学单位 $V \cdot lux^{-1} \cdot s^{-1}$ 表示。

根据式(7.51)，光生电荷产生的信号电压为

$$V_{signal} = n_{PE} \frac{Gq}{C}$$

当假设晶体管放大倍数 $G = 1$，并把式(7.50)代入式(7.51)得到

$$V_{signal} = \Delta n \cdot A_{eff} \cdot t_{INT} \cdot \eta \cdot \frac{q}{C} \tag{7.68}$$

其中，Δn 为单位面积单位时间入射的光子数，$A_{eff} = FF \cdot A_d$ 为光敏元有效面积，其值为光敏元面积与填充因子的乘积，t_{INT} 为曝光时间或积分时间，η 为量子效率，q 为电子电量常数，C 为输出结点等效电容。当用光敏面接收的入射光通量密度 $E_d(W \cdot cm^{-2})$ 表示 Δn 时，有

$$V_{signal} = \frac{E_d}{h\nu} \cdot A_{eff} \cdot t_{INT} \cdot \eta \cdot \frac{q}{C} \tag{7.69}$$

式中，h 为普朗克常量，ν 为光子频率。则探测器电压响应率为

$$R_V = \frac{V_{signal}}{光敏面能量密度} = \frac{V_{signal}}{E_d t_{INT}} = \frac{1}{h\nu} \cdot A_d \cdot FF \cdot \eta \cdot \frac{q}{C} \quad (V \cdot \mu J^{-1} \cdot cm^{-2}) \tag{7.70}$$

式中，填充因子与量子效率之积 $FF \cdot \eta$ 称为有效量子效率。按光敏面能量密度定义的

图像传感器的电压响应率与积分时间无关。影响图像传感器响应率的因子中，光子能量 $h\nu$ 及量子效率 η 与入射光波长有关，反映了传感器的光谱响应特征。填充因子、光敏元面积是与光敏元结构有关、与波长无关的影响因子。

图 7.29 和表 7.2 给出了柯达图像传感器 KAF-3200E 的一些技术参数[14]。

分辨率	$2184(H)\times1472(V)$ 像素
像元尺寸	$6.8\mu m(H)\times6.8\mu m(V)$
成像面积	$14.85mm(H)\times10.26mm(V)$
填充因子	100%
输出灵敏度	$20\mu V\cdot e^{-1}$
动态范围	78dB
暗电流	$<7pA\cdot cm^{-2}@25℃$

（a）图像传感器外观图　　　　　（b）总体性能参数

图 7.29　柯达 KAF-3200E 图像传感器[15]

表 7.2　　柯达图像传感器 KAF-3200E 的光电特性技术参数（25℃下测得）[15]

描述/说明	符号	最小值	标称值	最大值	单位	备注
饱和信号： 垂直 CCD 容量 水平 CCD 容量 输出结点容量	N_{sat}	50000 100000 100000	55000 110000 110000	 120000	电子/像素	1
非线性光响应	PRNL		1	2	%	2
非均匀光响应	PRNU		1	3	%	3
暗信号	J_{dark}		15 6	30 10	电子/像素/秒 pA/cm²	4 25℃
暗信号倍增温度		5	6	7	℃	
非均匀暗信号	DSNU		15	30	电子/像素/秒	5
动态范围	DR	72	77		dB	6
电荷转移效率	CTE	0.99997	0.9999			
输出放大器的带宽	f_{-3dB}		45		MHz	
输出放大器灵敏度	$V_{out}/Ne\sim$	18	20		$\mu V/e\sim$	

续表

描述/说明	符号	最小值	标称值	最大值	单位	备注
输出放大器输出阻抗	Z_{out}	175	200	250	欧姆	
本底噪声	Ne~		7	12	电子	

备注：

1. 当使用像素合并技术时，电子容量可达 150000 个。像素合并指 CCD 相机传感器中相邻像素信息的组合。例如，从探测器 2×2 正方形收集电子并在一个图像像素中记录它们，因此，每像素的强度增加了大约 4 倍。像素合并用于增加信噪比，但代价是降低了空间分辨率。
2. 在强光照入射时，实际响应电子数与理想线性响应电子数之差与实际响应电子数的比值。
3. 均匀光照下，128×128 样本像素响应中的最大值与最小值之差与最大值的比。
4. 所有像元暗电流的平均值。
5. 128×128 样本像素的平均暗信号。
6. $20\lg(N_{sat}/Ne~)$。

7.7 CMOS 图像传感器

7.7.1 像敏元基本结构

CCD 芯片需要高电压，因此功耗大，并且需要芯片外围的一系列线路单元协同工作，因此技术人员发明了 CMOS(Complementary Metal Oxide Semiconductor)成像器件，它是在同一芯片上集成的单片数字成像系统。CMOS 单片成像器件一并完成光电转换、电荷存储、行列选通译码、定时控制、放大、模/数转换、彩色处理及数据压缩等功能。

早期的 CMOS 图像传感器都是无源结构，即它的像敏单元仅由一个光敏元件和一个像敏单元寻址开关构成，无信号放大和处理电路，而传统图像传感器需要用大量的列放大器对每列像元的信号进行放大。1989 年以后，APS(Active Pixel Sensor)结构的 CMOS 问世，APS 结构的像敏单元不仅有光敏元件和像敏单元寻址开关，而且还有信号放大和处理等电路，这样就提高了光电灵敏度，减小了噪声，扩大了动态范围，使它的一些性能参数与 CCD 图像传感器相接近，而在功耗、功能集成、尺寸和价格等方面均优于 CCD 图像传感器。

CMOS APS 的像敏单元由光伏二极管及晶体管电路组成，如图 7.30 所示，典型的像敏单元包含三个晶体管：用于光伏二极管的复位晶体管、行选择晶体管(RS)以及源极跟随晶体管(SF)。APS 像敏单元的电荷存储在光伏二极管的结点电容中，SF 管的作用相当于缓冲放大器，将光伏二极管与列总线隔离。像敏单元的工作可分为复位与光电转换两个阶段，在复位阶段，复位管导通，结点电容被充电至复位高电平。当复位管由导通转为关断时，复位结束，当有入射光照时，光伏二极管产生光生电子，结电容在曝光时间内放

185

电，放电量与入射的光通量近似成正比，结点电压也随着放电下降，其变化量即为信号电压，积分周期结束后，信号电压经 SF 管输出，当行选 RS 导通时，被送至列总线读出。

图像传感器采取逐行读出方式，每次选中一行，行选中时，同一行的所有像元 RS 管同时导通，并行输出模拟电压，然后再利用一个高速切换的模拟多路开关，依次输出各列信号。

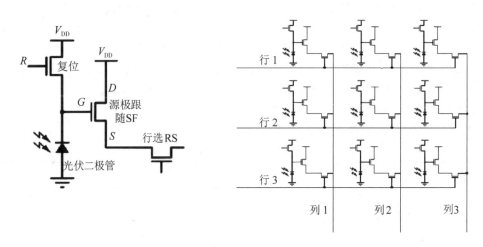

图 7.30　APS 的像敏单元及其构成的 CMOS 阵列

7.7.2　CCD 和 CMOS 的比较

CCD 图像传感器和 CMOS 图像传感器的光敏元都是硅光电二极管，光电转换原理相同，两者在技术性能指标方面的差异主要在于读出方式不同。CCD 图像传感器属电荷转移型，其模拟移位寄存器需要多路外部驱动脉冲及电源的支持，系统电路相对复杂。CMOS 图像传感器通过地址寻址的方法逐个读出光伏二极管产生的电信号，地址选通是数字移位的过程，只需加逻辑电平、时钟和同步信号即可，且仅需单一工作电压供电。

CCD 图像传感器的技术优势在大尺寸、低噪声、高动态范围、高读出速率等方面，适用于要求高探测灵敏度、高空间分辨率、高帧频的成像系统。CMOS 图像传感器与 CCD 图像传感器在这些技术指标方面尚有较大差距。

从集成度看，CCD 图像传感器难以将时序、驱动及信号处理等电路集成在同一芯片上，这些功能只能由多块芯片组合实现，不利于系统微型化。但是，CMOS 图像传感器可以将光敏元阵列、信号读取、模拟放大、A/D 转换、数字信号处理、计算机接口电路等集成到一块芯片，使芯片相机成为现实，如图 7.31 所示。

此外，CCD 需要 3 路以上电源来满足特殊时钟驱动的需要，其功耗相对较大。CMOS 图像传感器可以单电源工作，如 5V、3.3V 单电源，其功耗仅为 CCD 的 1/10。

近年来随着 CMOS APS 技术的迅速发展，CMOS 图像传感器与 CCD 图像传感器在尺寸、噪声、动态范围、读出速率等方面的性能差距已明显缩小。此外，由于 CMOS 图像传

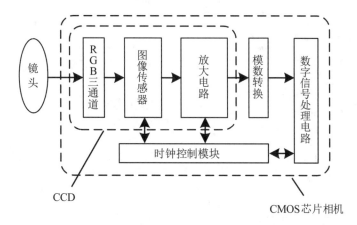

图 7.31 典型的 CCD 和 CMOS 图像传感器组成单元

感器在集成度、电源功耗等方面也具备一些 CCD 图像传感器无法比拟的优点，CMOS 图像传感器的应用范围也在日趋扩大。

7.8 红外焦平面探测器

7.8.1 探测材料

红外探测器大致分为两类：光子探测器和热探测器。光子探测器使用具有窄能隙带的半导体材料对入射红外辐射进行响应，这类探测器大多受热噪声影响较大，需要制冷装置。热探测器利用入射辐射引起的温度变化，导致材料的电压或电阻变化来进行探测，可分为测辐射热计和热释电两类，热探测器大多为非制冷探测器。

常用的红外光子探测器和热探测器材料见表 7.3。几种典型的红外光子探测器探测率的光谱特性曲线如图 7.14 所示。使用者不仅要注意探测器的探测率和光谱响应范围，还应注意到，光子探测器的光谱响应截止波长越长，探测器工作温度越低。

红外焦平面阵列将红外探测器与一些信号处理电路集成到一起，它不仅完成辐射能到电信号的转换功能，还完成了一些信号处理功能。近些年来，随着半导体精密光刻技术、集成电路技术、薄膜材料生长技术以及制冷技术等的不断发展，制冷型和非制冷型红外焦平面阵列（FPA，Focal Plane Array）均得到快速发展和广泛应用。典型的红外焦平面阵列探测器包括 HgCdTe（MCT）、InSb、PtSi 以及量子阱红外焦平面阵列探测器。典型的非制冷型红外焦平面阵列探测器包括工作在近红外到短波红外谱段的 InGaAs 红外焦平面阵列、工作在热红外谱段的热释电焦平面阵列和微测辐射热计等，尽管红外探测率不如光子探测器，但这种面阵可在室温下工作，再加上功耗小，价格低廉，使得它们的应用日趋广泛。

表 7.3   常用红外探测器材料

光子探测器		热探测器	
类型	材料	类型	材料
光伏	MCT Si，Ge InGaAs InSb，InAsSb	热敏电阻(又称为 测辐射热计)	V_2O_5 多晶 SiGe 多晶 Si 非晶 Si(α-Si)
光导	MCT PbS，PbSe	热释电	钽酸锂(LiTa) 锆钛酸铅系陶瓷(PbZT) 钛酸锶钡(BST)
非本征	SiX		
光发射	PtSi		
量子阱	GaAs/AlGaAs		

    图 7.32 展示了美国 Teledyne 公司生产的红外探测器产品外观图[16]。红外探测器有单元、线列(有 TDI 多列和无 TDI 单列器件)和二维阵列(面阵)等种类。对于扫描成像系统，整帧图像的获取可以用单元探测器二维扫描，如用线列器件，只需一维扫描即可获取二维图像，而面阵器件主要用于框幅成像系统。线列或二维阵列都采用透明衬底背面光照的光注入方式。

光电二极管   光电二极管线阵   光电二极管面阵   热电制冷器
                                            320×256

航空航天应用的可见光/红外探测阵列   用于NASA JWST 4M 像素
的探测器

图 7.32   美国 Teledyne 公司生产的红外探测器产品[16]

7.8.2 典型红外光子探测器

1. HgCdTe(MCT)

20 世纪 50 年代末，化学元素周期表中 III-V、IV-VI 和 II-VI 组材料系统的半导体合金得以首次引进，这些合金可允许根据特定的应用量身定制半导体的能带间隙以及光谱响应。其中 II-VI 组材料 HgCdTe 已成为当今使用最广泛的光谱响应调整材料。

HgCdTe 材料有较宽的光谱覆盖范围，其光谱响应波段范围直接与它能生长的合金元素占比有关，这样可对某特定波长的响应最优化。如图 7.33(a)所示，当 $Hg_{1-x}Cd_xTe$ 中镉

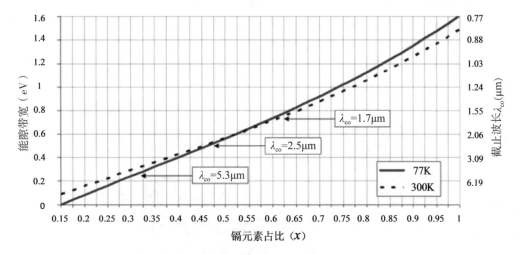

(a) $Hg_{1-x}Cd_xTe$ 材料的能隙带宽、截止波长与 x 密切相关

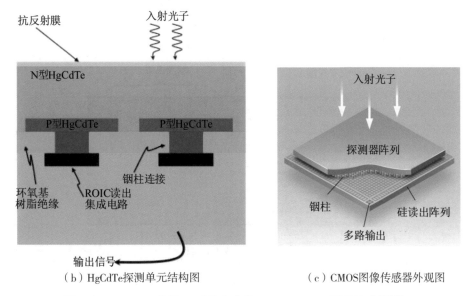

(b) HgCdTe 探测单元结构图   (c) CMOS 图像传感器外观图

图 7.33 Teledyne 公司 2018 年生产的 HgCdTe CMOS 图像传感器[16]

元素占比不同时，材料的能隙带宽和截止波长发生变化，因此可通过控制元素混合比来调整探测器的响应带宽。由于温度是影响热红外探测的关键因素，工作于不同波段的 HgCdTe 材料对背景温度有着不同的要求。对于 3～5μm 中波红外应用，光伏 HgCdTe 器件可以在 175～220K 温度下工作，对于短波红外应用，可以在更高的温度甚至室温下工作。而对于长波红外应用，光导 HgCdTe 器件在 80K 下可将响应延伸到 25μm，但是，随着工作波长的增加，探测器光谱响应非均匀性增大，探测率下降，对制冷的要求也越来越高。

图 7.33(b)、(c)为 Teledyne 公司生产的 HgCdTe CMOS 红外探测器的单元结构图和阵列外观图。器件采用背光注入方式，表面镀了抗反射膜用于减少入射光损失和提高量子效率，用铟柱实现探测器与读出集成电路(ROIC)的电气和机械软金属连接。入射光子作用在 p 型 HgCdTe 中形成电荷包，并通过 ROIC 转化为电信号被读出。在图(b)的单元结构中，传统的表面 CdZnTe(碲锌镉)衬底层被移除从而进一步减少短波入射光吸收损失，并能够提高短波响应(小于 1.3μm)的量子效率。

HgCdTe 可制成多光谱红外焦平面阵列，图 7.34 为 Teledyne 公司生产的 8 波段热红外

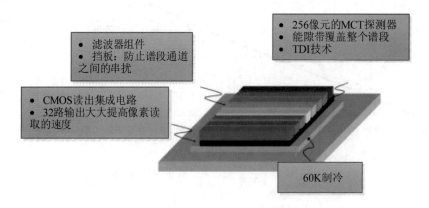

(a)用于 HySpIRI 观测任务的多波段热红外焦平面阵列

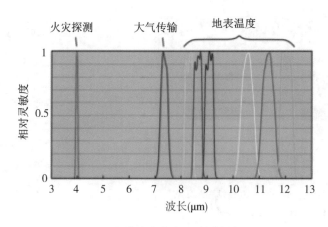

(b)光谱响应曲线及波段宽度

图 7.34　用于美国 HySpIRI 热红外观测任务的 8 波段热红外探测阵列[17]

探测阵列及其光谱响应曲线。该探测器的截止波长为 12.9μm，工作温度为 60K，暗电流为 183e⁻·pixel⁻¹·s⁻¹，像元尺寸为 40μm，每个探测单元的全阱容量为 6~8 百万个电子。目前该阵列已用于美国 HySpIRI 热红外观测任务中，用于对陆表温度进行连续的全球测绘，并支持对地震、火山及野火等环境灾害的响应与监测[18]。

2. PtSi

PtSi 焦平面阵列又称为 PtSi 肖特基势垒红外焦平面阵列（PtSi Schottky-barrier Infrared Focal Plane Array），它采用 PtSi 肖特基势垒二极管作为光敏元，CCD 移位寄存器进行电荷转移和读出。在红外成像器件中，由于肖特基势垒焦平面阵列能与硅大规模集成电路制作工艺很好兼容，制作成本相对较低，并且光响应均匀性好，信号读出噪声低，因此已广泛用于 1~3μm 短波红外（SWIR）和 3~5μm 中波红外（MWIR）谱段的红外探测。

搭载在美国国家航空航天局（NASA）1998 年发射的 EOS-AM1 卫星上的 ASTER（Advanced Spaceborne Thermal Emission and Reflection Radiometer）采用 PtSi 肖特基势垒红外焦平面阵列，用于 1.5~2.5μm 的红外探测[19]。表 7.4 为该 FPA 的规格参数，图 7.35 为其结构布局及探测单元示意图。

表 7.4　　　　　　　**EOS-AM**1 上 **ASTER/SWIR** 焦平面阵列规格参数[19]

探测器	PtSi 肖特基势垒二极管
探测器数量	2100 个像元/波段
波段数	6
探测器布局方式	交错排列布局
像元尺寸	20μm（交轨）×17μm（顺轨）
像元间距	16.5μm（交轨）×33μm（顺轨）
芯片尺寸	48mm×10.5mm
工作温度	77K
波段	波段 4　1.600~1.700μm 波段 5　2.145~2.185μm 波段 6　2.185~2.225μm 波段 7　2.235~2.285μm 波段 8　2.295~2.365μm 波段 9　2.360~2.430μm

SWIR FPA 采用双层多晶硅栅极 CCD 技术制造，使用 PtSi 肖特基势垒二极管为光敏感单元，为了减少探测器的暗电流，通过斯特林循环低温冷却器将 FPA 冷却至 77K。FPA 包含 6 个短波红外谱段，每个谱段为包含 2100 个 PtSi 探测单元的线阵阵列，像元尺寸为 20μm×17μm，采用上下交错排列布局，交轨方向像元间距为 16.5μm，线阵像元交错式布局可有效提高像元填充因子。

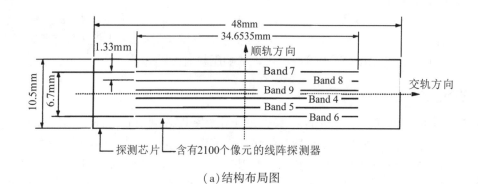

（a）结构布局图

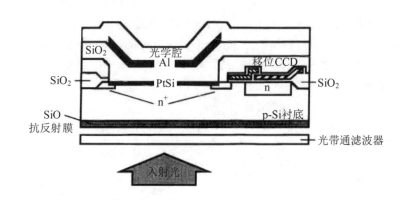

（b）PtSi 探测单元示意图

图 7.35　ASTER/SWIR FPA 的布局原理及探测单元示意图[19]

SWIR FPA 探测单元由薄的金属 PtSi 和 p 型 Si 衬底组成。p 型 Si 中的多子空穴向金属扩散，在金属边界形成接触势垒，当加反向偏压时，势垒区增大，当有入射光照时，势垒中激发出空穴光电荷。为了有效地使用入射光并提高量子效率，探测器还包含由 SiO_2 和铝反射器构成的光学腔。SiO_2 下边形成 n^+ 阴极层，作用是减小阴极接触电阻。SiO_2 还用于消除边缘区域的电场，提高器件的耐压性。探测器背面通过 SiO 抗反射膜注入光照，受光产生的光电荷（此时为空穴）在时钟控制下通过移位 CCD 送至浮动扩散放大器（FDAs，Floating Diffusion Amplifiers），在那里光电荷通过结点电容和晶体管放大器被转换为电压信号。与芯片连接在一起的还有光学带通滤波器，用于将 $1.5\sim2.5\mu m$ 的波长区域分为 6 个观测谱段。

表 7.5 列出了该 FPA 的一些性能参数。其中光响应非均匀性定义为在入射光一致的条件下，各像元响应电子数中的最大值与最小值之差与最大值的比率。光响应非线性定义为在强光照入射时，实际响应电子数与理想线性响应电子数之差与实际响应电子数的比率。暗电流通过在 FPA 上附加光学屏蔽板来进行测量，测得的暗电流包括 PtSi 肖特基势垒二极管的热电子发射电流和来自光学屏蔽板辐射的光电流。在 $1.650\sim2.395\mu m$ 波长范围内，探测阵列量子效率为 $4.37\%\sim3.79\%$。探测器暗电流大小随温度变化显著，在 77K

时平均暗电流大小为 1820 个电子，当温度升高 1.2K 时，暗电流电子增长为 2780 个电子。

尽管使用了光学腔，PtSi FPA 的量子效率仍然很低，可通过延长积分时间来提高量子效率。并且，与半导体材料相比，金属 PtSi 光电发射敏感元与掺杂、少子载流子及元素混合比等因素无关，具有远优于其他探测器技术的空间均匀性特性，因此，PtSi 仍然具有广泛的应用[20]。

表 7.5 **ASTER/SWIR FPA 性能参数**[19]

性能参数	在不同波段上的范围值
量子效率	3.79% ~ 4.37%
光响应非均匀性	4.52%
光响应非线性	0.71% ~ 1.33%
暗电流	1820 电子@77K

7.8.3 光子探测器的制冷方式

大多数光子探测器只有在低温下才有较高的信噪比、探测率、较长的响应波长和较短的响应时间，因此，了解各类制冷器的原理和适用范围十分必要。从原理上讲，用于红外探测的制冷器有以下几种。

1. 利用相变原理

把制冷剂如液态空气、液氮、固体甲烷、固体氩和干冰等装在绝热良好的杜瓦瓶中，当有热负载时，制冷剂由液相变为气相或由固相升华为气相而排掉。利用这种原理制成的制冷器有杜瓦瓶和固体制冷器。液氮杜瓦瓶可将探测器制冷至 77K。在这类制冷器中，不再收集并重新利用自负载吸收热量后的制冷剂。

2. 气体等温膨胀做外功来制冷

这一类制冷器的典型代表是斯特林制冷器。根据热力学第一定律 $\Delta U = Q + W$，U 是气体的内能，当气体温度不变时内能不变，Q 为与外界的热交换能量，吸热为正，放热为负，W 为气体做功的机械能，当气体体积膨胀对外做功时为负，气体在机械作用下体积压缩 W 为正。当气体进行等温压缩时，由于温度不变，气体内能保持不变，由于体积压缩 W 为正，则 Q 为负。气体放热传热给介质。当气体进行等温膨胀时，气体内能不变，膨胀对外做功 W 为负，则 Q 为正，此时气体从周围环境吸热，结果就是对目标进行冷却，达到制冷效果。

热力学第一定律表明在气体内能不变的情况下，机械能和热交换是相互转换的。要使气体吸热(冷却某一对象)，只要做等温膨胀就可以，而斯特林制冷机巧妙地实现在一个封闭腔中的等温压缩、定容放热、等温膨胀和定容吸热四个循环，达到机械制冷的效果。

图 7.36 是理想斯特林循环制冷工作原理示意图[21]。制冷机由回热器 R、冷却器 A、

冷量换热器 C 及两个气缸和两个活塞组成。左面为压缩活塞，右面为膨胀活塞。两个气缸与活塞形成两个工作腔：室温(压缩)腔 V_a 和冷腔(膨胀腔) V_{co}，由回热器 R 连通。假设在稳定工况下，回热器中已经形成了温度梯度，冷腔保持温度 T_{co}，室温腔保持温度 T_a。气缸内有一定量的气体，压力为 P_1，体积为 V_1，循环所经历的过程如下：

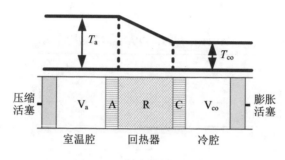

(a)Stirling 制冷器循环示意图

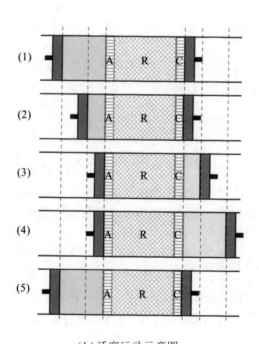

(b)活塞运动示意图

图 7.36 斯特林循环制冷的工作过程

等温压缩过程 1—2：压缩活塞向右移动而膨胀活塞不动，气体被等温压缩，压缩热经冷却器 A 传给冷却介质(水或空气)，温度保持恒值 T_a，气体压力升高到 P_2，体积减小到 V_2。

定容放热过程 2—3：两个活塞同时向右移动，气体的体积保持不变，直至压缩活塞到达右止点。当气体通过回热器 R 时，将热量传给填料，因而温度由 T_a 降低到 T_{co}，同时

压力由 P_2 降低到 P_3。

等温膨胀过程 3—4：压缩活塞停止在右止点，而膨胀活塞继续向右移动，直至右止点，温度为 T_{co} 的气体进行等温膨胀，通过冷量换热器 C 从低温热源（冷却对象）吸收一定的热量 Q_{co}（制冷量），气体体积增大到 V_4 而压力降低到 P_4。

定容吸热过程 4—5：两个活塞同时向左移动至左止点，气体体积保持不变，$V_1 = V_4$，回复到起始位置。当温度为 T_{co} 的气体流经时从回热器 R 填料吸热，温度升高到 T_1，同时压力增加到 P_1。气体在 4—1 过程吸收的热量等于 2—3 过程放出的热量。

过程 1—2 为放热过程，放热量等于压缩功，由于回热过程 2—3 和 4—5 中的换热量属于内部换热，与整个循环的能量消耗无关，因此斯特林循环系统消耗的功等于压缩功与膨胀功之差。

斯特林循环系统的工作介质为氦气，工作介质在室温腔、冷却器、回热器、冷量换热器和冷腔等部分来回交变流动，而气体总量不变，所以是闭循环机械式制冷系统。

斯特林制冷器具有结构紧凑、工作温度范围宽、启动快、效率高、操作简便等优点。最大的缺点是由于有活塞高速运动，振动噪声较大，寿命不长。

斯特林制冷器有分置式的，压缩器和膨胀器用直线电机驱动，冷却工作介质用金属细管与装有探测器的杜瓦相连，制冷量可达 1W。分置的好处是避免冷端振动，工作寿命约 5000 小时。为使结构紧凑，也有将制冷器和杜瓦做成一体的旋转式电机驱动，机械噪声较大，工作寿命约 3000 小时。

3. 利用辐射热交换来制冷

这是红外探测器应用于宇宙空间这个特殊环境所形成的一种制冷方法。在太空环境下，一个热物体可以同 3K 左右的深冷空间进行辐射热交换而使热物体逐渐冷却。辐射制冷器是一种被动式的制冷器，它不需要外加能源，无运动部件，寿命长，功耗小。辐射制冷器的制冷量较小，为 10~100mW，一级辐射制冷器只能达到 100K 以上温度。辐射制冷器的热负荷中，探测器的热负荷只占 1/10，其余为光、机、电的热负荷，因此减少光、机、电的热负荷十分重要。另外，设计辐射制冷器时，既要冷片的热量辐射到太空中去，又要防止太阳、地球等热源进入辐射制冷器的视场。

7.8.4 微测辐射热计非制冷红外探测器

近年来非制冷红外焦平面探测器的阵列规模不断增大，像元尺寸不断减小，并且在探测器单元结构及其优化设计、读出电路设计、封装形式等方面出现了不少新的技术发展趋势。非制冷红外焦平面探测器以微机电技术（MEMS，Microelectromechanical Systems）制备的热传感器为基础，大致可分为热电堆/热电偶、热释电、光机械、微测辐射热计等几种类型[22]，其中微测辐射热计的技术发展非常迅猛，所占市场份额也最大。

图 7.37 为单个微测辐射热计的结构示意图。图（a）为单个像元的结构示意图，微测辐射热计由像素阵列组成，底层为硅衬底和读出集成电路（ROIC），在硅衬底上通过 MEMS 技术生长出与桥面结构相似的像元，称为微桥。桥面由多种材料组成，包括用于吸收红外辐射能量的吸收材料层，将温度变化转化为电压变化的热敏层。桥臂和桥墩（图

(b))起到支撑桥面,并实现电连接的作用。桥结构使得吸收材料悬浮在读出电路上方约 2.5μm 处,使得微测辐射热计不需要任何冷却与底部 ROIC 热隔离。

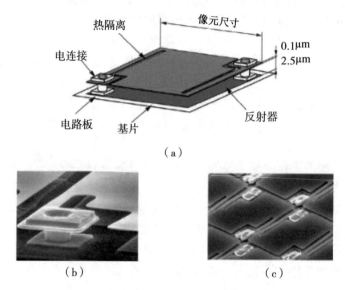

图 7.37 非制冷微测辐射热计结构示意图[22]

微测辐射热计的工作原理是:来自目标的热辐射通过红外光学系统聚焦到探测器焦平面阵列上,各个微桥的红外吸收层吸收红外能量后温度发生变化,从而引起各微桥的热敏层电阻值发生相应的改变,这种变化经由探测器内部的读出电路转换成电信号输出,经过探测器外部的信号采集和数据处理电路最终得到反映目标温度分布情况的可视化电子图像。

微测辐射热计结构设计上的关键因素是探测灵敏度(NEΔT)和响应时间(τ)。其中材料的热导率 G 是影响探测灵敏度的关键参数,事实上,NEΔT 与 $\sqrt{G}$ 成正比,而响应时间与 G 成反比,因此通过改进材料加工技术减小热导以获取高灵敏度探测器必须以牺牲响应时间为代价[23]。在结构上,为使微测辐射热计与其衬底间的热导尽量小,微桥的桥臂设计需要用低热导材料,并采用长桥臂小截面积的设计。此外,需将微测辐射热计探测器阵列封装在一个真空的管壳内部,以减小其与周围空气之间的热导。

热敏材料的选取对于微测辐射热计的灵敏度有非常大的影响,优选具有高温度系数和低 $1/f$ 噪声的材料,同时还要考虑所选材料与读出电路的集成工艺是否方便高效。目前最为常用的热敏材料包括氧化钒(VO_x)、非晶硅(α-Si)以及硅二极管等。表 7.6 列出了主要供应商提供的测辐射热计阵列和规格。

非制冷红外焦平面探测器的像元尺寸从最初的 50μm 左右,历经 45μm、35μm、25μm、20μm 等几种规格,目前已经逐渐进入以 17μm 为主流的时代,且更小像元尺寸如 15μm、12μm 也已进入实质性的研制和试生产阶段。然而,更小的像元意味着 MEMS 制造技术复杂程度的提高,并且由于 NEΔT 与像素面积成反比,当其他因素不变时,像元尺

寸从 $50\mu m$ 减小至 $17\mu m$，则 NEΔT 将增加 9 倍。因此目前各探测器制造厂商都在重点研究如何在像元尺寸缩小的同时还能保持甚至提高微测辐射热计的性能。

表 7.6   商用测辐射热计阵列和规格[23]

供应商(国家)	测辐射热计材料	阵列大小	像元间距(μm)	探测器 NEDT(K)
L-3(美国)	VO_x	320×240	37.5	50
	α-Si	160×120~640×480	30	50
	α-Si/α-SiGe	320×240~1024×768	17	30~50
DRS(美国)	VO_x	320×240	25	35
	VO_x	320×240	17	
	VO_x	640×480	17	50
ULIS(法国)	α-Si	160×120, 640×480	25~50	35~80
	α-Si	1024×768	17	
Mitsubishi(日本)	硅二极管	640×480	25	50
SCD(以色列)	VO_x	384×288	25	50
	VO_x	640×480	25	50
NEC(日本)	VO_x	320×480	23.5	75

7.8.5 微光机械非制冷红外探测器

基于测辐射热计和热释电的非制冷探测器依赖于每个像元的电信号读出，由于每个像元上的电连接(即使是微桥结构)难以对热传导进行理想的隔离，因此电读出系统不可避免地受热噪声的影响。此外，读出电路与像元之间连接的制造复杂度和读出电路的设计也使得许多商业应用成本过高[24]。为此，许多研究小组致力开发低成本光学可读成像阵列，这其中就包括基于微悬臂梁偏转的微光机械红外探测阵列，该阵列采用光学读出方式，不需要金属化像元连接，与电耦合的微桥相比，微光机械红外探测阵列有如下优点[23]：

(1)可以进行非制冷运行；

(2)光学读出方式消除了对每个像素的电互连和扫描电子的需要，从而降低了制造复杂性和成本；

(3)光学读出方式消除了引脚的金属，从而使每个像素的热隔离接近辐射极限；

(4)光学读出的功耗远小于电测量方法，因此简化了功率和热管理。

图 7.38 给出了微光机械红外成像系统的示意图和组件，它由红外成像镜头、微悬臂梁 FPA 和光学读出器组成。来自点光源的可见光通过准直透镜变换为平行光，随后平行光被微悬臂梁 FPA 的像元反射，该反射光线的偏转角度随入射红外辐射的变化而发生变化，焦平面上的变换透镜测量偏转角度的变化合成为 CCD 焦平面上的光谱。这种简单的光学读出方式使用 1mW 的功率光束，每个 FPA 像元的功率仅为数纳瓦。CCD 相机的动态范围、固有噪声和分辨率在很大程度上决定了系统性能。

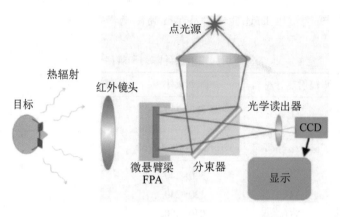

（a）系统示意图

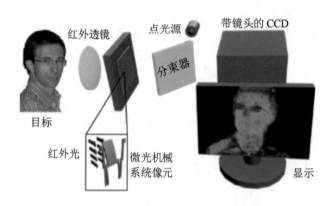

（b）热像仪的各个组件

图 7.38 微光机械红外成像系统示意图[23]

该系统中最核心的组件是微悬臂梁阵列。一个悬臂梁指的是一端约束，另一端自由向外延伸的横梁[25]。在大多数宏观应用中，悬臂是刚性的，如喷气式飞机的翅膀或者伸出去的阳台，但微悬臂梁更像是跳水板，能够在外界作用下进行弯曲和振动，其弯曲和振动的强弱反映了外力的大小。

微悬臂梁的表面覆有感应涂层（如图 7.39 所示），该涂层吸收入射光子并发生热膨胀，由于微悬臂梁通常由热膨胀系数差异较大的两层材料（SiNx-Au/Al）组合构成，双材料梁吸收来自目标的红外热辐射后，由于热膨胀不同产生弯曲形变。使用反射材料层嵌入悬臂的表面，入射参考光束从悬臂的表面反射，形成一个参考偏转角，当悬臂随红外辐射的强弱进行不同偏转角度弯曲时，安装在相机上的小孔径镜头可实现所需的角度-强度转换，把偏转角的变化转化为入射辐射的变化。

双材料微悬臂梁非制冷红外探测器的噪声等效温差（NEΔT）非常小，理论值可以达到零点几微开尔文[26]，比一般的非制冷探测器低 1 个数量级，这与制冷光子型红外探测器的 NEΔT 相当，将满足高灵敏度、轻质和低成本的装备要求。2006 年美国 Oak Ridge 国家实验室和田纳西州大学设计的 256 ×256 像元 SiNx/ Al 双材料微悬臂梁探测器 FPA 就采用这种非接触光学方式读取信号。

　　微光机械非制冷红外探测器正处于研制之中，其应用前景看好，但技术上还存在一些问题，如探测器中存在固有的机械噪声，微悬臂梁像元响应的非均匀性等，但由于光学读出可使器件体积更小、携带更方便，因此具有光学读出方式的微悬臂梁非制冷探测器成为非制冷探测器的一个重要发展方向。

（a）覆有感应涂层的微悬臂梁示意图

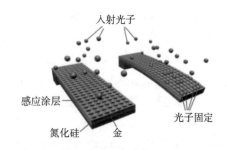

（b）入射光子引起悬臂的弯曲

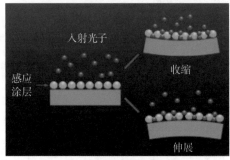

（c）由于悬臂双材料的热膨胀系数不同导致吸收
光子后发生收缩或伸展

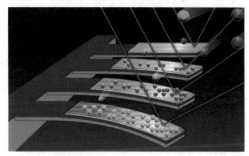

（d）通过测量参考光线的偏转角变化来实现入射辐
射的测量

图 7.39　微悬臂梁结构及探测原理示意图[25]

参考文献

［1］周世椿. 高级红外光电工程导论［M］. 北京：科学出版社，2014.

［2］GUNAPALA S D，BANDARA S V，RAFOL S B，et al. Chapter 2-quantum well infrared photodetectors［M］//GUNAPALA S D，RHIGER D R，JAGADISH C. Advances in infrared photodetectors，semiconductors and semimetals volume 84. Amsterdam：Elsevier，2011：59-151.

［3］SCHNEIDER H，LIU H C. Quantum well infrared photodetectors ：Physics and applications［M］. Berlin，German：Springer-Verlag Berlin and Heidelberg GmbH & Co. KG，2007.

［4］马文坡. 航天光学遥感技术［M］. 北京：中国科学技术出版社，2011：101.

［5］WIKIPEDIA. 散粒噪声［EB/OL］.［2020-05-26］. https：//zh. wikipedia. org/wiki.

［6］INTERNETARCHIVEBOT. Fixed-pattern noise ［EB/OL］. ［2020-5-20］. https：// en. wikipedia. org/wiki/Fixed-pattern_noise.

［7］KAPADIA A. Debanding the world ［EB/OL］. ［2021-5-21］. https：//blog. mapbox. com/ debanding-the-world-94439af16e7f.

［8］ELACHI C, VAN ZYL J J. Introduction to the physics and techniques of remote sensing ［M］. 2nd ed. Hoboken, New Jersey：John Wiley & Sons, Inc. , 2006.

［9］REDJIMI A, KNEŽEVIĆ D, SAVIĆ K, et al. Noise equivalent temperature difference model for thermal imagers, calculation and analysis ［J］. Scientific Technical Review, 2014, 64：42-49.

［10］MOVITHERM. What is NETD in a thermal camera ［EB/OL］. ［2020-5-22］. http：// movitherm. com/knowledgebase/netd-thermal-camera/.

［11］任宏，周唐贵，杜宇. 新型图像传感器 CCD 的原理及应用 ［J］. 中州煤炭，1998，1：10-11.

［12］HOLST G C. CCD arrays, cameras, and displays ［M］. Winter Park, FL；Bellingham, Wash. ：JCD Pub. , SPIE Optical Engineering Press, 1996.

［13］FIETE R D. Modeling the imaging chain of digital cameras ［M］. Bellingham, Washington：SPIE Press, 2010.

［14］COMPANY E K. Kaf-3200e kaf-3200me full-frame ccd image sensor performance specification ［EB/OL］. ［2020-05-24］. http：//www. stargazing. net/david/QSI/KAF-3200ELongSpec. pdf.

［15］SHOP A. Moravian instrument CCD camera specifications ［EB/OL］. ［2020-5-25］. https：//www. myastroshop. com. au/moravian/specs/specifications. html.

［16］JERRAM P, BELETIC J. Teledyne's high performance infrared detectors for space missions ［EB/OL］. ［2020-05-26］. https：//www. teledyne-e2v. com/content/uploads/2018/10/ ICSO_2018_Teledyne_IR_Sensors_PJerram_JBeletic. pdf.

［17］FOOTE M, JOHNSON W, HOOK S. HySpIRI thermal infrared radiometer(TIR)instrument conceptual design ［EB/OL］. ［2020-05-26］. https：//hyspiri. jpl. nasa. gov/downloads/ 2010_Workshop/ day1/day1_6_Foote_HyspIRI-TIR_WS_10%20Final. pdf.

［18］LEE C M, CABLE M L, HOOK S J, et al. An introduction to the NASA hyperspectral infrared imager (HySpIRI) mission and preparatory activities ［J］. Remote Sensing of Environment, 2015, 167：6-19.

［19］UENO M, SHIRAISHI T, KAWAI M, et al. PtSi schottky-barrier infrared focal plane array for ASTERS/SWIRr：Proceedings of SPIE, San Diego, CA, United States, September 29, 1995［C］. Bellingham, Washington：SPIE, 1995, 2553(1)：56-65.

［20］ROGALSKI A. Infrared detectors：An overview ［J］. Infrared Physics & Technology, 2002, 43(3)：187-210.

［21］WIKIPEIDA. Cryocooler ［EB/OL］. ［2021-01-18］. https：//en. wikipedia. org/ wiki/ Cryocooler.

［22］冯涛，金伟其，司俊杰．非制冷红外焦平面探测器及其技术发展动态［J］．红外技术，2015，（03）：177-184.

［23］ROGALSKI A. Infrared detectors for the future［J］. Acta Physica Polonica A，2009，116（3）：389-406.

［24］YANG Z，MINYAO M，HOROWITZ R，et al. Optomechanical uncooled infrared imaging system：Design，microfabrication，and performance［J］. Journal of Microelectrome-chanical Systems，2002，11(2)：136-146.

［25］SCME. How does a cantilever work［EB/OL］.［2021-03-03］. https：//nanohub. org/resources/25845/download/App_CantiL_PK11_PG. pdf.

［26］雷亚贵，王戎瑞，陈苗海．国外非制冷红外焦平面阵列探测器进展［J］．激光与红外，2007，37(9)：801-805.

第8章 典型遥感卫星平台及传感器

遥感对地观测任务的目标通过遥感平台和遥感传感器(有效载荷)来完成。卫星平台用于保障遥感传感器的正常工作,而有效载荷在很大程度上决定了卫星任务的成本、复杂性和有效性。遥感卫星有效载荷根据工作波长大致分为两类:光学类和微波类。光学有效载荷测量从紫外、可见光到红外波长范围内的反射光。光学载荷有两种观测方法:被动和主动,被动有效载荷接收被观察物体或周围区域发射或反射的自然辐射,太阳光是被动光学载荷的主要辐射源,而主动有效载荷需要发射电磁波,通过反射或散射的回波信号进行观测和测量。

光学有效载荷根据功能可分为全色相机、多光谱相机、成像光谱仪、傅里叶变换光谱仪、激光雷达和光谱仪/辐射计等。本章首先介绍 Landsat 8 和 Terra 卫星平台的有效载荷,包括各种多光谱相机、中等分辨率成像光谱仪及光谱仪/辐射计,然后介绍 PRISMA 高光谱成像光谱仪,最后介绍两种典型的微型卫星平台及载荷。

8.1　Landsat 8/LDCM

NASA 的 Landsat 航天器系列是史上最长的连续地球观测计划(如图 8.1 所示),从1972 年发射 Landsat 1 到 2021 年 9 月 27 日发射 Landsat 9,随着该计划的发展,研究者越来越重视数据的科学应用,同时对仪器、数据、定标和验证提出了更严格的要求[1]。Landsat 8 又称为 LDCM(Landsat Data Continuity Mission),是 Landsat 序列中的一个任务,它在 Landsat 7 系统的基础上进行了功能增强,例如装载更多的星载定标硬件、增加更多的图像评估环节和评估人员等,对数据定标和验证的更高要求贯穿成像链路的各个环节,包括载荷、平台、运行和地面系统。

LDCM 的任务目标包括:

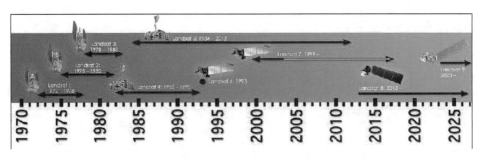

图 8.1　Landsat 系列卫星的发展历程[1]

（1）收集并存档中等分辨率反射式多光谱图像数据，提供不少于 5 年的季节性全球覆盖陆地数据。

（2）收集并存档中等分辨率热红外多光谱图像数据，提供不少于 3 年的季节性全球覆盖陆地数据。

（3）在成像几何、校准、覆盖、光谱和空间特征、输出产品质量和数据可用性方面，确保 LDCM 数据与早先的 Landsat 任务数据充分一致，以便研究数十年间的土地覆盖和土地利用变化。

（4）免费向用户分发标准的 LDCM 数据产品。

LDCM 于 2013 年 2 月 11 日从美国加利福尼亚使用 Atlas-V-401 半人马运载火箭发射升空，发射提供商是洛克希德马丁公司和波音公司的合资企业 ULA（联合发射联盟）。卫星采用太阳同步近圆轨道，轨道高度为 705km，倾角 98.2°，周期 99 分钟，重访周期为 16 天（233 轨），降交点赤道时间为 10∶00 时。

8.1.1 卫星平台

2008 年 4 月，NASA 与位于亚利桑那州吉尔伯特的通用动力先进信息系统公司 GDAIS（该公司于 2010 年被 OSC 轨道科学公司收购）合作建造 LDCM 航天器。NASA 提供 LDCM 航天器、传感器、运载火箭以及地面系统的任务操作，与 NASA 合作的美国国家地质调查局提供任务操作中心、地面处理系统以及飞行运行团队。

LDCM 航天器使用星下点指向的三轴稳定平台，采用 SA-200HP 模块化总线架构，整个航天器由铝框架和面板组成。LDCM 卫星平台上主要包括姿态确定和控制子系统（ADCS，Attitude Determination and Control Subsystem）、命令和数据处理子系统（C&DH，Command & Data Handling）、热控制子系统（TCS，Thermal Control Subsystem）、电力子系统（EPS，Electric Power Subsystem）、推进子系统以及射频通信子系统（RF，RF Communications）。

8.1.1.1 姿态确定和控制子系统（ADCS）

LDCM 航天器采用星下点指向的 3 轴稳定平台。姿态确定和控制子系统由 6 个反作用轮、3 个扭力杆和推进器构成。用于姿态检测的传感器包括：

（1）3 个精密星敏感器（其中 2 个工作，1 个备份）；

（2）1 个备用的可扩展惯性参考单元；

（3）12 个太阳传感器；

（4）备用的 GPS 接收器；

（5）2 个三轴磁强计。

ADCS 子系统能够达到的姿态控制误差小于 $30\mu\text{rad}$，姿态测量误差小于 $46\mu\text{rad}$，能够在 14 分钟内实现任意轴 180° 的旋转机动，能够在 4.5 分钟内进行 15° 的滚动。

ADCS 性能指标常用指向精度、稳定性和机动性来表示，指向精度和稳定性影响目标成像的几何性能，机动性允许航天器变姿以拍摄太阳、月球或恒星用于辐射定标。LDCM 还具有非星下点成像能力，用于特殊目标的持续监测。

航天器的指向能力允许使用太阳(大约每周一次)、月球(每月一次)、恒星(调试期间)和地球(与正常方位成 90°角)对传感器(OLI, Operational Land Imager)进行辐射定标。太阳辐射源将用于 OLI 的绝对定标和相对定标,月亮用于监测 OLI 响应的稳定性,而恒星用于确定观测视线的角度。

8.1.1.2　命令和数据处理子系统(C&DH)

C&DH 子系统的主要功能是提供有效载荷、存储硬盘和射频发射机之间的任务数据接口。C&DH 子系统使用标准的 cPCI 主板,使用 Rad750 中央处理器(CPU, Central Processing Unit),这是一款宇航级 CPU,它在传统 CPU 基础上,能够耐−55℃至 125℃的极端温度,耐高强电磁辐射。整个 C&DH 子系统由集成电子模块(IEM)、有效负载接口电子设备(PIE)、固态硬盘(SSR)和两个晶体振荡器(OCXO)组成,如图 8.2 所示。

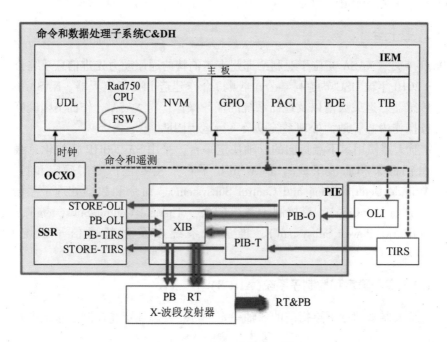

图 8.2　C&DH 子系统框图[2]

集成电子模块(IEM)为平台提供命令和数据处理功能,包括使用 Rad750 处理器上的飞行软件 FSW(Flight Software)在有效负载接口电子设备(PIE)和固态硬盘(SSR)之间进行任务数据管理,还用于命令和遥测管理、姿态控制、状态健康(SOH, State of Health)数据和辅助数据处理,以及控制图像采集和文件下传到地面。

固态硬盘(SSR)采用商业级 4GB SDRAM(同步动态随机存取存储器)存储器设备,提供 4 Tbit @ BOL(Beginning of Life,生命周期开始)和 3.1 Tbit @ EOL(Ending of Life,生命周期结束)的存储容量。错误检测和校正算法可防止在轨电磁辐射引起的错误。SSR 提供了使用文件管理体系结构来存储所有图像、辅助数据和健康状况数据的主要方法。晶体振荡器 OCXO 为 ADCS 提供稳定、精确的时间基准。

　　有效负载接口电子设备 PIE 是有效载荷、C&DH 子系统、SSR 和地面射频通信子系统之间的关键电气系统接口和任务数据处理系统之一，包含用于有效载荷 OLI 和 TIRS 的接口模块 PIB-O 和 PIB-T，用于固态硬盘和射频通信子系统的接口模块 XIB。每个 PIB 都包含专用的可编程逻辑阵列(FPGA，Field Programmable Gate Arrays)和专用集成电路用于接收和处理来自有效载荷的数据。XIB 是 PIE、SSR 和 X 波段发射器之间的接口，XIB 接收来自 PIE PIB-O 和 PIB-T 的实时数据，并通过 2 个端口接收来自 SSR 的存储数据。XIB 将任务数据发送到 X 波段发射器。XIB 从 X 波段发射器接收时钟，以确定 XIB 和发射器之间的数据传输速率，用以保持 384 Mbit/s 的下行链路速度。

　　飞行软件(FSW)在管理用于记录和文件回放的文件目录系统中起着不可或缺的作用。FSW 根据来自地面的指令创建文件属性，如标识符、大小、优先级和保护属性等。FSW 还维护文件目录，并基于图像优先级创建文件回放的顺序列表。在记录或执行回放时，FSW 会自动更新和维护航天器目录。

8.1.1.3　热控制子系统(TCS)

　　热控制子系统(TCS)使用标准的 Kapton 薄膜电加热器，用于在深冷环境中保持设备仪器的安全工作温度。Kapton 电加热器是以聚酰亚胺薄膜为外绝缘体，以金属箔、金属丝为内导电发热体经高温高压热合而成，这种电热膜具有优异的绝缘强度、热传导效率和电阻稳定性，并且能够获得相当高的温度控制精度，因此被广泛地用于卫星热控制系统中。

　　为了对过热仪器进行降温和散热，航天器平台使用被动制冷方式，根据温度需要在航天器和有效载荷上覆盖多层隔热涂层。TCS 还提供一个冷深空视场，可用于仪器的散热。

8.1.1.4　电力子系统(EPS)

　　电力子系统(EPS)由单轴展开式太阳能电池阵列组成，使用三结点连接的太阳能电池可提供 4300 W @ EOL 的功率。电力子系统还包含一个 NiH_2 电池组，提供 125Ah 的电池容量。

8.1.1.5　推进子系统

　　推进子系统使用 8 个 22 N 推进器进行速度修正、高度调整、姿态恢复、生命结束处理和必要时的其他运行维护。航天器的发射质量为 2780kg，任务设计寿命为 5 年，而星上 386kg 肼推进燃料将保证其持续 10 年的运行时间。

8.1.1.6　射频通信子系统

　　卫星使用天线实现和地面的双向通信，下行链路采用 X 频段，使用无损压缩和频谱滤波技术，有效载荷数据速率为 440 Mbit/s。射频通信系统由 X 波段发射机、行波管放大器(TWTA)、深空网络(DSN)滤波器和地球覆盖天线(ECA)组成。行波管放大器放大信号，深空网络滤波器保持信号频谱的一致性，天线具有 120° 半功率波束宽度，覆盖航天器当前位置以下的所有地面站点，无须进行机械驱动。

X 波段发射机使用本地热控晶体振荡器作为时钟源，用于提高光谱质量和减小数据抖动，该时钟提供给 PIE XIB，使任务数据以高达 384Mbit/s 的速率传输至发射机。X 波段发射机使用一个机载时钟，以本地 48MHz 时钟作为参考，以 441.625 Mbit / s 编码数据速率运行。

S 波段用于所有遥测、遥控功能。该波段收发器具有和"跟踪和数据中继卫星系统"通信的功能，可用于发射和早期轨道以及航天器紧急情况。

射频通信子系统的数据天线将完成接收来自 PIE 的实时数据、接收来自 SSR 的数据、向三个 LDCM 地面站发送数据以及向国际合作地面站 IC 发送数据等功能。

8.1.2　OLI

2007 年 7 月，美国国家航空航天局(NASA)与美国博尔德航天技术公司签订合同，为 LDCM 开发陆地成像仪(OLI，Operational Land Imager)载荷。多光谱、中等分辨率的 OLI 仪器与 Landsat 7 的增强热像仪 ETM +传感器具有相似的光谱波段，还包括新的海岸带/气溶胶波段(443nm，波段 1)和卷云检测波段(1375nm，波段 9)，它没有热红外波段。表 8.1 和图 8.3 给出了 OLI(L8)和 ETM+(L7)的波段设置对比。

表 8.1　　　　　　　　　　　　　　**OLI 和 ETM+的波段对比**[1]

OLI(LDCM)			ETM+(Landsat 7)		
波段号	波长(μm)	GSD(m)	波段号	波长(μm)	GSD(m)
8(全色)	0.500~0.680	15	8(全色)	0.52~0.90	15
1	0.433~0.453	30			
2	0.450~0.515	30	1	0.45~0.52	30
3	0.525~0.600	30	2	0.53~0.61	30
4	0.630~0.680	30	3	0.63~0.69	30
			4	0.78~0.90	30
5	0.845~0.885	30			
9	1.360~1.390	30			
6	1.560~1.660	30	5	1.55~1.75	30
7	2.100~2.300	30	7	2.09~2.35	30
OLI 无热红外波段			6(TIR)	10.40~12.50	60

OLI 仪器的观测需求包括：

(1)能够提供每日至少 400 景(185km×180km)的数据。数据能够季节性覆盖全球陆地。

(2)可见光/近红外/短波红外波段的地面采样距离为30m，全色影像波段的地面采样

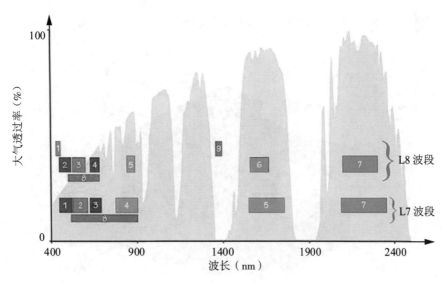

图 8.3 OLI(L8)和 ETM+(L7)波段对比[1]

距离为 15m。

(3)每个光谱带的图像数据满足一定的边缘响应斜率,边缘响应被定义为图像数据中锐利边缘的归一化响应。要求波段 1~7 的边缘响应斜率为 0.027,全色波段(波段8)需要 0.054 的斜率,卷云波段 9 需要 0.006 的斜率。

(4)所有数据量化等级为 12bit。

(5)WRS-2(全球参考系统-2)将 Landsat 一景的大小定义为地球表面上由 Path 和 Row 坐标指定的 185km×180km 矩形区域。该系统用于对 Landsat 4,Landsat 5,Landsat 7 号数据进行编目,也将用于 LDCM。

(6)在获取影像的 24 小时内提供标准正射数据产品,并可通过网站免费获得该产品。

(7)数据定标需与以前的 Landsat 任务保持一致。

(8)具有优先成像和有限的非星下点采集能力。

8.1.2.1 OLI 设计

OLI 为具有推扫式架构的多光谱成像仪,推扫式比 ETM +仪器的摆扫式在几何上更稳定,然而推扫式架构要求对获取的图像进行地形校正以确保准确的波段几何配准。图 8.4 为 OLI 的设计外观图,表 8.2 给出了 OLI 各子系统的设计特点。OLI 仪器主要包括定标子系统、望远镜子系统、焦平面子系统、电子系统以及热控制子系统,图 8.5 为 OLI 的系统框图。

8.1.2.2 辐射定标子系统

为了满足高精度定标要求和实现寿命期间内的高稳定性,OLI 设计使用全光圈、全光路定标源进行定标,以确保对仪器任何部分的变化进行监控,并可以在定标数据处理中进行纠正。通过多个定标信号源，定标子系统可以将仪器引起的变化与目标变化区分开。此外，每个定标源还允许进行不同的定标参数进行测量。

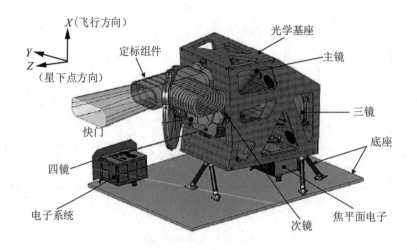

(a)设计草画图

(b)实物外观图

图 8.4　OLI 的设计外观图[1]

OLI 定标子系统由两个太阳漫射器(一个工作、一个备用)和一个快门组成。当太阳光进入太阳光罩时，漫射器将光漫射到光圈中，并提供全光圈定标，快门在关闭时提供暗信号源定标。另外，两个激励灯组件位于前部孔径光阑处，每个灯组件包含三个灯(两个备用)，这些灯以恒定电流运行并由硅光电二极管监控其稳定状态。此外，OLI 焦平面还设置有被遮挡的碲镉汞(HgCdTe)探测器，用于波段间的定标。

表 8.2 **OLI 的设计特点**[1]

观测技术	特 点
成像方式	推扫式成像
波段	在 VNIR/SWIR 的 443~2300nm 范围包含 9 个波段
望远镜子系统	带光圈的四镜离轴望远镜设计; 使用光具基座; 具有杂散光抑制能力
焦平面阵列	由 14 个探测器芯片组件构成; 焦平面阵列被动冷却; 混合硅/碲镉汞(HgCdTe)探测单元; 探测器芯片上采用块状滤光片截取波段
幅宽(FOV = 15°)	185km
地面采样距离(GSD)	全色 15m;VNIR/SWIR 多光谱 30m
量化	12 bit
辐射定标子系统	每周一次的太阳散射器定标; 激励灯定标源; 暗通道快门; 暗像元探测器用于监控响应漂移

1. 太阳漫射器

太阳漫反射器由 Spectralon 材料构成,Spectralon 漫反射材料是一种含氟聚合物,它在光谱的紫外、可见光和近红外区域具有任何已知材料或涂层的最高漫反射率,表现出高度的朗伯性,并且可以加工成各种各样的形状,用于制造如定标板、积分球等光学部件。

OLI 的主太阳漫射器每 8 天部署一次,它转到孔径前面使太阳光反射进入遥感器进行定标(因太阳辐射量为恒定值)。备用漫射器用于检查主漫射器的退化,使用频率较低,大约每 6 个月检查一次主漫射器的退化情况,其余时间它在漫反射器组件轮内部得到保护,不会因污染或暴露于紫外线下而降解。图 8.6 展示了太阳漫射器装配的组件。

2. 暗通道快门

快门组件(如图 8.6 所示)可以关闭光圈,使光和污染物不能进入仪器。进行杂散光测试时可确认在关闭位置附近无法检测到光。快门组件提供暗目标的定标,每轨道使用两次,用于测量暗目标下响应信号的均匀性、偏移量。快门还和焦平面上的暗通道探测器配合,完成偏移量漂移的监测,通过改变探测器积分时间来检查响应的线性度。

3. 激励灯

激励灯用于照亮 OLI 探测器,提供信号源用于定标,它包含工作灯、参考灯和备用

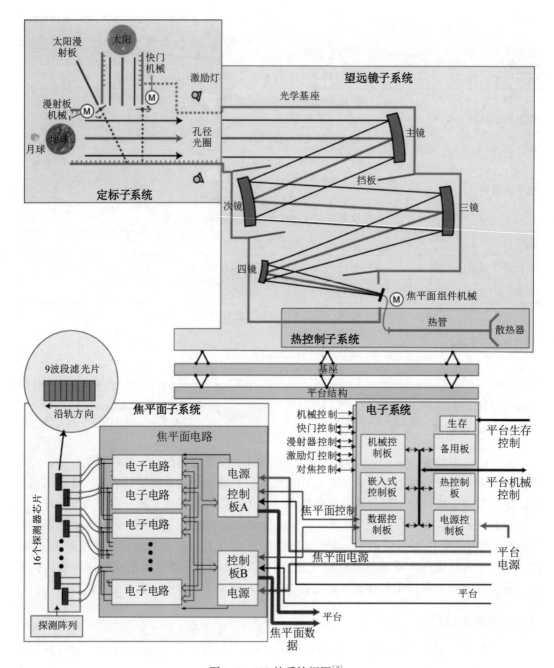

图 8.5　OLI 的系统框图[2]

灯。工作灯每天用于独立轨道内的定标，参考灯每月设置一次，备用灯每年约设置两次。激励灯是电流控制，遥测中包括电压和电流，因此地面可以在整个使用寿命内监视灯丝电阻的变化。激励灯泡发出的光通过透射式扩散器将光扩散出去，因此它能照亮整个焦平面

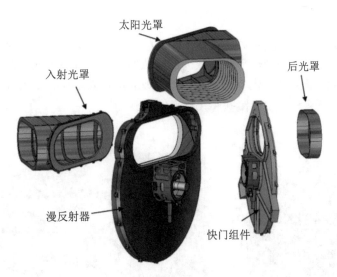

图 8.6　太阳漫射器的装配组件[2]

阵列。监控二极管观察从扩散器反射的光，用于监测激励灯光源随时间变化的情况。图 8.7 为激励灯组件和监控二极管的外观图。

4. 其他定标源

LDCM 还要求每个月球周期都要改变视场来观察月球，使用月球的辐射量作为稳定光源进行定标。OLI 还设计了一种侧滑机动方式，能将航天器旋转 90° 以使探测器阵列线方向与速度矢量对齐，获取的数据将用于评估探测器之间的辐射配准。

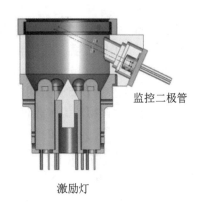

图 8.7　激励灯组件(左)及监控二极管外观图(右)[2]

8.1.2.3 望远镜子系统

OLI 望远镜为四个反射镜构成的离轴反射式光学系统，有效焦距为 886mm，反射镜面采用微晶玻璃材料，这是一种热膨胀系数极低的玻璃材料，可被抛光至极高的精确度，具有良好的可镀膜性能、优良的化学稳定性。微晶玻璃镜片固定在石墨复合材料基座中，用于保证热稳定性，图 8.8 为望远镜基座及反射镜外观图。

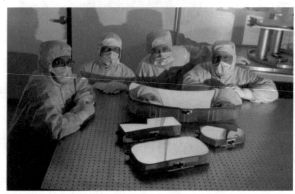

图 8.8 望远镜基座(左)及反射镜外观图(右)[2]

8.1.2.4 焦平面子系统

焦平面子系统由焦平面阵列(FPA，Focal Plane Array)和焦平面电子器件(FPE，Focal Plane Electronics)组成。FPA 由 14 个焦平面模块(FPM，Focal Plane Module)组成，每个 FPM 包含沿轨道的 9 个光谱带(如图 8.9 所示)。光谱带前后排布导致前后波段之间的时间延迟约为 0.96s，这个时间延迟会在光谱带之间产生一个小的但重要的地形视差效应，使得波段配准更具挑战性。安装在温度为 293K 光学基座中的 FPA 在外壳的保护下能够保持低于 210K 的工作温度。虽然推扫式架构需要更多的探测器和相应更大的焦平面，但它也允许更长的探测器积分时间(OLI 约 4ms，ETM +约 9.6μs)，从而导致更高的信噪比。推扫式设计中缺少移动部件还可以提供更稳定的成像平台和良好的图像几何形状。

每个 FPM 包含用于每个光谱带的探测单元，如用于 VNIR 波段的 Si 和用于 SWIR 波段的 HgCdTe 以及用于分光的滤波器组件。

OLI 探测单元在构成焦平面组件的 14 个焦平面模块内，每个 30m 波段含有 494 个探测单元，15m 全色波段有两倍的探测单元，除去重叠和冗余像元，多光谱波段共约有 6500 个探测单元，全色波段有 13000 个探测元。每个模块都有自己的光谱滤波器，这样能够显著改善信噪比性能，却使探测器辐射量响应的定标变得复杂。

OLI 的 6 个 VNIR 和 3 个 SWIR 波段每天采集约 400 景地表影像，全部采用 12bit 辐射分辨率。除了这些谱段之外，还有第 10 谱段由被覆盖的 SWIR 探测器组成，称为"盲"波段，它与定标系统相配合，用于估计图像采集期间探测器响应偏移的变化。

(a)带温度保持外壳的焦平面阵列(左)和焦平面模块(右)

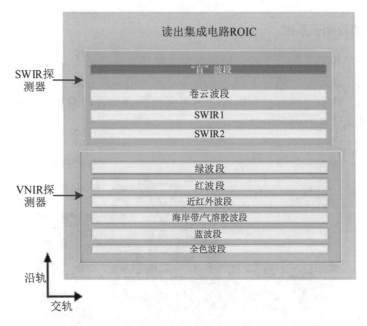

(b)焦平面模块的布局概念示意图

图 8.9　OLI 的焦平面阵列和焦平面模块[2]

8.1.2.5　电子系统

电子系统提供 OLI 的"大脑"，它接收来自航天器的命令并将遥测信号送回。电子系统提供了机械控制、快门控制、漫射器控制、激励灯控制、对焦控制以及加热器控制等功能，还提供了用于配置焦平面电子设备以进行数据收集的参数。它还可以调节航天器的功率，同时包含备用电子系统，确保仪器在 5 年寿命期内的可靠工作。图 8.10 为电子系统装置的外观图。

图 8.10　OLI 的电子系统外观图[2]

8.1.2.6　热控制子系统

整个仪器在热控制系统下工作,使得在整个轨道及其任务寿命内保持性能稳定。望远镜受加热器控制,装配在回热毯下面与寒冷外空间环境隔离。焦平面阵列和焦平面电子设备都连接到热管,热管将热量从它们传送到冷侧散热器端进行散热。图 8.11 显示了与仪器一起安装之前的这些热管和散热器。

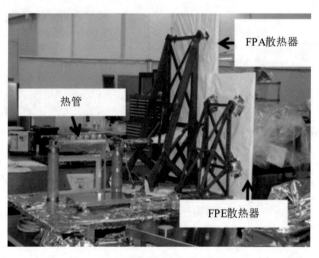

图 8.11　OLI 的热管和散热器(装配之前)[2]

8.1.3　TIRS

美国宇航局制造的热红外探测仪(TIRS,Thermal Infrared Sensor)用于获取 OLI 未探测的两个热红外波段。TIRS 是 LDCM 任务的后期补充,要求 GSD 为 120m,而实际的 GSD 达到了 100m。LDCM 地面系统把来自两个传感器的数据合并成单个多光谱图像产品,这些数据产品向公众免费发布，从而实现广泛的科学研究和土地管理应用。

TIRS 是基于量子阱红外探测器(QWIP, Quantum Well Infrared Photodetector)的仪器，它采用推扫成像方式，该方式允许更长的积分时间以提高系统灵敏度。TIRS 具有两个热红外通道：10.8μm 和 12μm，这两个光谱带通过覆盖在焦平面表面的干涉滤光片滤光得到。表 8.3 为 TIRS 的主要技术参数，图 8.12 为 TIRS 的系统功能框图。

表 8.3　　　　　　　　　　　　　**TIRS 主要技术参数**

仪器类型	推扫式成像仪
热成像通道	10.8μm 和 12.0μm
波段宽度	10.3～11.3μm, 11.5～12.5μm
GSD	100m(标称值)，120m(要求值)
幅宽	185km, FOV = 15°
工作频率	70 帧/s
仪器定标	由场景选择镜选择 2 个定标源； 两个全孔径定标源：内部定标源和深孔视场定标源
探测器	焦平面由三个 640×512 QWIP 探测阵列组成； 像元尺寸为 25μm, IFOV 为 142μrad； 主动制冷工作于 43K； 两级低温冷却器制冷
望远镜	四镜折射式光学系统； 被动制冷工作于 185K
望远镜 F 数	f/1.64
量化等级	12 bit
质量、尺寸和功率	236 kg, 尺寸约 80 cm×76 cm×43 cm, 380 W

1. 望远镜系统

TIRS 的望远镜是一个 4 元件折射透镜系统(如图 8.13 所示)。场景选择机械(SSM)旋转场景镜(SM)，将视场从星下视场改变为黑体定标源视场或深空视场，黑体是一个全孔径热定标源，其温度可以在 270～330K 之间变化。

由三个锗(Ge)透镜和一个硒化锌(ZnSe)透镜组成光学系统收集观测视场的辐射能量，并在焦平面上产生衍射受限的图像。光学元件被冷却到 185 K 的标称温度，以减少背景热辐射对测量噪声的影响。由于锗的折射率具有相当强的热依赖性，所以透镜的焦点位置是光学温度的函数，这提供了一种调焦的方法，例如可以将光学器件的温度改变±5 K 以重新聚焦，用于在启动条件下或其他影响使系统散焦的情况下进行非机械聚焦。

精确的场景镜是 TIRS 仪器的重要组成部分，它由场景选择机械驱动，围绕 45°平面

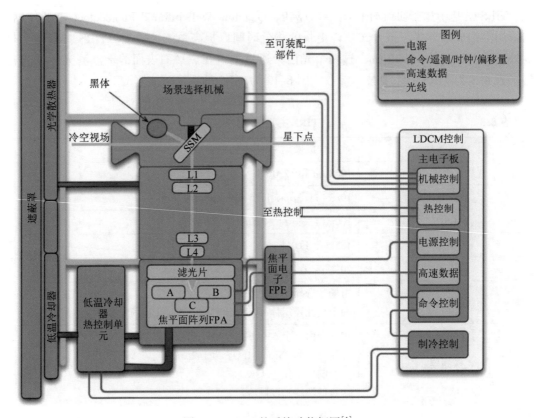

图 8.12　TIRS 的系统功能框图[1]

上的光轴旋转,可选择星下点、两个全孔径定标源、黑体(热定标源)和深空视场(冷定标源)为望远镜提供地球观测视野。

　　TIRS 采用推扫方式以 15°FOV(视场角)实现 185km 的地面条带采集,每秒采集 70 帧,收集的数据将暂时存储在星上并定期发送至美国地质调查局(USGS, U. S. Geological Survey)的地球资源观测与科学中心(EROS, Earth Resources Observation and Science)以供进一步存储。该仪器的预计使用寿命至少为 3 年。

2. QWIP 探测器

　　工作于中波红外和热红外波段的量子阱红外探测器技术在 21 世纪的前 10 年取得了长足的进步,因此在 2008 年,NASA / GSFC 修改了为 LDCM 开发的 TIRS 成像仪红外探测器的设计,把最初考虑的基于 HgCdTe 的探测器设计改为 QWIP。基于砷化镓(GaAs)的量子阱红外探测器量子状态图及光谱响应曲线如图 8.14 所示,更详细的原理描述请参考本书第 7 章。

　　以 GaAs(砷化镓)为基材料的 QWIP 技术及器件制备工艺较成熟,相对于 HgCdTe 焦平面阵列,以 GaAs 为基材料的 QWIP 的优点主要有:

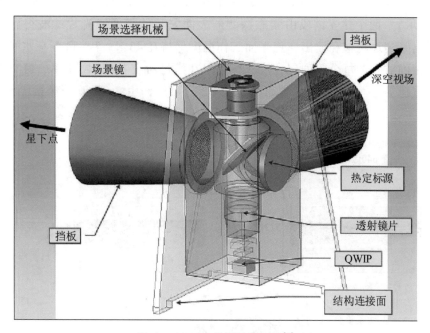

图 8.13 TIRS 的望远镜系统[1]

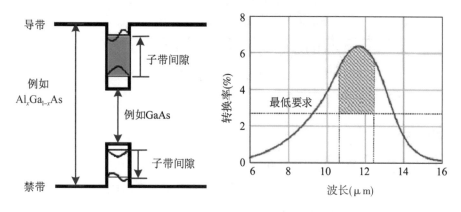

图 8.14 QWIP 量子状态图(左)及光谱响应(右)[1]

(1)波长连续可调，能够从 3μm 到高于 15μm 的范围内选择材料的光谱响应；

(2)材料生长和器件制备技术成熟，可获得大面积、均匀性好、低成本、高性能的红外焦平面；

(3)光谱响应带宽窄并且可控(约为 1μm)，在不同波段之间的光学串扰小，可以通过不同材料结构设计获得不同波段的响应，适合制作双色、多色焦平面探测器；

(4)抗辐射，适合于天基红外探测及其应用。

此外，QWIP 的另一个重要特点是能够以与硅集成电路技术类似且兼容的方式制造阵列，在成品率和成本控制上具有很大优势。

TIRS 的焦平面由安装在硅基板上的 3 个 640×512 QWIP GaAs 阵列组成(如图 8.15、图 8.16 所示)。两个热光谱段由紧靠探测器表面安装的带通滤光片滤波得到，数据由读出集成电路芯片转移和读出，焦平面工作温度保持在 43 K。3 个阵列在水平和垂直方向上相互精确对齐。每个阵列包含 512 行，但在满足所有要求(帧速率、窗口大小、配准和场景重建等)后，每个滤波器带下仅有 32 行可用，由 76 行遮挡像素隔开(用于盲通道定标)。

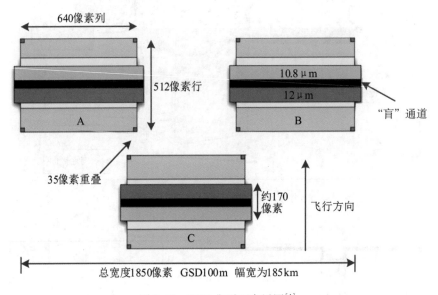

图 8.15　TIRS 焦平面布局图[1]

3. 辐射定标

TIRS 仪器辐射定标使用以下部件和定标源：

(1)精确的场景选择镜可在定标源和星下点视场之间进行选择。

(2)两个全孔径定标源每 34 分钟定标一次。

①板载可变温度黑体提供热辐射源；

②深空视场提供冷辐射源。

TIRS 高精度的辐射定标参数通过发射前相对于实验室黑体的辐射特性测定，一旦 TIRS 在轨，定标任务就是评估和验证实验室定标参数的准确性和稳定性，如果在轨期间定标参数与实验室测定值相比发生了显著改变，则使用星上黑体进行在轨定标。

8.1.4　在轨数据获取

遥感成像仪器在跟随卫星平台飞行过程中扫描地球表面，在每个图像采集时间内，遥感成像仪器执行预定义的成像和辅助数据采集任务。除了地面影像数据，仪器以高达

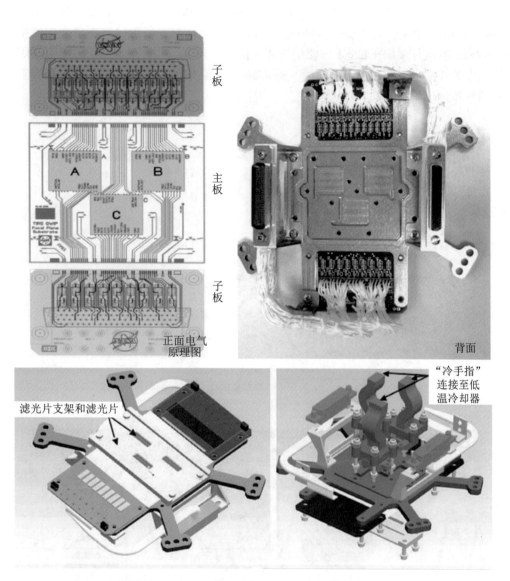

左上：电气原理图；右上：背面照片；左下：安装滤光片之后的正面图；
右下：安装了"冷手指"后的背面图[3]

图 8.16 TIRS 焦平面电气原理示意图和背面图

50Hz 的速率采集航天器辅助数据(如 GPS 星历、IMU 姿态、恒星跟踪数据等)和仪器辅助数据(如电压、温度)、仪器选择开关状态等。

OLI 采集到的图像数据通过串行数据总线传输至有效负载接口电子设备(PIE)，使用集成电路进行压缩(采用 Rice 算法的无损压缩)，TIRS 数据则无压缩。辅助数据和图像数据交织在一起生成数据文件，存储至固态存储器中用于传输至地面。图 8.17 显示了图像 Landsat 8 数据采集顺序及数据文件的组成。

如果飞行器飞行通过国际合作站(IC, International Cooperator)或地面网络结点(LGN, Landsat Ground Network),它将实时传输数据到地面。此外,每台仪器在每个图像采集时间之前和之后执行常规在轨定标(使用黑体、激励灯等),并在不太频繁的场合使用太阳和月亮作为外部定标源进行辐射定标。图 8.18 显示了 Landsat 8 全球图像采集和辐射定标时段的分布情况。

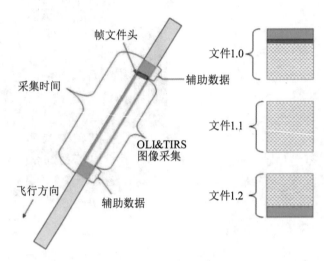

图 8.17　Landsat 8 数据采集顺序及文件组成[1]

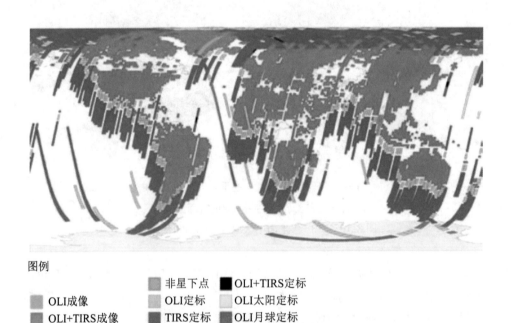

图 8.18　Landsat 8 数据采集及辐射定标时段分布[1]

端到端的任务数据流如图 8.19 所示。任务数据起源于传感器图像数据，由仪器电子
设备收集和处理，仪器电子设备通过高速串行数据总线及串行器–解串行器集成电路将图
像数据传送到平台有效载荷接口电子设备 PIE。图像数据与航天器辅助数据结合构成文
件，被存储或提供给发射器用于对地链路。任务数据文件固定在 1GB 的大小，利用 440

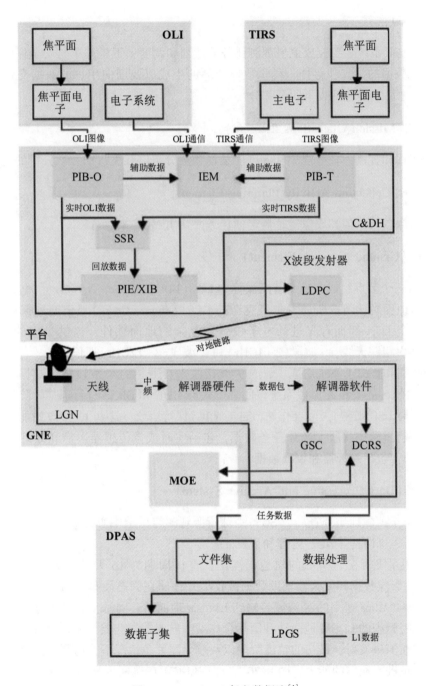

图 8.19　Landsat 8 任务数据流[1]

Mbit/s 下行链路容量，每个下行任务数据文件需要 22s 的连续传输才能完成对地面系统的发送。

地面站天线系统接收来自航天器的 X 波段信号，然后降频、解调和对数据包进行处理。

8.1.5　地面系统

LDCM 地面系统主要完成卫星观测任务的计划和调度、卫星健康与安全保障、命令和控制、卫星数据的接收和存档、科学数据产品的生成以及面向用户的数据交付和分发任务。LDCM 地面系统包括以下四个部分[1,2]。

1. MOE(Mission Operations Element)

提供指挥和控制、任务规划和调度、长期趋势分析以及飞行动力学分析的能力。

2. CAPE(Collection Activity Planning Element)

定义图像数据收集和成像传感器定标任务并交由 MOE 来执行。

3. GNE(Ground Network Element)

GNE 由三个节点组成，每个节点被称为 LGN(LDCM Ground Network)，包含南达科他州苏福尔斯地面站、阿拉斯加费尔班克斯的 GLC(Gilmore Creek)地面站和挪威的 SvalSat 地面站。每个 LGN 都拥有先进的电子设备和复杂的地面软件，提供类似的任务服务。LGN 地面站由跟踪天线、S 波段(2~4GHz)和 X 波段(8~12GHz)通信设备、任务数据存储器、数据收集和路由子系统组成。LGN 天线接收来自卫星的 X 波段图像数据文件，同时每个 LGN 站的 S 波段和 X 波段系统以闭环方式与 MOE 和 DPAS 进行通信。除了 LGN，美国地质调查局 USGS 还与国际合作站(Landsat IC)保持协议，这些 IC 接收站能够实时从卫星 X 波段下行链路中接收 LDCM 任务数据，包括实时成像传感器影像和处理科学数据所需的辅助数据(包括航天器和校准数据)。

4. DPAS(Data Processing and Archive System)

DPAS 位于美国地质调查局(USGS)地球资源观测与科学中心(EROS)，其功能包括数据产品的提取、归档、标定、处理和分发。

LDCM 卫星飞行在 705km 的轨道高度上，重访周期为 16 天，降交点地方时为上午10:00。遥感影像数据和航天器辅助数据被收集并存储在固态硬盘(SSR)中，随后通过全向天线使用 440Mbps 速率的 X 波段传输到 Landsat 地面站。同时，卫星还将实时任务数据传输到进入视野中的 LDCM 地面站和国际合作站。航天器遥测遥控命令通过 S 波段收发器传输，特别在卫星发射、最初的轨道阶段以及航天器紧急情况下，遥测遥控命令管理还具有和中继卫星进行通信的能力。图 8.20 显示了 LDCM 在轨配置和通信链路，更多详细内容请参阅 Mah 和 Nelson 等人的文献[2,4]。

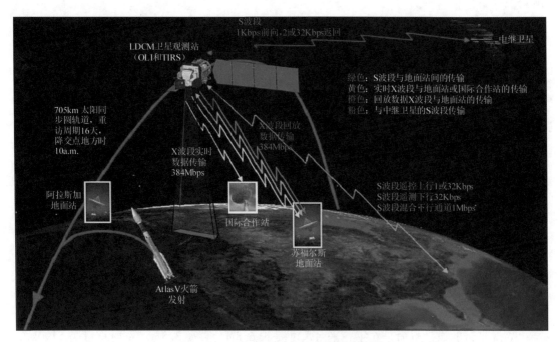

图 8.20 LDCM 在轨配置和通信链路[2]

8.2 Terra

Terra 卫星早期被称为 EOS/AM-1 星,源于美国、日本、加拿大的联合地球观测计划[5]。该卫星平台搭载五个遥感传感器,分别是辐射计(CERES, Clouds and the Earth's Radiant Energy System)、多角度多光谱相机(MISR, Multi-angle Imaging SpectroRadiometer)、中等分辨率成像光谱仪(MODIS, Moderate-Resolution Imaging SpectroRadiometer)、多光谱辐射计(ASTER, Advanced Spaceborne Thermal Emission and Reflection Radiometer)和光谱仪/辐射计(MOPITT, Measurement of Pollution in the Troposphere)。其中美国 NASA 提供卫星平台的装配和 CERES、MISR 及 MODIS 三个传感器的研发和制造,日本提供 ASTER 遥感器,加拿大提供 MOPITT 遥感器。Terra 卫星被誉为 EOS(Earth Observation System)计划中卫星的旗舰星,在 1999 年 2 月,该星被 NASA 命名为"Terra"。

Terra 的观测任务包括获取云的物理和辐射属性(ASTER、CERES、MISR、MODIS),空-地和空-海的碳和水汽能量交换(ASTER, MISR, MODIS),痕量气体的检测(MOPITT)和火山监测(ASTER, MISR, MODIS)。其科学目标包括:

(1)首次提供地球系统的全球和季节性观测,包括陆地和海洋的生物生产力、雪和冰、地表温度、云、水汽及土地覆盖等目标的观测;

(2)监测人类活动对地球系统和气候的影响,在气候模型中使用新的全球观测数据来预测气候变化；

（3）开发用于野火、火山、洪水和干旱的灾害预测、特征表达和风险评估的技术；

（4）实现对全球气候变化和环境变化的长时间监测。

Terra 航天器于 1999 年 12 月 18 日从加利福尼亚州采用 Atlas-Centaur IIAS 火箭发射升空。卫星采用太阳同步圆形轨道，轨道高度 705km，轨道倾角 98.5°，轨道周期为 99 分钟（每天 16 圈，重复 233 圈），降交点地方时为上午 10：30。

自 2001 年 3 月 1 日起，Landsat 7、EO-1、SAC-C 和 Terra 卫星组成松散的卫星编队"上午列车"，用于协同观测和获取一致的对地影像。其中 Landsat 7 与 EO-1 之间的间隔为 1 分钟，EO-1 与 SAC-C 之间的间隔为 15 分钟，而 SAC-C 与 Terra 的间隔为 1 分钟。

8.2.1 卫星平台

Terra 卫星平台由美国宾夕法尼亚州福吉谷的 LMMS（Lockheed Martin Missiles and Space）公司设计。该航天器具有由石墨-环氧管状构件构成的桁架状主结构，这种轻巧的结构提供了支持航天器在各个任务阶段的强度和刚度。航天器的天底表面装有容纳各种航天器总线组件的设备模块，调整设备模块的大小和分区，可进行发射前的载荷集成和测试[5]。

Terra 平台的设计寿命是 6 年，平台尺寸是长 6.8m，直径 3.5m，发射重量是 5190kg，载荷总重量为 1155kg。

1. 电源子系统

大小为 9m×5m=45m² 的大型单翼太阳能电池板部署在航天器的阳光照射侧，可最大化其发电能力以及冷空间视场，该视场可用于仪器和设备模块的冷空间散热。砷化镓/锗（GaAs/Ge）太阳能电池阵列提供的卫星平均功率为 2.53 kW（在初始电压为 120 V 时功率最大为 7.5 kW）。太阳能电池阵列基于柔性毯式太阳能电池阵列技术，使用 GaAs/Ge 光伏电池。可卷绕的桅杆用于部署太阳能电池阵列。Terra 航天器首次在轨使用 120 V 直流高压电力系统，设计的配电单元用于在任何负载条件下提供 120 V 直流电（±4%）。此外，航天器还使用镍氢电池组用于在轨道月食阶段的供电。

2. 导航和控制子系统

该系统由传感器、执行器、姿态控制电子设备和软件组成。一个三通道惯性参考单元（IRU，Inertial Reference Unit）探测星体速度，固态星敏感器提供精细的姿态参数，一个三轴磁强计感应地球磁场，用于反作用轮的磁性消除。备用传感器包括一个地球传感器组件（ESA，Earth Sensor Assembly），用来进行翻滚和俯仰角度探测，一个粗太阳敏感器用来进行太阳光线相对太阳能阵列的俯仰和偏航角度测量，如果星敏感器发生故障或在备用星敏感器采集模式期间，将使用精准太阳传感器测量姿态角度。除了这些传感器之外，导航和控制分系统还使用陀螺仪来确定偏航姿态。

反作用轮组件执行主要的姿态控制，在正常模式下，作用轮的速度由轮速度控制器来调节，轮动量由电磁扭矩杆来调节，由推进器进行在所有速度变化和操纵期间的姿态控制。

3. 射频通信子系统

Terra 主要的数据传输通过中继卫星系统来实现。一个方向可控的高增益天线及其配套电路安装在从星体天顶侧延伸出去的吊杆上，这个位置可不受其他部件遮挡，最大化实现与中继卫星的数据传输。紧急数据通信则通过下视点处或天顶处的全向天线来实现。遥控信号和工程遥测数据使用 S 波段通信，星上存储器记录的科学数据通过 Ku 波段以 150Mbit/s 的速度传输。在正常情况下，卫星在每一轨与中继卫星有两次 12 分钟的通信，在每次通信中，S 波段和 Ku 波段都被使用。

除了 Ku 和 S 波段，Terra 还可通过 X 波段建立通信链路，X 波段通信有三种模式（DB，Direct Broadcast），（DDL，Direct Downlink）和（DP，Direct Playback），DB 和 DDL 模式实时传送 MODIS 和 ASTER 的科学数据给用户。

直接访问系统 DAS（Direct Access System）对使用 X 波段传输的数据提供备份功能，DAS 支持向所有获得 EOS 认证的用户提供数据传输。

8.2.2 ASTER

多光谱辐射计 ASTER 是 NASA 和日本合作的传感器项目，并由日本电气股份有限公司、日本三菱、富士通、日立公司合作生产。美国/日本科学研究小组负责仪器的设计、定标和验证。设计该仪器的目的是希望提供高分辨率和多光谱的地球表面和云图，以更好地了解影响气候变化的物理过程。通过 ASTER 观测可实现地表能量平衡（地表亮温）、植物蒸发、植被和土壤特征、水文循环、火山过程等方面的研究。

ASTER 由 3 个独立的仪器子系统组成，每个仪器系统工作于不同波段（VNIR，SWIR，TIR），有独立的望远镜，且由不同的日本公司制造。其中 VNIR 和 SWIR 系统采用推扫式成像，而 TIR 系统采用光学机械扫描方式成像。表 8.4 为 3 个仪器子系统的参数列表。

ASTER 总重量 421kg，功率 463W/646W（平均/峰值），平均数据速率为 8.3Mbit/s，峰值为 89.2Mbit/s，热控制系统包括 80K 的斯特林循环冷却器、加热器、毛细泵回路和散热器等。

1. VNIR 子系统

VNIR 子系统由日本电气股份有限公司制造，为折反射式改进型 Schmidt 设计，有两个望远镜，一个为星下观测，含有 3 个光谱波段（1，2，3N）；另一个为后向观测，包含 1 个波段（3B）。后向望远镜为波段 3 提供另一个视角影像形成立体观测。交轨方向的指向通过旋转整个望远镜装置实现。波段分光采用二向色元件和干涉滤光片。星下点指向镜的探测器定标由两个卤素灯实现。

2. SWIR 子系统

SWIR 子系统由三菱公司制造，使用下视的非球面折射式望远镜，交轨指向靠指向镜的旋转得到。探测器和滤光片的排列要求探测器像元有较宽的尺寸，导致每 900m 高程产生 0.5 像素的视差,当给定地表高程模型时该误差可被校正。两个卤素灯泡用以辐射定标。SWIR 的最大数据传输速率为 23Mbit/s。

表 8.4　　　　　　　　　　　　　ASTER 仪器子系统的参数列表[5]

参数	波段号	可见/近红外 VNIR	波段号	短波红外 SWIR	波段号	热红外 TIR
谱段范围（μm）	1	0.52~0.60	4	1.600~1.700	10	8.125~8.475
	2	0.63~0.69	5	2.145~2.185	11	8.475~8.825
	3N	0.76~0.86	6	2.185~2.225	12	8.925~9.275
	3B	0.76~0.86	7	2.235~2.285	13	10.25~10.95
	立体观测能力		8	2.295~2.365	14	10.95~11.65
			9	2.360~2.430		
GSD	15m		30m		90m	
IFOV(星下点)	21.5μrad		42.6μrad		128μrad	
数据速率	62 Mbit/s		23 Mbit/s		4.2 Mbit/s	
交轨指向范围	±24°(±318km)		±8.55°(116km)		±8.55°(116km)	
幅宽	60km		60km		60km	
探测器类型	Si		PtSi-Si 肖特基势垒线性阵列,冷却至 80 K(斯特林冷却器)		HgCdTe 冷却至 80 K (斯特林冷却器)	
数据量化	8 bit		8 bit		12 bit	
辐射精度	4%		4%			

3. TIR 子系统

TIR 子系统采用牛顿折反射光学系统,使用非球面主镜和透镜实现像差校正。TIR 子系统的望远镜被固定在平台上,其指向和扫描通过一个扫描镜片来实现,通过摆扫,视场可指向±8.54°任何交轨的方向,在 16 天内完成地球上任何一点的覆盖。TIR 每个通道在交错排列中使用 10 个碲镉汞(HgCdTe)探测器,并在每个检测器元件上方带有光学带通滤波器以定义光谱响应。每个探测器都有自己的前置放大器和后置放大器,这些探测器使用斯特林冷却器冷却至 80 K 运行。在扫描模式下,扫描镜摆动频率为 7Hz,在每半个周期里收集数据。

8.2.3　CERES

云与地球辐射系统观测仪 CERES 由美国加州雷东多海滩上的 Northrop Grumman 公司

建造。建造仪器的目的是提供一个从大气层顶到地球表面的大气辐射的长期观测，提供一个准确的云和辐射数据库，根据测得的云覆盖范围、高度、水汽含量、短波和长波光学厚度等进行云参量的提取。其特色包括：

(1)能够提供大气层顶辐射通量的连续记录进行气候变化分析；

(2)使大气层顶、地表辐射通量的估算精度提高一倍；

(3)提供第一个地球大气辐射通量的长期、全球估计；

(4)提供云参量的估算。

CERES 由一对宽波段扫描辐射计组成，分别称为 FM-1，FM-2，其中 FM-1 实现交轨方向上从一侧临边直到另一侧临边的全覆盖观测，FM-2 为旋转扫描平面观测模式，旋转扫描辐射计提供不同角度下的辐射信息用于增强观测精度，如图 8.21 所示。

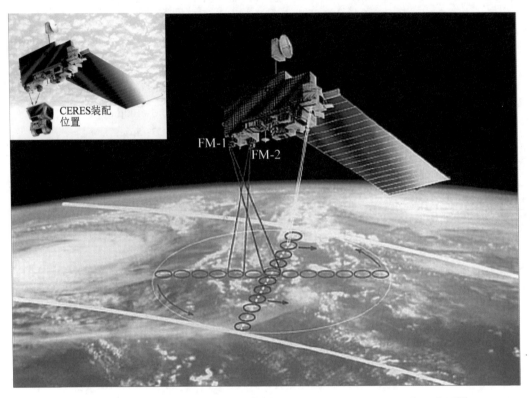

图 8.21　CERES 辐射计的装配位置(小图)和 FM-1，FM-2 的观测几何示意图[5]

CERES 包括三个主要的子部件：①Cassegrain 望远镜；②遮光罩用于杂散光抑制；③探测器单元。光辐射通过遮光罩进入仪器，穿过望远镜成像至非制冷型热红外探测器中。CERES 使用热敏电阻测辐射热计测定地球长波和短波红外的辐射通量，每个 FM 辐射计都包含如下三个波段：

(1)VNIR+SWIR 波段(又称为短波 SW 波段)：0.3~5.0μm，测量反射辐射量。

(2)大气窗口波段(又称为长波 LW 波段)：8.0~12μm，测量地球发射的辐射能量，包括水汽。

（3）全通道辐射波段：$0.35\sim125\mu m$，来自地球大气系统的反射或发射辐射量。

CERES 辐射计已在实验室经过辐射定标，在轨期间也可用下列方法进行独立定标[6]：

（1）使用内部定标源（黑体和灯泡）；

（2）使用太阳漫反射器：太阳漫反射器用于检测在轨传感器辐射响应的漂移。短波和全通道辐射通过太阳漫反射器的反射光对太阳辐射的反射能量进行定标。

（3）3 通道深对流云测试：使用夜间大气窗口波段测量对流云长波 LW 辐射量，然后使用短波 SW 波段和全通道辐射波段 Total 计算 LW（＝Total−SW），与大气窗口测得的 LW 进行对比，得到定标参数。

（4）3 通道日/夜间热带海洋测试：与对流云测试类似。

FM-1 和 FM-2 在星下点的其他技术参数如表 8.5 所示。

表 8.5　　　　　　　　　　　**FM-1 和 FM-2 仪器参数**[5]

仪器继承自	Earth Radiation Budget Experiment（ERBE）
主要承包商	Northrop Grumman
每个辐射计的三个通道	全辐射：$0.3\sim100\mu m$； 短波：$0.3\sim5\mu m$； 长波：$8\sim12\mu m$
空间分辨率	20km
质量	50kg
功率	平均 47W，两组峰值功率为 104W
数据速率	10Kbit/s
热控制	使用加热器和散热器
热控范围	38±0.1℃
视场角 FOV	交轨方向±78°，方位角 360°观测
瞬时视场角 IFOV	14mrad
尺寸	60cm×60cm×57.6cm

8.2.4　MISR

多角度多光谱相机 MISR 由美国 NASA 喷气推进实验室 JPL（Jet Propulsion Laboratory）设计和制造，其目的是实现对地表高分辨率多角度的连续观测。MISR 使用 9 个 CCD 线阵推扫相机从 9 个不同的角度观测地面，1 个在星下点，另外 4 对在星下点前后对称的角度26.1°，45.6°，60.0°和70.5°上（如图 8.22 和表 8.6 所示）。每个角度下可进行四波段成像，中心波长分别为：$0.446\mu m$，$0.558\mu m$，$0.672\mu m$ 和 $0.866\mu m$。36 个成像通道可分别提供275m，550m 和 1100m 空间分辨率的影像，影像幅宽为360km，多角度成像覆盖全

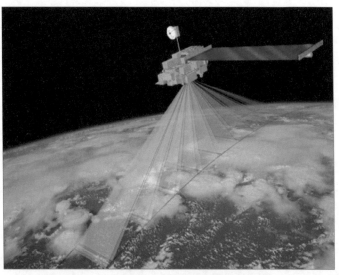

（a）MISR线阵相机的观测视场

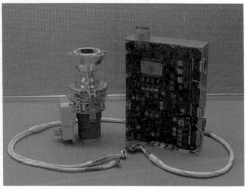

（b）MISR仪器的剖面图（左）和其中一个带有电子设备的摄像头（右）

图 8.22　MISR 的观测视场以及仪器剖面图[5]

球在赤道地区需要 8 天，而在高纬度地区只需要 2 天。

　　MISR 仪器的应用目标是提供全球地表反照率（或亮温），气溶胶和植被特性的全球地图，监测全球或局部区域自然和人为气溶胶参量，如不透明度、单次散射反照率和散射相函数等。

　　MISR 有两种观测模式：全球和本地模式。全球模式提供连续的地表观测，大部分通道工作于中等分辨率，一些选定的波段工作在高分辨率，用于云显示和分类、影像导航和立体摄影测量。本地模式提供 300km×300km 范围内各波段最高分辨率影像。除了提供经过辐射定标和几何校正图像的数据产品外，全球模式数据还将用于生成两个 2 级标准的科学产品：大气层顶/云产品和气溶胶/地表产品。

　　MISR 在轨辐射定标每 2 个月进行一次，使用可展开的太阳漫反射板把恒定太阳辐射源反射到相机中，并使用一组光电二极管来测量反射辐射通量。此外，MISR 每 6 个月还使用定标场和 AirMISR 数据进行备用的辐射定标，使用地面控制点对相机进行几何校正。

表 8.6 **MISR 9 个 CCD 线阵相机的观测角度参数**[5]

相机	可视角	视轴角	测线偏角	有效焦距(mm)
Df	70.3° 前向	57.88°	-2.62°	123.67
Cf	60.2°前向	51.30°	-2.22°	95.34
Bf	45.7°前向	40.10°	-1.71°	73.03
Af	26.2°前向	23.34°	-1.06°	58.90
An	0.1° 星下	-0.04°	0.04°	58.94
Aa	26.2° 后向	-23.35°	1.09°	59.03
Ba	45.7° 后向	-40.06°	1.76°	73.00
Ca	60.2° 后向	-51.31°	2.24°	95.33
Da	70.6°后向	-58.03°	2.69°	123.66

表 8.7 给出了 MISR 的一些详细技术参数。

表 8.7 **MISR 技术参数**[5]

参数	描 述
寿命	6 年
全球覆盖时间	每 9 天，根据纬度在 2~9 天重复覆盖
幅宽	所有 9 个相机 360km，FOV 沿轨道为±60°，交轨方向为±15°
9 个 CCD 相机	命名为 An、Af、Aa、Bf、Ba、Cf、Ca、Df 和 Da，其中前、天底和后视相机的名称分别以字母 f、n、a 结尾，4 种相机设计随视角增加分别命名为 A、B、C、D
地球表面的视角	0°、26.1°、45.6°、60.0°和 70.5°
光谱覆盖	4 个波段分别位于 0.446μm、0.558μm、0.672μm 和 0.866μm(蓝色、绿色、红色和 NIR)
空间分辨率	275m、550m 或 1.1km，可在飞行中选择
探测器	CCD，每个相机具有 4 个独立的线阵列(4 个独立的滤光片)，每行约 1504 个像元
辐射精度	最大辐射时为 3%
探测器温度	焦平面-5±0.1℃(由热电冷却器冷却)
结构温度	5℃
仪表质量，功率	148kg。峰值 131W，平均 83W
仪器尺寸	0.9m×0.9m×1.3m
数据速率	平均 3.3 Mbit/s，峰值 9.0 Mbit/s

8.2.5 MODIS

中等分辨率成像光谱仪 MODIS 是美国 NASA 戈达德太空飞行中心（GSFC，Goddard Space Flight Center）研发的仪器，主要承包商是加州雷声（Raytheon）公司。MODIS 的算法开发团队由来自美国、英国、澳大利亚和法国的一个国际科学家小组组成，包括 4 个学科团队：大气、土地、海洋和定标团队。MODIS 装在 Terra 和 Aqua 卫星上，目的是在 1~2 天的时间尺度上测量全球生物和物理过程，其观测目标包括：

（1）获取白天和夜间 1km 空间分辨率上的地表温度，绝对精度在海洋上达到 0.2K，在陆地上达到 1K；

（2）获取 415~653nm 的海洋海色（离水辐亮度）数据；

（3）在叶绿素 a 浓度为 0.5mg/m^3 的地表水中，能够测定 50% 以内的叶绿素荧光；

（4）获取 35% 以内的叶绿素 a 浓度；

（5）获取有关植被和土地覆盖特性，如土地覆盖类型、植被指数以及积雪和积雪反射率的信息；

（6）获取白天 500m 分辨率和夜间 1000m 分辨率的云量；

（7）获取云和气溶胶特性参量；

（8）确定生物质燃烧参量；

（9）获取大气稳定性和全球降雨分布。

MODIS 是光学机械扫描成像光谱仪，包括一个交轨扫描镜、光学系统和一组线阵探测阵列，并在 4 个焦平面上置有干涉滤光片用于分光。MODIS 光学系统的设计可提供在 0.4~14.5μm 范围内 36 个波段的探测，光谱波段空间分辨率为 250m、500m 和 1km。由于波段较多，为了实现高频率的红外辐射定标（每 1.47s 进行一次），一个 360° 旋转镜可使光学子系统在 5 个定标装置上来回掠过。表 8.8 给出了 MODIS 波段分布及性能参数。

表 8.8   **MODIS 波段分布及性能参数**[5]

主要观测用途	波段号	波段宽度（μm）	光谱辐射量（W·m^{-2}·μm^{-1}·sr^{-1}）	SNR（以 K 为单位的 NEΔT）	空间分辨率
陆地/云边界	1	0.620~0.670	21.8	128	250m
	2	0.841~0.876	24.7	201	
土地/云属性	3	0.459~0.479	35.3	243	500m
	4	0.545~0.565	29.0	228	
	5	1.230~1.250	5.4	74	
	6	1.628~1.652	7.3	275	
	7	2.105~2.155	1.0	110	

续表

主要观测用途	波段号	波段宽度 （μm）	光谱辐射量 （W·m^{-2}·μm^{-1}·sr^{-1}）	SNR(以 K 为单位的 NEΔT)	空间 分辨率
海色/浮游植物/ 生物地球化学	8	0.405~0.420	44.9	880	1000m
	9	0.438~0.448	41.9	838	
	10	0.483~0.493	32.1	802	
	11	0.526~0.536	27.9	754	
	12	0.546~0.556	21.0	750	
	13	0.662~0.672	9.5	910	
	14	0.673~0.683	8.7	1087	
	15	0.743~0.753	10.2	586	
	16	0.862~0.877	6.2	516	
大气/水蒸气	17	0.890~0.920	10.0	167	
	18	0.931~0.941	3.6	57	
	19	0.915~0.965	15.0	250	
表面/云层温度	20	3.660~3.840	0.45	(0.05)	
	21	3.929~3.989	2.38	(2.00)	
	22	3.929~3.989	0.67	(0.07)	
	23	4.020~4.080	0.79	(0.07)	
大气温度	24	4.433~4.598	0.17	(0.25)	
	25	4.482~4.549	0.59	(0.25)	
卷云	26	1.360~1.390	6.00	150	
水蒸气	27	6.535~6.895	1.16	(0.25)	
	28	7.175~7.475	2.18	(0.25)	
	29	8.400~8.700	9.58	(0.25)	
臭氧	30	9.580~9.880	3.69	(0.25)	
表面/云层温度	31	10.780~11.280	9.55	(0.05)	
	32	11.770~12.270	8.94	(0.05)	
云顶高度	33	13.185~13.485	4.52	(0.25)	
	34	13.485~13.785	3.76	(0.25)	
	35	13.785~14.085	3.11	(0.25)	
	36	14.085~14.385	2.08	(0.35)	

MODIS 仪器技术继承自 AVHRR(Advanced Very High Resolution Radiometer)，AVHRR 是搭载在 NOAA POES 系列卫星上的遥感器，事实上，MODIS 被认为是新一代的 AVHRR 仪器。更详细的技术参数如表 8.9 所示。图 8.23 为 MODIS 仪器的功能结构图。

表8.9　　　　　　　　　　　　　　**MODIS 仪器的一些技术参数**[5]

名称	技术参数	名称	技术参数
成像类型	光学机械扫描(摆扫)	数据速率	10.6 Mbit/s(白天峰值)，6.1 Mbit/s(轨道平均值)
扫描速度	20.3r/min	数据量化	12 bit
望远镜	离轴光学系统，孔径大小 17.8cm，无焦点(准直) 有中心视场光阑遮挡	空间分辨率	250m(波段1~2) 500m(波段3~7) 1000m(波段8~36)
尺寸	1.0m×1.6m×1.0m	幅宽，FOV	2330km，110°(交轨方向 有1354个像素)
质量	229kg	瞬时视场 沿轨宽度	10km(沿轨方向排布10像素)
功率	162.5W	设计寿命	6年

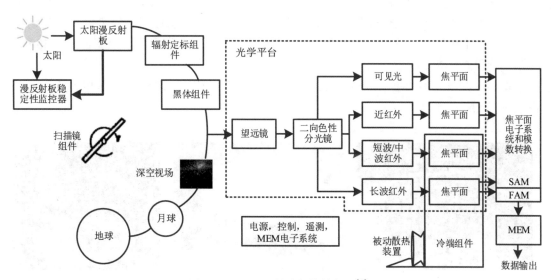

图8.23　MODIS 的功能结构框图[5]

　　MODIS 主框架由薄板和铍热压块组成，共含有50个零件，全部用螺栓固定并黏合，可支撑总计185kg的重量，同时在所有方向上均保持其结构完整性，从而为望远镜、扫描镜、定标组件和散热器等提供精确的安装表面[7]。

　　MODIS 光学平台组件的主要承载结构是石墨-环氧匹配套件，其中包括无焦望远镜平台和后视光学平台。无焦望远镜平台可以准确地对准主、副和折叠望远镜镜面，后视光学平台提供4个物镜和二向色镜的精确定位，还为被动散热装置提供安装平面。

　　MODIS 焦平面组件包括36个不同的光谱带：可见(VIS)、近红外(NIR)、短波红外(SWIR)、中波红外(MWIR)、长波红外(LWIR)。可见光/近红外焦平面采用光伏硅探测单元进行光电转换，短波、中波和长波红外采用碲镉汞（HgCdTe）探测器进行探测。对于1km 分辨率的波段，瞬时视场中沿轨方向有 10 个探测单元，对于 500m 的波段有 20 个探测单元，而对于 250m 波段则有 40 个探测单元，焦平面采用延迟积分技术对探测单元信号进行积分，并由读出集成电路（ROICs，ReadOut Integrated Circuits）进行电信号收集和前置放大。

主电子模块（MEM，Main Electronics Module）主要进行图像信息和遥测信息的格式设置和仪器、扫描镜的旋转控制。焦平面电子系统执行主电子模块外的其他控制功能，例如，为四个焦平面提供时钟和偏置电压，将焦平面模拟输出电压格式化为标准数据包，控制扫描镜精准地旋转，控制焦平面和定标组件的温度，接收并执行遥测命令等。电子系统中的深空视场模拟模块（SAM，Space-viewing Analog Module）可帮助保持 MODIS 数据的准确性，包括读取和处理 1~30 波段的图像数据，将数据进行格式转换，确保图像配准等。前视模拟模块（FAM，Forward Analog Module）将波段 31~36 的电压信号转换为模数转换器可工作范围内的信号，如能够在 12 位量化等级下检测低至 800μV 的满量程电压信号。这些在 10.78~14.385μm 范围内的波段将用于生成地表/云层温度和云顶高度产品。

被动散热器是一个三级单元，旨在将长波和短波/中波焦平面冷却到 83K。散热器重11kg，由铝、聚三氟氯乙烯橡胶（Kel-F）、镁、因瓦合金、玻璃环氧热隔离器和不锈钢组成。散热器工作于三个阶段，在寒冷阶段温度可降至 74K，在中间阶段温度稳定在 130K，在第一阶段温度为 230K[7]。

MODIS 配备完整的星上定标系统，可产生各种定标源对光谱进行定标和验证，其组件包括（如图 8.24 所示）：

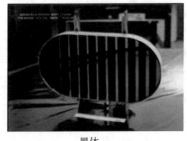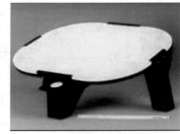

黑体　　　　　　　　　　　太阳漫反射板　　　　　　　漫反射板稳定性监控器

图 8.24　MODIS 的辐射定标组件[5]

1. 辐射定标组件（SRCA，Spectroradiometric Calibration Assembly）

辐射定标组件（SRCA）旨在监视 MODIS 仪器上的可见（VIS）、近红外（NIR）和短波红外（SWIR）波段。SRCA 还可以针对所有 36 个波段在轨生成波段间的空间配准信息。SRCA 由内部光源、光栅单色仪和一个光束准直仪组成，可在三种模式下修改定标激励源，而不会干扰主传感器的正常运行，这意味着 SRCA 可以在 MODIS 收集和记录光谱数据的同时生成定标信息，从而可以长时间连续获取数据。

SRCA 工作的三种模式是光谱定标模式、辐射定标模式和空间配准模式[7]。在光谱定标模式下，来自积分球定义的光源为可见光、近红外和短波红外波段提供照明源，入射光由中继镜反射至光栅单色仪(一种获得一个波长或光谱很窄谱段的仪器)，得到的单色光被发送至 Cassegrain 望远镜，经光束准直仪移动至正确的高度和角度，再穿过 MODIS 的主光学系统进入探测器，得到标定数据集成至常规扫描数据中。在辐射定标模式下，SRCA的入口和出口狭缝均打开，镀银镜取代了光栅单色仪，这种差异使单色仪变成了中继器，积分球发出的 6 种恒定辐射水平的光被送到光学系统以进行辐射定标。在空间配准模式下，单色仪的入口打开，并且在单色仪的出口处放置掩膜板图案(建立刻度或位置的网格或图案)。除了提供反射波段的照明源外，电阻加热器的热红外辐射还通过二向色分光镜耦合到系统中，用于进行热红外波段间的空间配准。然后，将在单色仪出口狭缝处经过特殊设计的掩膜板图案投影到 MODIS 光学系统中，然后将其重新成像并由各种焦平面探测器进行扫描，以生成用于空间配准算法的数据。

2. 黑体

黑体位于扫描镜的前面，扫描镜每旋转一圈便可以看到黑体。黑体提供中波和长波红外波段的主要定标源，辐射绝对精度在 1% 以内，具有较高的温度均匀性和大于0.992 的高水平发射率。黑体的设计采用 V 形槽，该槽以大约 45° 的夹角切割，黑体的表面采用专有工艺精加工，可最大限度地减少散射并确保有效的发射率。黑体在环境温度(273K)下工作，并由表面下方的 12 个精度为 ±0.1K 的温度传感器监测其温度以保证其正常工作。

3. 太阳漫反射板

当太阳光入射角给定时，太阳漫反射板的反射光为恒定辐射量，该辐射量提供可见光、近红外和短波红外波段稳定的太阳辐射源。太阳漫反射板由太空级 Spectralon 材料制成，具有近朗伯体反射率特性和良好的空间环境兼容性。反射波段的标定通过对比太阳漫反射板的反射率和已知的双向反射率分布函数来测定。

4. 漫反射板稳定性监控器(SDSM，Solar Diffuser Stability Monitor)

由于太阳漫反射定标板的反射率会缓慢退化，SDSM 用于跟踪漫反射板的退化和BRDF 的微小变化。SDSM 系统由一个小的积分球和 9 波段分光滤光片组成，0.4~1.0μm波段上的反射率变化分解为 9 个波段上的变化。一个小折叠镜可让 9 波段上的探测元件依次观测到一个暗源、直射太阳光源和来自太阳漫反射板的光源。其中直射太阳光源的光被一个透过率为 2% 的屏幕进行了衰减以达到 SDSM 所要求输入的辐亮度范围。

除了上面的专用校准组件外，MODIS 还具有两种其他定标技术：月球视场和深空视场。月球视场提供了稳定的与地球大致一样明亮的辐射源，并可作为跟踪太阳漫反射板退化的第二种方法。深空视场可提供零光子输入信号，其值与 MODIS 测量值之间的差异将作为辐射偏移量用于辐射定标。

8.2.6　MOPITT

光谱仪/辐射计 MOPITT 是来自加拿大的对流层污染探测传感器，由加拿大 COM DEV 公司制造。MOPITT 的目的是通过探测大气中一氧化碳(CO)和甲烷(CH₄)浓度来进行对流层大气监测。MOPITT 继承自 MAPS(Measurements of Air Pollution from Space)，而 MAPS 曾分别搭载在 STS-2(November 12-14，1981)，STS-13(October 5-13，1984)，STS-59，STS-68(1994)平台上[5]。

MOPITT 仪器测量三个红外波段：

(1) 4.7μm 通道具有很强的 CO 吸收特性，因为主要信号来自大气和地球表面的热辐射，被称为 CO 热通道；

(2) 2.3μm 通道的 CO 吸收能力较弱，由于反射的太阳光是主要信号源，因此被称为一氧化碳太阳通道；

(3) 2.2μm 通道的 CH₄ 吸收能力较弱，而反射的太阳光是主要信号源，因此被称为甲烷太阳通道。

MOPITT 是首个使用相关光谱技术的卫星传感器，该技术使用参考气体样本来确定波长，通过分离气体中吸收线的光谱区域来测量气体浓度，其工作原理如图 8.25 所示。

MOPITT 将待测气体(如 CO)的样本置于气体室中，通过改变压力或者长度来调节气体室中的样本气体浓度(分别称为压力调制单元 PMCs 和长度调制单元 LMCs)，一定量的入射辐射通量通过两种不同浓度的样本气体室，用求平均和求差的方法可得到两种浓度气体的平均响应信号和差值响应信号，被称为 A 信号和 D 信号，其中 A 信号包含了除 CO 以外背景气体的吸收特性，D 信号代表 CO 吸收谱线处的吸收特性。经放大后，输出信号的变化仅发生在 CO 气体的吸收谱线附近，谱线的宽度和强度反映了入射辐射中 CO 浓度相对样本气体浓度的变化。

MOPITT 仪器共分为 8 个独立通道，每个通道使用相关光谱技术来执行科学测量。使用光路中的气体样本，该系统可看作具有 A 信号和 D 信号响应函数 G_i^A，G_i^D 的滤波器，滤波器的输出即为最终的系统响应信号，通过假设地表特性、大气参数和辐射传输模型，可进行正向辐射运算，根据假定的气体浓度得到系统响应信号，建立查找表，然后可通过系统逆运算由接收到的系统响应信号反演出入射辐射中 CO 气体柱浓度。

MOPITT 使用 4.6μm 的热辐射波段来测量 CO 廓线，对流层被分解为 4 层，垂直分辨率约为 3km，水平分辨率为 22km，精度为 10%。MOPITT 测量幅宽为 616km，仪器质量 182kg，功率 243W，数据速率为 25Kbit/s，由 80K 斯特林循环冷却器、毛细管泵冷板和被动辐射进行热控制，热工作范围为 25℃(仪器)和 100K(探测器)。

MOPITT 被设计为扫描仪器，仪器扫描线由 29 个像素组成，每个像素以 1.8° 为增量，最大扫描角度为 26.1°，相当于 640km 的幅宽。该仪器进行在轨自主辐射定标，每 120s 执行一次零点测量，每 660s 执行一次参考测量。

MOPITT 自发射以来遭遇了两次异常，2001 年 5 月 7 日，用于保持探测器在 80K 左右的两台斯特林循环冷却器中的一台冷却器发生故障，只有通道 5，6，7 和 8 提供有用的数据。2001 年 8 月 4 日，斩波器发生故障，幸运的是它停止在完全打开的状态，因此可通过调整数据处理算法来继续使用数据[5]。

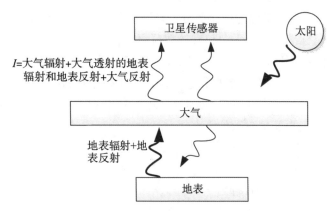

（a）进入传感器的辐射通量 I 为大气辐射、大气透射的地表辐射和地表反射，
以及大气反射太阳的辐射通量的和

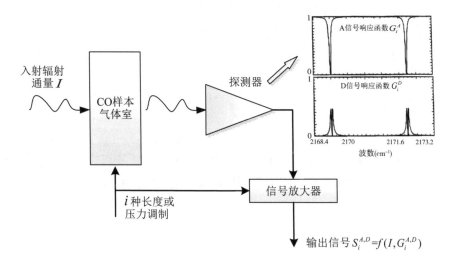

（b）入射辐射通量 I 经过相关光谱仪响应函数 $G_i^{A,\ D}$ 传输得到输出信号 $S_i^{A,\ D}$，
长度或压力调制提供多个通道（ i ）的响应函数

图 8.25　相关光谱技术测量气体浓度原理示意图[5,8]

8.3　PRISMA

　　PRISMA（PRecursore IperSpettrale della Missione Applicativa）卫星由意大利宇航局主导开发，旨在对意大利最先进的高光谱成像仪进行在轨检验，为未来卫星发射提供技术支

持，因此它是一颗具有实验性质的卫星，主要服务对象为欧洲地区。PRISMA 能借助点到点数据传输技术，高效地进行基于高光谱图像的环境灾害评估和地球观测，为科学研究工作者提供数据产品，拓展了遥感影像的应用范围[9]。

PRISMA 主要分为空间部分与地面部分，空间部分的卫星位于太阳同步近地轨道，由基于意大利微型卫星标准的卫星平台和有效载荷组成，工作寿命 5 年。地面部分包括任务控制中心（负责管理计划任务）、卫星控制中心（负责发送指令控制卫星）和数据处理系统（负责接收、归档和加工有效载荷数据，并为用户提供数据接口）。

PRISMA 卫星发射器使用新一代欧洲织女星 VEGA（Vettore Europeo di Generazione Avanzata）运载火箭。卫星其他参数如下：

（1）轨道高度：615km；

（2）轨道倾角：97.851°；

（3）降交点地方时：10：30a.m.；

（4）轨道周期：约 97 分钟；

（5）卫星重访周期：29 天（340 圈）；

（6）获取影像范围：主要覆盖欧洲地区（经度范围 10°W 至 50°E，纬度范围 30°N 至 70°N），同时还可能覆盖纬度在 10°N 至 60°S 间的跨越 40°经度的地区；

（7）对感兴趣区域持续观测时长达 8.45 分钟。每日影像可覆盖面积 108.000km^2。

PRISMA 卫星于 2019 年 3 月 22 日，世界标准时间 01：50：35 在 VEGA 运载火箭上发射。PRISMA 的起升质量为 879kg，发射 54 分钟后进入预定轨道。

8.3.1　卫星平台

PRISMA 卫星平台继承自意大利开发的 MITA（Minisatellite Italiano di Technologia Avanzata）微小卫星总线结构。在平台设计中，PRISMA 增强了姿态控制的机动能力，能够进行交轨方向±14.7°的测摆观测，增加了用于轨道控制和卫星回收的推进子系统。平台各个子系统概要介绍如下。

1. 星上数据处理子系统

星上数据处理子系统负责星上遥测和遥控命令管理，地面命令的执行，姿态和轨道控制，电源管理，主要健康参数的监视，有效载荷监视以及与地面通信期间的图像下载。

2. 电力子系统

在地影期和姿态变换过程中，太阳能电池板和两个锂离子电池组提供电源，并通过功率控制和分配单元电路将功率进行转换并分配给使用者。

3. 姿态和轨道控制子系统

姿态和轨道控制子系统包括的姿态传感器和执行机构如表 8.10 所示。

表 8.10   **PRISMA 卫星平台姿态、轨道控制传感器和执行机构**[9]

类别	组成及用途
姿态测量传感器	• 2 个星敏感器和 6 个陀螺仪，可精确确定姿态 • 2 个磁力计和 24 个太阳传感器，用于粗略确定姿态 • 2 个 GPS 接收器用于卫星位置和速度确定
执行机构和单元	• 4 个反作用轮呈金字塔状放置，用于精确定姿 • 3 个电磁扭矩调节器，用于粗定姿和反作用轮去饱和 • 2 个推进器用于轨道机动

姿态和轨道控制子系统的结构框图如图 8.26 所示。5 种姿态测量传感器测量卫星轨道和姿态状态发送给导航系统，来自导航和制导系统的命令发送给控制算法，由控制算法驱动执行机构完成轨道和姿态的机动。姿态和轨道控制子系统的控制功能能够实现太阳指向用于发电和安全状态，精准的星下点指向用于图像获取，以及月球指向用于载荷定标。姿态和轨道控制子系统还能够实现从太阳指向到其他指向的快速机动及变轨机动等。

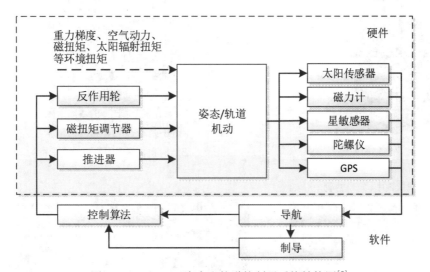

图 8.26   PRISMA 姿态和轨道控制子系统结构图[9]

姿态和轨道控制子系统的性能用指向精度和执行时间来衡量，该系统的绝对测量精度小于 12 弧秒(1 弧秒 = 0.955°)，绝对指向精度小于 60 弧秒，具有 ±30° 的侧视观测能力，能够进行 ±5° 的俯仰机动用于避免耀光。

4. 热控制子系统

平台主要采用被动热控技术，将散热最多的设备放置在表面上进行散热。该仪器的热控制设计具有以下特征[10]186：

（1）探测器的冷却装置主要由高性能热管、散热带和朝向冷太空的被动式两级散热器组成。

（2）SWIR 和 VNIR 探测器被冷却到 140~185K 的温度范围。

（3）从电子发热部件到仪器冷区域的热通量降至最低。

（4）光具座中包含的光学元件通过专用的热控制装置保持在一定温度范围内，以达到较高的热机械稳定性。

（5）光谱仪的某些特殊部件(如焦平面及其防寒罩)通过散射带靠近散热器放置，以实现良好的系统效率。

（6）棱镜子系统与支撑结构保持热隔离。

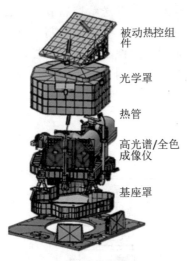

（a）卫星平台结构外观

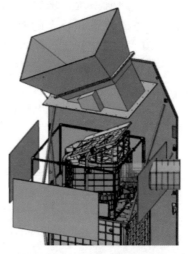

（b）外部结构和装配有隔热板的光学镜头

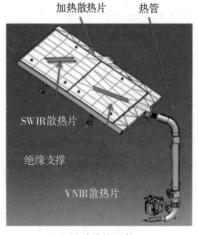

（c）被动热控组件

（d）组装后外观

图 8.27　PRISMA 平台结构图[10]190

5. 结构与机构

航天器的结构由主框架和支撑内部子系统硬件的铝蜂窝结构的加固侧板组成，尺寸为 1751mm（长）×1545mm（宽）×3400mm（高）。航天器的发射质量小于 550kg，平均功率 350W、最大功耗 720W，设计寿命为 5 年。图 8.27 显示了 PRISMA 的平台结构和主要热控组件。

6. 射频通信模块

PRISMA 的射频通信模块使用 S 波段用于遥测、跟踪和指挥通信，X 波段用于有效载荷数据的下行链路，射频通信模块的有效载荷数据处理和传输子系统专门用于处理 X 波段下行链路的有效载荷数据。有效载荷数据处理和传输子系统的特性参数如表 8.11 所示，关于有效载荷数据处理和传输子系统的详细内容，请参阅本章参考文献[9]。

表 8.11　　　　　　　　　**PRISMA 有效载荷数据处理和传输子系统特性**[9]

特　性	参　数
来自成像仪器的数据速率	>600Mbit/s
存储容量@EOL	3 年后 256Gbit
数据加密	是
下传速率	155Mbit/s
子系统重量	42kg
可靠性	>0.96

8.3.2　有效载荷

8.3.2.1　概述

PRISMA 卫星高光谱有效载荷也称为 PRISMA，它是一种光电仪器，由高光谱分辨率成像光谱仪与中等分辨率全色相机光学集成而成。

该仪器提供的地球高光谱图像具有 30m 的地面采样距离，30km 的条带宽度和大于 12nm 的光谱带间隔。光谱范围覆盖可见光/近红外（VNIR）和短波红外（SWIR）。其中全色图像（PAN）能提供更高的空间分辨率（5m）图像，从而可以与高光谱图像匹配，进行图像融合。表 8.12 给出了仪器主要性能，其中信噪比是在 30° 太阳天顶角下，中纬度夏季大气顶部和大气窗口外，地表反射率为 30% 情况下的值。

表 8.12   **PRISMA 载荷主要性能**[9]

波段	VNIR	SWIR	PAN
	0.4~1.01μm	0.92~2.505μm	0.4~0.7μm
光谱分辨率(FWHM)	<12nm	<12nm	—
谱段数	66	171	1
信噪比	200 @ 0.4~1.0μm 600 @ 0.65μm	200 @ 1.0~1.75μm >400 @ 1.55μm 100 @ 1.95~2.35μm >200 @ 2.1μm	240
调制传递函数	>0.8 @ 奈奎斯特频率	>0.7 @ 奈奎斯特频率	>0.2 @ 奈奎斯特频率
幅宽	30km(FOV=2.45°)		
地面采样间距	30m	30m	5m
像元个数		1000×256,30μm	6000
IFOV	48.34 μrad		
望远镜类型	三镜离轴反射式		
望远镜孔径	入瞳直径 210mm		
有效焦距和 $F/\#$	620mm,2.95		
量化	12bit		
帧速率	230Hz		
尺寸	770mm(长)×590mm(宽)×780mm(高)		
总重	<90kg		
功率	< 110 W(平均),< 50 W(待机)		
热控制	被动式		
侧摆	±15°		

    仪器主要由高光谱/全色光学组件和主电子设备两部分组成(如图 8.28 所示)[11]。光学组件的公用望远镜收集两个通道的入射辐射,并由两个光谱仪将其分光,入射光子通过焦平面探测器被转换为电子,经电路放大并转换为数字信号。主电子设备控制仪器工作,并处理光谱影像数据。为了在整个 5 年运行寿命内提供满足质量要求的数据,该仪器还配备了定标装置来进行几何校正和辐射定标。

8.3.2.2 光学组件

    光学组件(包括隔热罩)的总质量为 200kg,外形尺寸为 1000mm×1010mm×1650mm。光学组件包含公用望远镜、可见光/近红外和短波红外波段工作的双通道成像光谱仪和全色相机。

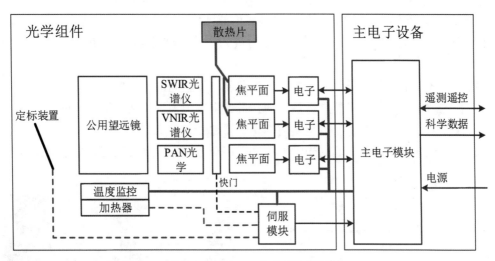

图 8.28 PRISMA 组成系统框图[9]

光学组件的架构基于通用的光学平台，上面容纳公用望远镜，下面容纳成像光谱仪和全色相机，二者视场重合，共用相同的狭缝。狭缝位于全色和高光谱通道之间场内分离之后、普通准直器之前。VNIR 和 SWIR 通道的分离通过二向色分光镜实现(如图 8.29 所示)，其中二向色分光镜反射波段进入 SWIR 通道，透射波段进入 VNIR 通道。光谱仪的VNIR 和 SWIR 通道像素尺寸均为 $30\mu m$，全色相机的像元尺寸为 $6.5\mu m$。

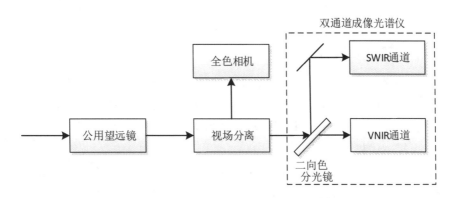

图 8.29 PRISMA 光学组件的组成框图[9]

公用望远镜为三镜离轴反射式光学系统，由三个非球面镜 M_1、M_2、M_3 构成(如图8.30 所示)，图中 FM_1，FM_2 为折叠镜，SLIT 为狭缝。入射光孔径为 210mm，有效焦距为620mm。$F/\#$ 值保证系统能够获取高信噪比数据，并在运动模糊、梯形失真和配准方面实现高几何性能。

成像光谱仪的分光部件主要由棱镜组成，因此有较高的效率和较低的偏振灵敏度，良好的效率可以降低对平台尺寸、重量、资源的需求，从而简化光学设计。

整个光学组件内部表面常规涂黑，并设置内部挡板以减小杂散光和消除鬼影效果。光学组件还配有外部挡板，有助于减少热辐射进入。整个光学组件的机械设计具有以下特点：

（1）三个光学通道尽可能隔开，并位于仪器朝向冷空间的那一侧。

（2）探测器电子设备尽可能靠近焦平面，最大限度地减少连接电缆的长度。

（3）仪器入口为关闭状态，以免使内部光学器件受到污染。

（4）支撑光学器件和焦平面的光学平台采用铝合金材料，最大限度地减小仪器重量。

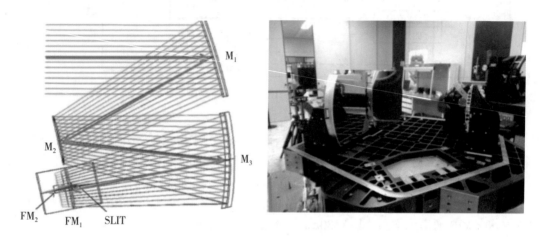

图 8.30　公用望远镜光路图（左）及安装在光学平台上的公用望远镜（右）[10]191

8.3.2.3　成像光谱仪

高光谱成像光谱仪由 VNIR 和 SWIR 通道共用的准直器、色散棱镜和折叠镜组成（如图 8.31 所示）。使用折射棱镜作为分光元件与光栅相比可以实现更高的分光效率和更低的偏振灵敏度，因而望远镜可以在相对较小孔径的条件下实现所需的信噪比，从而在仪器的尺寸和质量上提供优势。

光谱通道分离使用二向色分光镜，这种设计的主要优点是 VNIR 和 SWIR 通道的视野相同（即相同的入口狭缝），两个通道都使用了几种常见的光学元件。

光谱色散通过将棱镜放置在平行光束中来实现，该设计有助于在点扩展函数、光谱失真和空间失真方面得到较高的光学质量。棱镜的数量、材料和排列顺序均以实现最佳的线性化的色散性能为目标，保证光谱失真和空间失真对 VNIR 和 SWIR 探测器平面阵列像素的误差影响在 10% 以内。VNIR 和 SWIR 通道探测器大小为 1000×256 像素，每个像素尺寸为 30μm×30μm。

整个仪器的光谱辐射波段（400～2505nm）被分为两个通道（VNIR 和 SWIR），采用两种不同的焦平面阵列。VNIR 通道覆盖 400～1010nm 的范围，具有 66 个光谱带，

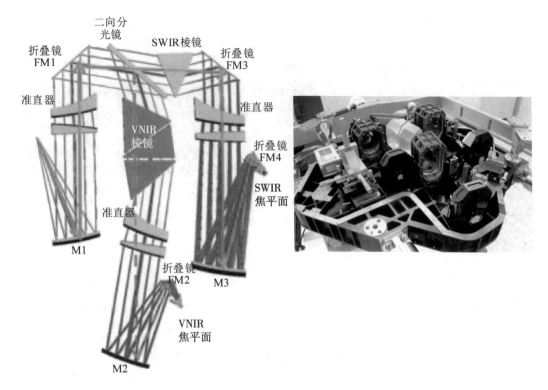

图 8.31　高光谱仪 VNIR 和 SWIR 光路图(左)及安装在光学平台上的光谱仪(右)[10]192

SWIR 通道的覆盖范围为 920~2505nm，具有 171 个光谱带。VNIR 和 SWIR 通道之间的重叠波段范围为 920~1010nm，这种重叠使得能够在两个通道间进行交叉辐射定标以增加辐射可信度。

8.3.2.4　全色相机

全色相机(PAN)的光学结构由三个球面镜(PAN1，PAN2，PAN3)、两个折叠镜(PAN_FM1，PAN_FM2)和三个石英透镜(PAN_L1，PAN_L2，PAN_L3)组成，如图 8.32所示。焦平面探测器是一个 6000 像素的线阵 CCD，像元尺寸为 6.5μm。

全色相机的光轴相对于高光谱成像仪的光轴略微倾斜，两者离轴距离约为 2.84mm，这会在地面上产生小于 3km 的场距，这是符合机械和制造约束条件的最佳距离。全色相机在整个可见光谱范围(0.4~0.7μm)内进行了优化，奈奎斯特频率为 77 周期/mm，在整个光谱范围内有良好的光学质量[10]193。

全色通道是通过场内分离技术将来自公用望远镜的主光束分离出来的，该技术使高光谱成像仪和全色相机共用前光学望远镜，高光谱和全色图像之间具有恒定的空间偏移，在配准时可由算法进行修正，极大地简化了整个仪器设计和产品配准工作。

图 8.32　全色相机光学结构(左)及安装在光学架上的全色相机(右)[10]193

8.3.2.5　辐射和光谱定标

PRISMA 采用内部定标单元(ICU, Internal Calibration Unit)来进行绝对和相对辐射定标以及光谱定标。ICU 的目的是使用已知辐射通量的光源(太阳漫反射光源或内部光源)经过和实际观测相同的光路照亮瞬时视场, 通过测量已知光源的辐射响应, 确定辐射定标参数。

ICU 由一个太阳能端口盖、滤光片和激励灯组成。用于定标的输入光源由太阳(ICU_S 模式)或内部光源(ICU_IS 模式)通过专用光路生成。ICU 使用非常紧凑的光路, 能够通过专用的太阳光线入口和漫射器对恒定的太阳漫反射光源成像。暗目标是通过关闭位于光谱仪入口狭缝处的快门来定期获取, 用于估计辐射响应中的背景偏移量。表 8.13 给出了太阳(ICU_S 模式)或内部光源(ICU_IS 模式)辐射定标的目标概述。

表 8.13　　　　　　　　　内部定标单元 ICU 的主要目标[9]

定标模式	ICU_S	ICU_IS
主要目标	绝对辐射定标	仪器健康检查; 相对辐射定标; 光谱定标和几何校正
次要目标	相对辐射定标; 光谱和几何稳定性检查	绝对辐射定标
执行要求	在轨道的特定区域执行	可以独立于航天器的轨道位置执行
重复频率	每 150 轨(约 10 天)执行一次。该时间间隔被认为是发生能观测到的内部光源变化的最小时间间隔	紧随每次实际观测前和观测后进行定标操作

ICU_S 模式：进行太阳定标模式设置时，应在严格时间内打开太阳端口盖，太阳光通过太阳端口进入仪器，通过漫反射器、折叠镜、中继光学和分束器进入公用望远镜的主入口端。

ICU_IS 模式：内部光源由经过辐射校正的钨丝灯提供，灯罩孔支撑具有特定光谱特征的透射滤光片。内部定标源由两组(主灯组和冗余灯组)构成，每组有两个灯，一个用于 VNIR 通道，另一个用于 SWIR 通道，二者的区别在于拥有不同波段响应的滤光片和不同的灯壳涂层。钨丝灯受电源控制可获得线性强度变化，该线性变化可用于测量探测器辐射响应的线性均匀性。此外，通过改变焦平面探测器的积分时间，可以测量探测器的时间响应均匀性。

除了 ICU 辐射定标方式外，PRISMA 还可以通过航天器机动进行飞行中定标，这些动作包括：

(1)航天器指向旋转机动，以对准月亮进行绝对辐射定标。

(2)卫星绕 Z 轴(天底轴)旋转，使仪器狭缝的方向平行于地面轨道方向，用于地面平面定标对象的观测。

(3)持续对准专用地面目标，用于几何校正、辐射定标和图像质量测试。

8.3.2.6 主电子设备

PRISMA 主电子设备为具有冗余子组件的体系结构，其总体尺寸为 300mm×270mm×205mm，总重量为 9kg。主电子设备控制高光谱仪器，并依据协议处理图像数据。由于需要非常高的可靠性，主电子设备中设置了较多的冗余板，这些板处于冷备用冗余状态，以低功耗运行，并在需要时在平台指令控制下转换为工作板。此外，主电子设备还通过专用的现场可编程逻辑阵列(FPGA，Field Programmable Gate Array)，对高光谱数据进行无损数据压缩，平均压缩率为 1.6。

主电子设备的主要功能列举如下：

(1)控制光学组件；

(2)处理遥测遥控命令；

(3)进行电源控制和分配；

(4)进行科学数据传输；

(5)对高光谱数据执行无损/近无损压缩。

8.4 微小卫星和纳米卫星

尽管遥感卫星应用广泛，但卫星的制造和发射费用异常昂贵，为了显著降低成本和减小开发周期，微型卫星的开发和研制逐渐受到关注。微型卫星通常包括微小卫星和纳米卫星，微小卫星的质量通常在 10~100kg，而纳米卫星的质量在 1~10kg，通常所说的立方体卫星属于纳米卫星[12]。体积为 1L(10cm×10cm×10cm)且质量不超过 1.3kg 的立方体卫星被称为"一个单位卫星"(1U)。目前 2U(20cm×10cm×10cm)和 3U(30cm×10cm×10cm)的立方体卫星已经建造并发射。微型卫星通常采用商业成品(COTS，Commercial off-the-shelf)组件来降低成本并缩短研发周期，适合进行低成本的技术研究、科学试验以及商业概念验证等任务。另外，在航天发射任务中，航天器通常包括一个或多个主载荷，往往需要压舱物来平衡火箭，而微小卫星或纳米卫星可以作为压舱物或第二载荷被一起发射，从而进一步大大降低发射成本。

2013 年 11 月 19 日，美国公司 Orbital Science 发射了一枚搭载有 29 颗纳米卫星的火箭，并将其送至近地轨道，30 小时后，俄罗斯 Kosmotras 公司将 32 颗纳米卫星送入相似轨道。2014 年 1 月，Orbital Science 又将 33 颗纳米卫星送入国际空间站，1 个月后这些微型卫星被丢弃。美国微型卫星的发射量从 2013—2017 年的平均每年约 140 颗，增长到 2017—2019 年的平均每年 300 颗，而在 2020 年第一季度就已达到 300 多颗。随着电子技术的小型化和能力的不断进步以及卫星星座的使用，纳米卫星越来越有能力执行以前需要大型或中型卫星执行的商业任务，因此具有越来越重要的发展前景。

8.4.1 UNIFORM-1

UNIFORM(University International Formation Mission)是由日本政府资助、日本各大学联合创建的对地观测项目[13]，该项目于 2010 年夏季启动，并在澳大利亚墨尔本的亚太空间机构论坛(2010 年 11 月 23 日至 26 日)上正式宣布。

UNIFORM 项目的总体目标是通过发射一系列科学微型卫星，建立一套功能齐全的卫星和地面站网络，该网络将以远小于商用卫星的价格生产可用数据，并通过国际合作将其专有技术传播到整个亚洲，以期在不远的将来改变整个航天工业。

UNIFORM 项目的目标是在 2012 年和 2014 年以成对或成群方式发射 50kg 级微型卫星组，以建立一个实现高频率重访的地球观测或大气监测星座。此外，该项目的另一个主要目标是为学生提供实习训练机会，以激发他们对解决问题的跨学科技术的兴趣，增强学生们的想象力和思考力并尝试承担风险。UNIFORM 联盟的成员包括以下日本大学和机构：和歌山大学、东京大学、东京工业大学、东北大学、东京科技大学、东京都立大学、下一代太空系统技术研究协会、北海道大学、庆应义塾大学和日本航天探索局(JAXA，Japan Aerospace Exploration Agency)等。

UNIFORM-1 的总体任务是森林火灾监测。全球每年的 CO_2 排放量达 290 亿吨，其中 150 亿吨是由森林大火排放的，因此，来自 UNIFORM-1 的数据可用于帮助扑灭那些野火，这不仅有助于减少 CO_2 排放量，还可以使人们免于灾难性火灾。

UNIFORM-1 系统由四个部分组成：飞行段(卫星)、地面段、服务段和用户段。从卫星到最终用户的数据流如图 8.33 所示。该过程从用户段开始，用户发出请求，要求在何时何地进行观测，服务段根据请求生成观测计划，地面站计算天线轨迹来追踪卫星，接收来自卫星的遥测信号，然后发出遥控指令实现观测任务。

2014 年 5 月 24 日(世界标准时间 03:05:14)，UNIFORM-1 卫星作为次要载荷从日本田纳西州田中岛航天中心的吉信发射中心，由 H-IIA F24 运载工具发射升空。运载工具是三菱重工(MHI)研制的，主要有效载荷是 JAXA 的 ALOS-2 航天器。UNIFORM-1 卫星采用太阳同步近圆形轨道，高度为 628km，倾角为 97.9°，轨道周期为 97.4 分钟，重访周期为 14 天，卫星轨道降交点地方时为中午 12:00±15 分钟。

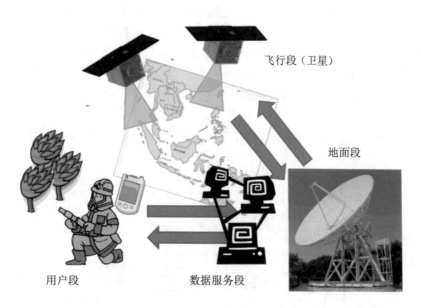

图 8.33 UNIFORM-1 从卫星到用户的数据流示意图[13,14]

8.4.1.1 平台

UNIFORM-1 卫星的尺寸为 500mm×500mm×500mm（如图 8.34 所示），质量为 50kg，带有两个可展开的太阳能电池阵列。总线结构使用 T 形面板支撑，这种结构可轻松连接所有组件且易于集成。整个卫星没有主动热控制功能，但有温度传感器和局部加热器实现对局部组件的温度控制和监控。

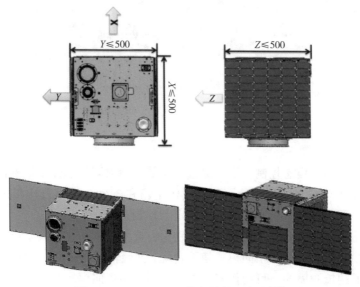

图 8.34 UNIFORM-1 外部结构示意图[14]

UNIFORM-1 卫星搭载两个载荷：一个是微测辐射热相机，是一种非制冷型热红外相机，用于探测地面上的热异常点；另一个是可见光相机，其影像用于地面的位置识别。卫星平台对载荷提供保障，包括姿态控制子系统、命令和数据处理子系统、电力子系统和射频通信子系统等。此外，UNIFORM-1 卫星上设有三台板载计算机，分别是主板载计算机、姿态控制板载计算机和科学数据处理计算机，它们分别对平台的各项任务进行信号运算和控制。

图 8.35 为 UNIFORM-1 整体系统的功能结构框图，图中不同的颜色方块代表了不同的子系统。

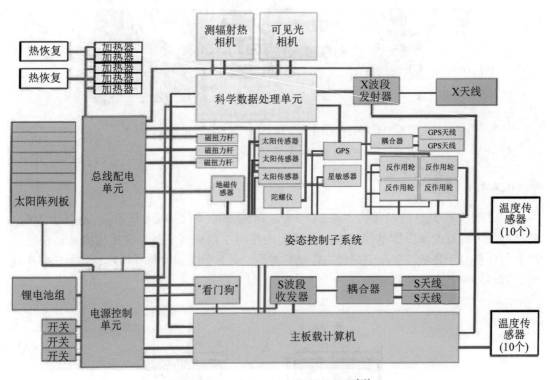

图 8.35　UNIFORM-1 功能结构框图[13]

1. 姿态控制子系统

卫星采用三轴稳定姿态控制，姿态测量传感器包括太阳传感器、地磁传感器、光纤陀螺仪、星敏感器和 GPS 接收器，使用 4 个反作用轮和 3 个电磁扭力杆作为姿态控制执行器，使用姿态控制板载计算机来进行姿态确定和控制。

姿态控制子系统共有四种工作模式，分别为自旋太阳指向、粗太阳指向、粗地球指向和精地球指向模式。自旋太阳指向模式使平台绕 z 轴旋转且使 $-z$ 轴持续指向太阳，这是最可靠、功耗最低的控制模式，可用作安全模式。粗太阳指向模式为平台非旋转指向太阳的模式，而粗地球指向和精地球指向模式是使卫星 $+z$ 轴持续指向地球的模式，二者的区别在于使用的姿态测量传感器不同，前者主要使用太阳传感器和地磁传感器，而后者使用精度更高的星敏感器进行姿态测量，图8.36显示了这四种姿态的工作模式。

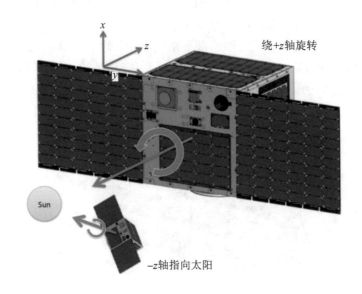

(a)自旋太阳指向模式

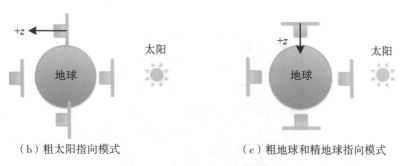

（b）粗太阳指向模式　　　　　　（c）粗地球和精地球指向模式

图8.36　UNIFORM-1卫星平台姿态控制子系统的工作模式[14]

2. 命令和数据处理子系统

命令和数据处理子系统由主板载计算机、姿态控制板载计算机和看门狗计时器构成，该系统的主要功能是处理地面命令、收集其他组件数据、管理卫星模式以及对电池欠压进行监视。看门狗计时器则是一种保护计时器，用于防错并使系统重启。所有任务均由实时操作系统管理，子系统不同组件之间通过串行接口进行通信。

3. 电力子系统

电力子系统由锂离子电池模块、太阳能电池板、电源控制单元和总线配电单元组成。

锂离子电池模块由 8 个串联电池和 2 个并联电池及内部控制电路、电压平衡和过充保护机制组成，其外形如图 8.37 所示。电池电压和容量分别为 23.0~33.2 V 和 6200mAh。太阳能电池板装在卫星机身和机翼上（如图 8.34 所示），为 GaInP$_2$/GaAs/Ge 三结合型，单电池尺寸为 80mm×40mm，质量为 2.6g，在 80℃，2.0V 时功率为 1W，20 个电池串联可提供最大电压 33.2V。电源控制单元的作用是平衡发电和耗电，保证系统核心组件的供电，将电力子系统的信息发送给主板载计算机，通过切断某些组件的电源来控制电池欠压。而总线配电单元则将电源分配给其余组件，并降低总线电压至 5V 以供给特定组件[14]。

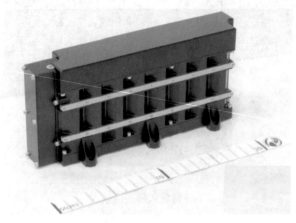

图 8.37　UNIFORM-1 平台电力子系统的锂电池模块[14]

图 8.38　UNIFORM-1 平台射频通信子系统中的 X 波段等通量天线[14]

4. 射频通信子系统

射频通信主要使用 S 波与 X 波通信系统，S 波段（2~4GHz）用于遥测遥控信号传输，最大速率为 64Kbit/s，X 波段（8~12GHz）用于科学数据传输，最大速率为 10Mbit/s。射频通信子系统的相关参数如表 8.14 所示。图 8.38 为 X 波段等通量天线外观图，无论地面站以何种角度接收卫星数据，这种天线都能保持相同的信号强度。

表 8.14 **UNIFORM-1 卫星平台射频通信子系统相关参数**[13]

类别	技术参数
S 波段发射机和接收机	可选数据传输速率：4Kbit/s、16Kbit/s、32Kbit/s、64Kbit/s 频率：2051.617MHz(遥控信号)，2228.0MHz(遥测信号) 串行总线接口，自复位功能，紧急命令接收并重置功能 质量：736g，功率：4.6 W@28 V
S 波段天线	2 个天线，74°波束宽度，质量：107g
X 波段发射机	可选数据传输速率：1.25Mbit/s、2.5Mbit/s、5Mbit/s、10Mbit/s 频率：8055MHz 串行总线接口 质量：1150g，功率：<20W@28V
X 波段天线	最大增益在±60° 质量：151g

8.4.1.2 有效载荷

卫星携带有两台照相机观测同一区域：一个是微测辐射热相机(BOL，Microbolometer Camera)，用于探测地面热异常点；另一个是可见光相机(VIS，Visible Light Camera)，用于帮助识别图像的地理位置。科学数据处理单元能控制 BOL 和 VIS 相机，存储图像数据至容量为 512MB 的固态硬盘上，并通过 X 波段发送。

1. 微测辐射热相机

具有非制冷的二维热红外探测阵列，目的是通过热图像探测地面上不同于其他地方的热异常点。在测辐射热相机获取到图像后，由地面站进行森林火灾识别的数据处理任务。表 8.15 给出了微测辐射热相机的相关参数。

表 8.15 **微测辐射热相机参数**[13]

类别	参 数
探测器	UL04171(ULIS 法国)
光谱范围	8~14μm
像素个数	640(水平方向)×480(垂直方向)
像元尺寸	25μm
探测器尺寸	16.0mm×12.0mm
数据大小	614.4KB

续表

类别	参　　数
帧速率	60Hz
NEDT(噪声等效温差)	0.12 K@ 300 K
绝对温度精度	±3 K
空间分辨率	0.0143°/像素，对应于 157m/像素 @ 628km
FOV(视场角)	9.17°(水平方向)×6.88°(垂直方向)，对应于地面 100.5km×78.4km
功率	7.0 V，1.8 A
相机尺寸	100.0mm×100.0mm×123.0mm
相机质量	800g
锗光学镜头	f=100mm，F/1.4

2. 可见光相机

对于那些采取行动扑灭森林大火的人来说，知道火灾的确切位置很重要，因此 VIS 和 BOL 同时拍摄图像，通过将 VIS 图像与已知地形和地标信息配准，以及 BOL 和 VIS 的相对配准，可以使用 VIS 图像来更精确地识别图像的位置。可见光相机的相关参数如表 8.16 所示。图 8.39 为微测辐射热相机和可见光相机的外观图。

微测辐射热相机　　　　　　　　　　　　　可见光相机

图 8.39　UNIFORM-1 载荷外观图[14]

可见光相机采用 VITA1300 面阵 CMOS 图像传感器来进行光电转换，像素阵列大小为 1280×1024，像元尺寸为 4.8μm。传感器具有片上可编程增益放大器和 10 位模拟/数字转换器。可以重新配置积分时间和增益参数，片上自动曝光控制环路可动态控制这些参数。自带的图像暗信号可用于辐射校正，暗电平值的大小还可通过用户自定义偏移值来进行调整。图像传感器的空间分辨率为每像素 0.0079°，在 628km 轨道处的地面采样距离为 86m。

表 8.16   可见光相机参数[13]

探测器	VITA 1300(半导体)
光谱范围	400~1000nm
像素尺寸	1280(水平方向)×1024(垂直方向)
像元大小	4.8μm
探测器尺寸	6.14mm×4.92mm
数据大小	2.63 MB
帧速率	150 Hz
空间分辨率	0.0079°/像素，相当于 86.1m/像素 @ 628km
FOV(视场角)	10.6°(H)×8.05°(V)，相当于地面 110.2km×88.2km
仪器质量、尺寸	580 g，90.5mm×90.5mm×95.5mm
锗光学镜头	f=35mm，F/1.4

8.4.2 CIRiS

紧凑型太空红外辐射仪 CIRiS(Compact Infrared Radiometer in Space)是美国 Ball Aerospace 公司开发的一种非制冷型红外(7.5~12.7μm)成像辐射计，用于与 6U(10 cm× 20 cm×30 cm)立方体卫星 CubeSat 兼容，并从太空进行长波红外辐射成像[15]。

CIRiS 被设计为太空中的辐射定标实验室，其目标是实现微型卫星上的在轨辐射定标新技术，并对获取的红外影像进行辐射性能验证。CIRiS 验证了碳纳米管作为黑体辐射源进行辐射定标的技术，并拓展了非制冷型微测辐射热计的用途。CIRiS 的未来潜在应用还包括水文循环、城市气候和极端风暴研究、气候模型改进、通过植被监测和水吸收分布图进行土地管理等。

以仪器命名的 CIRiS 卫星于 2019 年 12 月 5 日从美国佛罗里达州的卡纳维拉尔角空军基地由 SpaceX Falcon 9 运载火箭发射升空，与同时发射的 SpaceX Dragon 货船一起到达国际空间站后，CIRiS 卫星于 2020 年 1 月 31 日开始绕地球轨道运行。卫星采用近圆形极轨轨道，高度约 440km，倾角 98°[16]。

CIRiS 在 3 个红外波段以推扫方式对地球进行扫描，生成 3 个图像。CIRiS 仪器有 4 个不同的观察视场，包括 1 个用于地球观测的下视视场和 3 个用于在轨定标的视场。定标视场分别为：冷太空、温度可调控的星上定标源以及与仪器同温度的星上定标源。在发射前，这些星上定标源使用美国国家科学技术研究院定标源进行了实验室定标。几何校正可以使用三个视场的任何子图来进行。表 8.17 给出了 CIRiS 的一些整体技术参数。

表 8.17 　　　　　　　　　　　　　　**CIRiS 的技术参数**[15,16]

类　　别	参　　数
F 数	$F/1.8$
焦距	36mm
孔径尺寸	20mm
角分辨率	0.00122 rad
视场角	12.2°×9.2°
地面采样距离(500km)	0.166km
焦平面阵列大小	640×480
焦平面阵列 NEDT($F/1$,300K)	<50mK
波段 1	7.4~13.72μm
波段 2	9.85~11.35μm
波段 3	11.77~12.6μm

　　CIRiS 被集成在 6U 立方体卫星平台总线上，采用对称的光机械结构，以最大限度地减少传递偏移量的影响。立方体卫星平台提供了卫星导航和控制、电源管理、命令和数据处理、射频通信以及载荷电子接口等功能。图 8.40 展示了 CIRiS 外观，其在立方卫星中的配置以及平台结构示意图。

　　CIRiS 仪器使用由马达驱动的视场选择镜来对 4 个不同的视场进行切换，如图 8.41 所示。为了得到高稳定的辐射定标源，CIRiS 创新性地采用碳纳米管作为黑体定标源(如图 8.42 所示)。传统黑体的涂层发射率通常在 0.98 左右，并且具有较复杂的几何形状，这些几何形状会导致制造和涂层不均匀，从而导致辐射、发射率和温度定标的不确定性，而且传统黑体通常有较大的尺寸、重量和功率，这对于微型卫星来说非常不利，而碳纳米管黑体发射率超过 0.999，具有非常高的稳定性，且能够简化仪器设计，降低尺寸和重量，因此成为辐射定标实验卫星 CIRiS 的最佳选择[18]。

　　CIRiS 的光学系统使用单个锗透镜，非球面锗透镜有助于减小离轴光学像差，低 F 数能够得到高信噪比。另外，CIRiS 采用 640×480 型非制冷微测辐射热计焦平面阵列进行热辐射探测，从而减少了制冷设备或热电制冷器的配置。焦平面尺寸为 26mm×26mm×33mm，探测像元大小为 12μm，成像速率为 30 帧/秒，功率仅为 1W。焦平面阵列前用 3 个分块滤光片进行波段选择，最终在三个热红外通道进行成像，如图 8.43 所示。

　　此外，在隔热空间有限的情况下，卫星设计了 4 个热控制区域，由 12 个温度传感器采集仪器周期温度，解决了低轨道卫星温度稳定的难题。低轨道卫星温度模型模拟结果表明，CIRiS 黑体定标源和焦平面阵列的温度漂移小于±0.01℃。

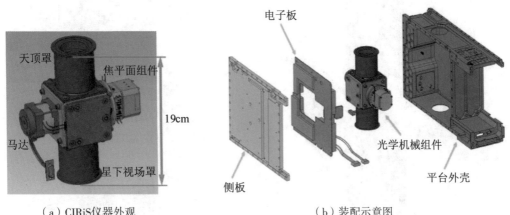

（a）CIRiS仪器外观 　　　　　　　　　（b）装配示意图

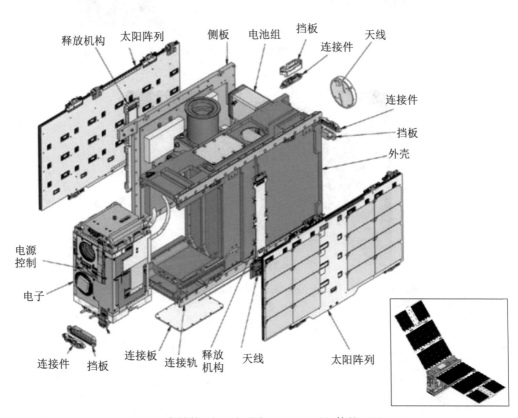

（c）平台结构（右下小图为 CIRiS 卫星整体外观图）

图 8.40　CIRiS 外观及平台结构示意图[16]

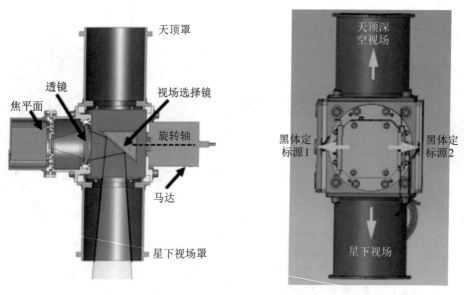

图 8.41　CIRiS 视场选择示意图[17]

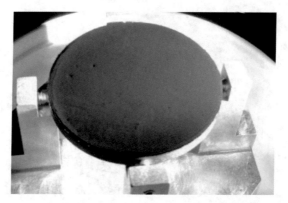

图 8.42　CIRiS 仪器上的碳纳米管黑体定标源(直径 2.5 cm)[16]

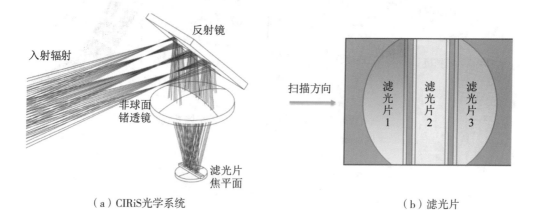

（a）CIRiS光学系统　　　　　　　　　　　　　　　　　　（b）滤光片

图 8.43　CIRiS 光学系统及滤光片设置[16]

参考文献

[1] EOPORTAL. Landsat-8/LDCM(landsat data continuity mission)[EB/OL]. [2020-07-23]. https：//directory. eoportal. org/web/eoportal/satellite-missions/l/landsat-8-ldcm#sensors.

[2] NELSON J, AMES A, WILLIAMS J, et al. Landsat data continuity mission(LDCM)space to ground mission data architecture：IEEE aerospace conference, Big Sky, MT, USA, March 3-10, 2012 [C]. New York：IEEE, 2012：1-13.

[3] JHABVALA M D, REUTER D C, CHOI K K, et al. Qwip-based thermal infrared sensor for the landsat data continuity mission [J]. Infrared Physics & Technology, 2009, 52(6)： 424-429.

[4] MAH H G G R, MOTT C, O'BRIEN M. Ground system architectures workshop 2014, landsat 8 test as you fly, fly as you test [EB/OL]. [2020-07-29]. http：//gsaw. org/wp-content/uploads/2014/03/2014s04mah. pdf.

[5] EOPORTAL. Terra mission (EOS/AM-1)[EB/OL]. [2020-07-29]. https：//directory. eoportal. org/web/eoportal/satellite-missions/t/terra.

[6] WWILSON R S, PRIESTLEY K J, THOMAS S, et al. On-orbit solar calibrations using the aqua clouds and earth's radiant energy system(CERES)in-flight calibration system：Optical Science and Technology, SPIE's 48th Annual Meeting, San Diego, California, United States, August 3-8, 2003[C]. Bellingham Washington：SPIE, 2003, 5151(1)：325-334.

[7] MACCHERONE B. MODIS (Moderate resolution imaging spectroradiometer) [EB/OL]. [2020-08-06]. https：//modis. gsfc. nasa. gov/about/mainframe. php.

[8] PAN L, GILLE J C, EDWARDS D P, et al. Retrieval of tropospheric carbon monoxide for the MOPITT experiment [J]. Journal of Geophysical Research, 1998, 103：32277-32290.

[9] EOPORTAL. PRISMA(hyperspectral precursor and application mission)[EB/OL]. [2020-07-29]. https：//directory. eoportal. org/web/eoportal/satellite-missions/p/prisma-hyperspectral.

[10] SHEN-EN Q. Hyperspectral payload for Italian PRISMA programme [M]//QIAN S-E. Optical payloads for space missions. United Kingdom：John Wiley & Sons. 2016： 183-213.

[11] LABATE D, CECCHERINI M, CISBANI A, et al. The PRISMA payload optomechanical design, a high performance instrument for a new hyperspectral mission [J]. Acta Astronautica, 2009, 65(9)：1429-1436.

[12] QIAN S-E. Review of spaceborne optical payloads [M]//QIAN S-E. Optical payloads for space missions. United Kingdom：John Wiley & Sons. 2016：1-25.

[13] EOPORTAL. Uniform-1(university international formation mission-1)[EB/OL]. [2020-07-29]. https：//directory. eoportal. org/web/eoportal/satellite-missions/u/uniform-1.

[14] SHUSAKU Y, SEIKO S, TAKASHI H, et al. Uniform-1：First micro-satellite of forest fire monitoring constellation project[C/OL]// Proceedings of the AIAA/USU Conference on

Small Satellites. Logan, Utah, USA. 2014. ［2021-08-14］. https：//digitalcommons. usu. edu/smallsat/2014/NextPad/2/.

［15］EOPORTAL. CIRiS（compact infrared radiometer in space）［EB/OL］.［2020-07-29］. https：//directory. eoportal. org/web/eoportal/satellite-missions/content/-/article/ciris # foot 1%29.

［16］OSTERMAN D P, COLLINS S, FERGUSON J, et al. Ciris：Compact infrared radiometer in space：SPIE Optical Engineering and Applications, San Diego, California, United States, Sep. 19, 2016［C］. Bellingham Washington：SPIE, 2016：99780E.

［17］ROHRSCHNEIDER R R, David P O, Michael V, et al. Ground testing a lwir imaging radiometer for an upcoming smallsat mission ［C/OL］// Proceedings of the 33rd Annual AIAA/USU Conference on Small Satellites, Logan, UT, USA, August 3-8, 2019：SSC19-IV-07.［2021-08-14］. https：//digitalcommons. usu. edu/smallsat/2019/all2019/80/.

［18］FLEMING J C, COLLINS S, KELSIC B, et al. Advanced on-board calibration of space systems using a carbon nanotube flat-plate blackbody［C/OL］// 33rd Space Symposium. Colorado, USA, April 3-6, 2017.［2021-08-14］. https：//www. spacefoundation. org/tech _ track _ papers/advanced-on-board-calibration-of-space-systems-using-a-carbon-nanotube-flat-plate-blackbody/.